Biginelli反应及其产物化学

权正军　王喜存　张彰　著

化学工业出版社

·北京·

《Biginelli 反应及其产物化学》由 5 章组成，第 1 章详细介绍了 Biginelli 反应的历史背景；第 2 章为 Biginelli 反应的理论，主要包括 Biginelli 反应的机理，溶剂和催化剂对 Biginelli 反应的影响，Biginelli 反应的范围和限度，合成二氢嘧啶酮结构的其他方法及对映异构体纯 3,4-二氢嘧啶酮的合成五部分内容；第 3 章较详细介绍了 Biginelli 反应产物 3,4-二氢嘧啶-2-（硫）酮的结构和物理性质，内容包含代表化合物的波谱性质，构型和构象，理论计算研究和代表药物化合物的合成实验；第 4 章是 Biginelli 反应产物化学，重点介绍了 Biginelli 反应产物——3,4-二氢嘧啶-2-（硫）酮的化学反应，内容涉及 *N* 烷基化、酰基化，*C*2-衍生化反应，对甲苯磺酸嘧啶酯参与的反应，嘧啶硫酮参与的脱硫偶联反应，*C*5 和 *C*6-功能化反应，成环反应和氧化反应七大类反应类型。第 5 章介绍 DHPM 及其衍生物的生物活性。

《Biginelli 反应及其产物化学》可供化学及相关专业的本科生、研究生以及有机合成相关领域科技人员学习参考。

图书在版编目（CIP）数据

Biginelli 反应及其产物化学/权正军，王喜存，张彰著. —北京：化学工业出版社，2019.8
ISBN 978-7-122-34544-8

Ⅰ.①B… Ⅱ.①权…②王…③张… Ⅲ.①多组分-化学反应-研究 Ⅳ.①O643.1

中国版本图书馆 CIP 数据核字（2019）第 095920 号

责任编辑：马泽林　杜进祥　　文字编辑：陈　雨
责任校对：边　涛　　装帧设计：韩　飞

出版发行：化学工业出版社（北京市东城区青年湖南街 13 号　邮政编码 100011）
印　　装：中煤（北京）印务有限公司
710mm×1000mm　1/16　印张 13¾　字数 231 千字　2019 年 10 月北京第 1 版第 1 次印刷

购书咨询：010-64518888　售后服务：010-64518899
网　　址：http://www.cip.com.cn
凡购买本书，如有缺损质量问题，本社销售中心负责调换。

定　　价：88.00 元

前言

三种或三种以上的反应物通过一步化学反应，且生成的产物中含有所有起始反应物片段的反应称为多组分反应（MCR），多组分反应可以满足理想有机合成反应的许多要求，如原料易得、操作简单、易于实现自动化、资源有效及原子经济等。目前，多组分反应得到了飞速发展，涉及有机化学、应用化学、医药及材料科学等多个领域。在众多的多组分反应中，Biginelli（比吉内利）三组分反应是非常重要的反应，也是有机合成中最经典的多组分反应之一，在药物化学合成领域具有非常重要的应用价值。

目前，国内外有关 Mannich、Hantzsch、Ugi 和 Biginelli 反应等多组分反应及其应用已有大量文献报道，外文专著也已出版，我国除了 Mannich 反应（曼尼希反应）外，还没有系统总结和归纳 Biginelli 反应及其应用的专著出版。基于此，编者将从事 Biginelli 反应及其产物化学多年研究的经验和结果，结合收集整理的国内外有关的较新和权威的文献资料，编写《Biginelli 反应及其产物化学》，希望本书的出版能对嘧啶类化合物的研究开发起到一定的推动作用。

本书由权正军、王喜存、张彰著。全书由权正军负责统稿，王喜存负责对全书进行系统校核和审阅，张彰负责参考文献核对和文字校核。本书化合物结构的编号是按照同类物质（反应活性基团相似）同一编号原则，特殊结构的化合物按照单独编号原则来进行编写。

在此要特别感谢本课题组研究生任荣国、杨国俊、胡旺华、燕中飞、王忠杰、吕颖、魏英、杨田瑶、张玉山、龚海鹏、张越、杜宝新、陈旭等在实验研究方面的辛勤工作，为本书的完成做出了贡献。书中述及的研究工作，也得到了国家自然科学基金委（Nos. 21362032，21362031 和 21562036）、甘肃省科学技术厅、保水化学功能材料甘肃省国标科技合作基地和西北师范大学（NWNU-LKQN-15-1）等基金项目的经费支持，在此一并表示感谢。

受著者理论知识水平所限，书中疏漏之处在所难免，敬请读者提出宝贵意见、批评指正，著者将万分感激。

权正军，王喜存，张彰

2019 年 5 月

目录

第1章 Biginelli反应的历史背景 1

第2章 Biginelli反应的理论 9

第3章 3,4-二氢嘧啶-2-(硫)酮的结构性质与理论计算研究 82

第4章 Biginelli反应产物化学 109

第1章

Biginelli反应的历史背景

三种或三种以上的反应物通过一步化学反应，且生成的产物中含有所有起始原料片段的反应叫多组分反应(MCR)，多组分反应可以满足理想有机合成的许多要求，如原料易得、操作简单、易于实现自动化、资源有效、原子经济等。目前，多组分反应得到了飞速发展，涉及有机化学、应用化学、医药及材料科学等多个领域。

在众多的多组分反应中，研究最广、最深入，且被广泛应用于生物活性化合物合成中的代表性反应有 Hantzsch(1882)、Biginelli(1891)、Mannich(1912)、Passerini(1921) 和 Ugi(1959)反应等。其中，Biginelli 三组分反应是有机合成中非常重要和经典的多组分反应之一，在药物化学合成领域具有非常重要的应用价值。Biginelli 反应是指酸催化下醛 **1-1**、1,3-二羰基化合物 **1-2** 和硫脲或尿素 **1-3** 的三组分缩合反应，其产物为 3,4-二氢嘧啶-2-(硫)酮 **1-4**(DMPM)[式(1-1)]，由意大利化学家 Pietro Giacomo Biginelli 于 1891 年偶然发现。化合物 **1-4** 的命名编号如式(1-1)所示，通常将其命名为 6-甲基-4-芳基-5-(3,4-二氢嘧啶-2-酮)甲酸乙酯或 6-甲基-4-芳基-5-(3,4-二氢嘧啶-2-硫酮)甲酸乙酯，命名时通常将 1 号位 NH 称为 *N*1-H，依此类推分别称为 *N*1、*C*2、*N*3、*C*4、*C*5 和 *C*6 位，有时也用 1、2、…、6 编号（后续章节无特殊说明时，均按此顺序编号）。

Ar−CHO **1-1** + **1-2** + **1-3** $\xrightarrow[\text{回流, 24h; X = S, O}]{\text{HCl, EtOH}}$ **1-4** (1-1)

Biginelli 与意大利的 I. Guareschi、W. Körner、H. Schiff 以及 B. Gosio 等学者一起活跃在 20 世纪初期的化学界，他们发现了至今仍是合成 Schiff 碱、嘧啶杂环等结构的非常重要的合成方法，首次开展了 Gosio 气体(三甲基胂)的化学结构的研究。

另外，Biginelli 曾工作于两个著名科学家的实验室，两个实验室都具有优秀的科研成果和强大的科研个性，其一是 H. Schiff，在他的实验室 Biginelli 反应被发现；其二是 B. Gosio，他发现活的有机体可以进行新陈代谢。可以这样说，正是 Schiff 和 Gosio 等所取得的巨大成功，遮住了最初 Biginelli 反应在多组分反应和生物有机化学领域的创新性[1]。

Biginelli 于 1860 年 7 月 25 日出生于 Palazzolo Vercellese 的一个面包师家庭(图 1-1)。1881～1886 年于都灵大学从事药物化学研究并跟随 Guareschi 从事萘的多卤化反应研究，该反应通过萘与溴和氯的连续反应来实现。Guareschi 成名于 α-吡啶酮的合成，即 Guareschi-Thorpe 反应，该反应是指氰基乙酸酯与 1,3-二酮在 NH_3 存在下缩合得到 α-吡啶酮 **1-7** 的反应[式(1-2)]。当时，Guareschi 是研究萘及其化学反应的领导者之一。

Me, O, O, Me **1-5** + CN, EtO, O **1-6** —NH_3→ Me, CN, Me, N, H, O **1-7** (1-2)

毕业当年，Biginelli 被提名为米兰农业学院的有机化学助理。在那里，他与 W. Körner(1839—1925，德裔意大利人)一起工作，直到 1890 年他被提名为米兰农业学院的副教授。在此期间，Biginelli 跟随 Körner 研究秦皮素类化合物 **1-8** 和 **1-9**(一种 *Fraxinus ornus* L 树皮的主要成分)的主要结构。秦皮素于 1857 年首次被分离，但结构一直未被确定。Biginelli 和 Körner 证明，秦皮素是 B 环上含有两个羟基和一个甲氧基的三氧代香豆素衍生物。在之后的工作中，Biginelli 提出了秦皮素上三个氧的内在关系，他还制备了 5,6,7-三甲氧基香豆素 **1-10** 和 **1-11**，并证明该化合物不同于秦皮素 **1-9**(图 1-2)。几乎在 Biginelli 工作的 30 年之后，Wesseley 于 1928 年才确定了其结构。如今，该类化合物重新被人们所关注，是由于其广泛存在于用于各种保健食品、

图 1-1　29 岁时的 P. Biginelli
图片来源于 Eur. J. Chem.[1]

化妆品的植物提取液中。Biginelli 还曾研究过 Hantzsch 反应，说明他在早期对多组分反应已感兴趣。

图 1-2 秦皮素及其衍生物

1890 年 10 月，Biginelli 从米兰搬到了佛罗伦萨。1891 年，Biginelli 就在 Gazzetta Chimica Italiana[2] 和 Berichte 发表了两篇简报[3]，就是现在被认为是使他出名的反应(图 1-2)[4]。全文分别于 1893 年发表于两个杂志，Biginelli 则是这些论文的唯一作者。Hantzsch 反应的经验和在佛罗伦萨实验室中的熏陶，无疑培养了他对羰基缩合化学的兴趣。起初该反应的新颖性被忽略了，是由于起初反应产物的结构被误认为是开链结构的化合物 **1-12**(事实上该化合物就是环状的 3,4-二氢嘧啶酮 **1-4**)，1893 年 Biginelli 提出了正确的结构。

Biginelli 多组分反应是在汲取 Behrend 和 Schiff 前期工作的基础上发现的，他们尝试用尿素代替糖基化学反应中的一种胺。Behrend 发现使用尿素时得到了与乙酰乙酸酯的稳定加成物，并称之为酰脲(i. e, **1-13**)[式(1-3)]。然而，在 Schiff 有关醛和含氮化合物的经典反应中，尿素与芳香醛或脂肪醛反应都给出对称的亚苄基双尿素 **1-14**[式(1-4)]。

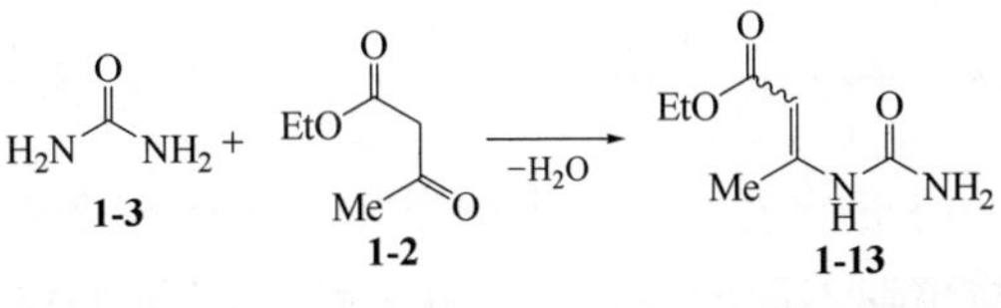

(1-3)

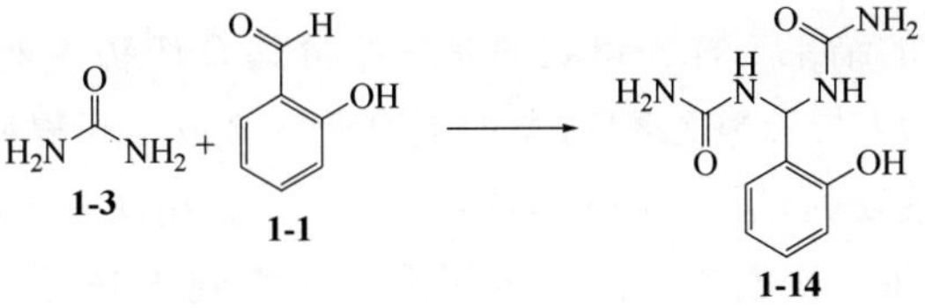

(1-4)

在此基础上，Biginelli 探索了乙酰乙酸乙酯与尿素在醛存在下的反应：将尿素、乙酰乙酸乙酯和水杨醛在无水乙醇中加热煮沸 2h 即有沉淀析出，经过滤、冷乙醇洗涤，乙醇重结晶得到的化合物的元素分析表明其分子式为 $C_{14}H_{16}N_2O_3$，这说明三个起始原料的所有碳原子都进入了产物分子中(图 1-2,R^2 = 2-OHC_6H_4)，这就是 Biginelli 于 1891 年最早报道的开链结构 **1-12**。

人们对此三组分加成产物结构的疑问促使 Biginelli 在 1893 年对此反应做了大量的化学逻辑推理，该逻辑分析如式（1-5）所示。在进行了严密规划后，Biginelli 对该多组分反应的各个步骤进行组合剖析。由于三种反应物都可以两两组合反应，如按 1∶1 的量(乙酰乙酸乙酯/尿素或乙酰乙酸乙酯/醛)，或 2∶1 的量(尿素/醛)。三元加成物——开链产物 **1-12** 可以通过醛与 **1-13** 直接反应得到。同时，尿素和醛缩合还得到 **1-14** 类化合物，**1-14** 与乙酰乙酸乙酯反应会生成长链结构 **1-15**。但是，使用苯甲醛与乙酰乙酸乙酯的反应物——亚苄基乙酰乙酸乙酯 **1-16** 与尿素反应却无法得到如同多组分反应中生成的产物 **1-12**。

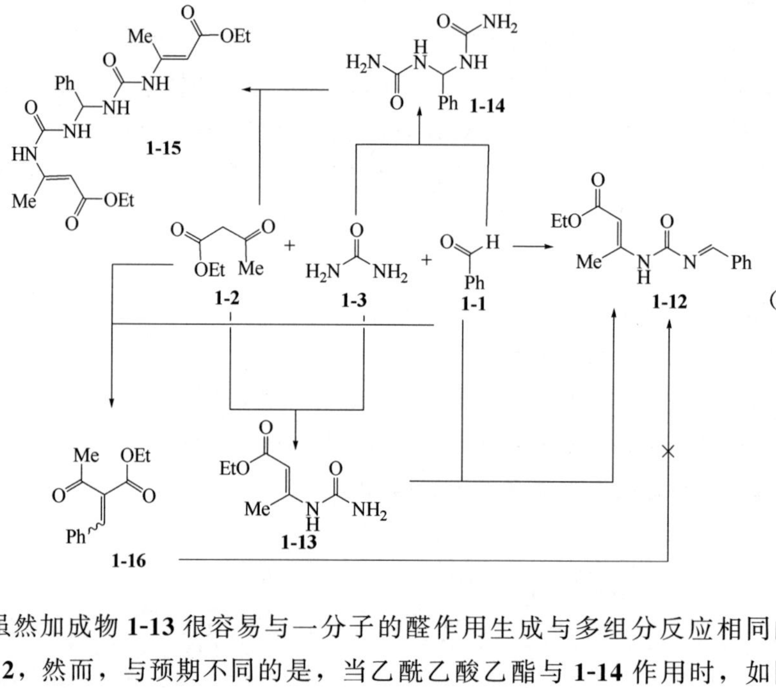

(1-5)

虽然加成物 **1-13** 很容易与一分子的醛作用生成与多组分反应相同的产物 **1-12**，然而，与预期不同的是，当乙酰乙酸乙酯与 **1-14** 作用时，如同将酰脲和醛处理时的结果一样，得到的是三组分缩合产物 **1-4**。因此，在乙醇中加热回流 6h**1-14** 与乙酰乙酸乙酯的混合物，Biginelli 得到了三元加成产物 **1-4**，而不是预期的双开链酰脲 **1-15**[式(1-6)]。相同的产物也可通过如下方法得到：首先将乙酰乙酸乙酯与苯甲醛反应得到 **1-16** 后，再与尿素作用

得到产物 **1-4**[式(1-7)]。有趣的是，他还通过亚苄基双尿素与乙酰乙酸乙酯的反应得到了少量的酰脲 **1-13**。该结果表明，形成 Behrend 和 Schiff 加成物的反应都是可逆的，这就解释了该三组分反应最终都得到同样产物的原因，而不管三种组分以何种顺序两两混合。

1-14 + **1-2** $\xrightarrow[\text{回流}]{\text{EtOH}}$ **1-4** (1-6)

1-1 + **1-2** ⟶ **1-16** $\xrightarrow[\text{EtOH 回流}]{\textbf{1-3}}$ **1-4** (1-7)

综上，正如当代有机化学的逻辑学描述的一样，**1-13** 与醛作用时，表现出一种双亲核性的行为，而不单单是简单的含氮化合物的单亲核性质。Biginelli 通过加入 Brønsted(HCl 溶液)酸催化剂提高了此多组分反应的产率，并且通过扩展不同的醛底物(脂肪醛，α，β-不饱和醛和糠醛)验证了其广泛的适用范围。然而，在 19 世纪末期，有关尿素的缩合反应更可能被认为是一个非主流的课题(1864 年 Baeyer 合成了巴比土酸)，嘧啶的合成也就不足为奇，只是深奥的杂环化合物而已。在那些年，Schiff 的关注重点是氨基酸及其与甲醛的反应。

1897 年，Biginelli 进入罗马大学工作，那时 Biginelli 38 岁。他在申请讲师职位时提交的被称为 Biginelli 反应的论文受到了积极评价。随后，他转向对 Gosio 气体的研究。壁纸在当时非常流行，而无机砷染料在绿色壁纸中被广泛使用。初步估计，仅在 1858 年的英国，就有 1 亿平方米的含砷壁纸被使用，但是，在当时含砷壁纸导致中毒现象时有发生。1839 年，Gmelin 认为是挥发性的砷衍生物引起的中毒，由于中毒时总是伴随有大蒜味。1874 年，Selmi 建议室内砷污染是由于壁纸糨糊中的挥发性砷所致。Gosio 认为多种微生物可以在砷表面快速增长，并释放出混合有砷和碳元素的有毒气体，此气体被称为 Gosio 气体。

在 Gosio 建立的模型基础上，Biginelli 决定分离纯化这些挥发性砷衍生物。在获得对粗品的分析数据后，Biginelli 决定通过形成难溶沉淀来捕获砷。Biginelli 发现溶于 20%HCl 中的 10% $HgCl_2$ 溶液效果更佳，将气体混合物通入该溶液时，就能得到漂亮的晶体。该溶液被称为 Biginelli 溶液，我们很难想象当时 Biginelli 做这个实验时有多困难和危险。无论如何，经过将混合气通入溶液几周后，Biginelli 获得了一种漂亮的具有大蒜味的晶体沉淀，经过元素分析确定其结构为二甲基胂。装有这些晶体的反应瓶至今仍保存在罗马。为了确定 Gosio 气体的结构，Biginelli 试图通过金属催化剂（钯或铂）催化砷与乙醇的反应来合成该气体，然而，反应只生成了元素砷和乙酸。在 20 世纪 30 年代，Gosio 气体的结构仍然是一个未知的谜题，最后才被确定为三甲基胂。

在研究了 Gosio 气体之后，Biginelli 的研究兴趣转向了商业品，例如工业石油和以喹啉结构为基础的药物方面。在退休之前他一直进行这方面的研究，发表了九篇论文。最大的成就是发展了生物体液中苦味酸的鉴别方法。这种方法使用 Zn 或 Sn 还原苦味酸为三氨基酚，后者在空气中氧化为蓝色的产物。此法被广泛用于法医化学中，以“Biginelli 测试”而出名。

1925 年，他接替 Paternò 成为罗马高等卫生研究所（Istituto di Sanità Pubblica）化学实验室主任，直到 1928 年退休。1937 年于罗马去世，享年 78 岁。Biginelli 是一个化学史上的奇人。在短短的 10 年里，他在当时有机化学最热门的两个领域——应用多组分反应合成生物分子和有机金属化学——留下了自己的深刻印记。他在天然产物、有机合成和生物有机研究领域均发表了标志性的论文。

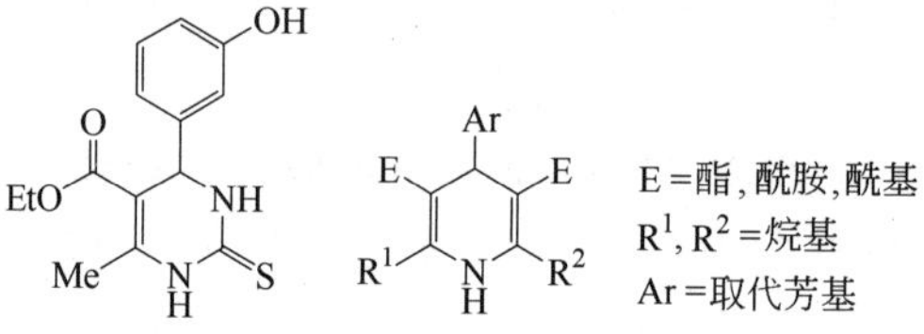

图 1-3　Monastrol 和吡啶的结构

在 Biginelli 反应报道后的 30 多年时间里，这个新的杂环反应在合成方面的巨大潜力并未被发掘，含有此类杂环结构化合物的药理活性也未被探索。到了 20 世纪 80 年代早期，与化合物 **1-4** 结构相似的吡啶类化合物 **1-18**（图 1-3）被发现具有钙拮抗活性[5]，这一发现引发了人们对 DHPMs 类化合物药理活性的研究，结果发现此类化合物具有钙拮抗、降压，α_{1a}-拮抗和抗癌等活性。二氢嘧啶的生物活性及含有该骨架结构的药物化学作为杂环化学的一个分支正在如火如荼地进行着。在这一领域，标志性的事件是化合物 Monastrol **1-17**（图 1-3）的发现，它是一种抗有丝分裂剂，不像传统的该类药物（Colchicine、Paclitaxel、Vinca alkaloids）进攻靶蛋白，而是直接抑制有丝分裂驱动蛋白 Eg5，Eg5 是一个纺锤体分裂所需的驱动蛋白质。嘧啶结构也存在于一些生物活性海洋天然产物中(如 Batzelladines、Crambescidin 和 Ptilolomycalin 等生物碱)，基于此，Overman 发展了分子内的 Biginelli 反应合成此类物质的合成方法[6]。Biginelli 反应还是成功实现了不对称反应的少数多组分反应之一[7]。在过去的几十年里，Biginelli 反应成为了热点主题，大量的改进方法被不断报道，合成各种新颖的 DHPMs 类似物的论文和专利不断涌现(本书中还是沿用 DHPM 来代替此类化合物)。很多化学工作者通过实验和理论计算的方法对 Biginelli 反应机理进行了探讨。近 20 年，奥地利化学家 Kappe 对 Biginelli 反应的新进展做出了突出贡献[8]。Biginelli 三组分反应已被选作国内外大学本科生基础化学实验的教学内容[9]。

2006 年起，我们开始了以 DHPMs 的合成及其衍生化反应为核心的研究[10]。10 多年里对以 DHPMs 为起始原料合成含嘧啶杂环的生物活性分子进行了系统而深入的研究，取得了积极的结果，发展了一系列嘧啶衍生物的合成方法。在温和、环境友好的条件下实现 Biginelli 类多组分缩合反应以及缩合产物的选择性功能化，进而实现立体选择性反应仍然是一个值得深入研究的课题[11]。

新型多组分反应的开发是一项极具挑战性的课题，因为不仅要考虑起始化合物的反应匹配性，还要考虑现场生成的中间体分子的反应匹配性和相容性，研究反应的机理，开发并控制新型的化学反应，开发能活化“惰性”官能团的新技术，将具有重要的应用价值和理论意义。正如 Tron 等在 Biginelli 的传记文章中所述的那样“现如今的科学，很多人都在围绕着香艳的花朵打转，而很少有人花时间去种植新的鲜花。Biginelli 恰恰是其中的另类，他愿意花费更多的精力去种植新花，而不是享受它们的花香和发表改头换面型的文献。我们无法对他发表在不同学科领域的文章进行标准判断，但是，他确实是一位很好的园艺师。”[1]

参考文献

[1] Tron G C, Minassi A, Appendino G. Eur. J. Org. Chem, 2011: 5541.

[2] (a)Biginelli P. Gazz. Chim. Ital, 1891, 21: 337;(b)Biginelli P. Gazz. Chim. Ital, 1891, 21: 455.

[3] (a) Biginelli P. Ber. Dtsch. Chem. Ges, 1891, 24: 1317;(b)Biginelli P. Ber. Dtsch. Chem. Ges, 1891,

24: 2962.

[4] (a) Biginelli P. Gazz. Chim. Ital, 1893, 23: 360;(b)Biginelli P. Ber. Dtsch. Chem. Ges, 1893, 26: 447.

[5] Atwal K S, Rovnyak G C, Schwartz J, Moreland S, Hedberg A, Gougoutas J Z, Malley M, Floyd F D M. J. Med. Chem, 1990, 33: 1510.

[6] (a)Overman L E, Rabinowitz M H, Renhowe P A . J. Am. Chem. Soc, 1995, 117: 2657; (b) Coffey D S, McDonald A I, Overman L E, Rabinowitz M H, Renhowe P A. J. Am. Chem. Soc, 2000, 122: 4893; (c) Coffey D S, Overman L E, Stappenbeck F. J. Am. Chem. Soc, 2000, 122: 4904;(d)Coffey D S, McDonald A I, Overman L E, Stappenbeck F. J. Am. Chem. Soc, 1999, 121: 6944.

[7] 饶红红, 权正军, 白林, 叶鹤琳 . 有机化学, 2016, 36: 283 (综述).

[8] (a)Kappe O C. Tetrahedron, 1993, 49: 6937;(b)Kappe C O. Acc. Chem. Res, 2000, 33: 879;(c)Kappe O C. Eur. J. Med. Chem, 2000, 35: 1043.

[9] (a)Holden M S, Crouch R D. J. Chem. Educ, 2001, 78: 1104;(b)Damkaci F, Szymaniak A. J. Chem. Educ, 2014, 91: 943;(c)Aktoudianakis E, Chan E, Edward A R, Jarosz I, Lee V, Mui L, Thatipamala S S, Dicks A P. J. Chem. Educ, 2009, 86: 730.

[10] 权正军，张彰，达玉霞，王喜存 . 有机化学，2009，29: 876 (综述).

[11] 部分综述文献：(a)Dallinger D, Stadler A, Kappe O C. Pure Appl. Chem, 2004, 76: 1017;(b)Gong L Z, Chen X H, Xu X Y. Chem. Eur. J, 2007, 13: 8920;(c)Heravi M M, Asadi S, Lashkariani B M. Mol. Diversity, 2013, 17: 389;(d)Wan J P, Lin F, Liu Y. Curr. Org. Chem, 2014, 18: 687.

第2章

Biginelli反应的理论

自从 1891 年 Biginelli 反应被报道以来，化学家们已发表了大量的研究报告，其对酸催化下醛、尿素/硫脲及二羰基化合物的三组分反应进行了详细的研究，取得了显著进展，还将固相合成及微波辅助合成等多种合成方法、技术应用于该反应中，对 Biginelli 反应机理也进行了大量探讨。本章主要介绍 Biginelli 反应的反应机理、主要影响因素、反应范围和限度以及改进后的合成方法，还将较详细地介绍 Biginelli 不对称反应在对映异构体纯 3，4-二氢嘧啶酮衍生物及天然产物合成中的应用。

2.1 Biginelli 反应的机理

Biginelli 在一开始即对该三组分缩合反应的机理做了探讨，并发现三种底物不管以何种顺序两两混合，最终都可以得到产物 DHPMs。很显然，三种组分不大可能通过同时或协同反应生成产物。那么，它的关键中间过程是什么，是由醛与 β-二羰基化合物缩合生成亚苄基二羰基化合物，或是醛与尿素缩合生成酰亚胺，还是二羰基化合物与尿素作用生成酰脲中间体呢？弄清楚这一问题，对于合理选择反应条件，成功实现 Biginelli 反应，提高反应速率，增加产物收率是非常重要的。

首次完成的 Biginelli 反应以及改进后的实验绝大多数都是在酸催化下进行的，因此，对酸催化的 Biginelli 反应的研究最为彻底，对其机理的研究也较深入，既有理论研究，也有实验研究。其中代表性的机理有 Folkers 和 Johnson、Sweet 和 Fissekis、Kappe 及 Neto 等人分别提出的研究结果。也有文献分别报道了过渡金属和碱催化下的 Biginelli 反应，但其反应机理的研究仍处于推测阶段。

2.1.1 酸催化的反应机理

1933 年，Folkers 和 Johnson 首次较详细地研究了 Biginelli 反应的机

理，提出了现在所知的烯胺型反应历程[式(2-1)]。他们认为尿素与乙酰乙酸乙酯反应形成的酰脲结构 **2-6** 是该反应的关键中间体，同时，在酸性条件下有助于苯甲醛和尿素的缩合，形成的双尿素 **2-5** 是该反应的第一个中间体[1]，苯甲醛与乙酰乙酸乙酯通过 Aldol 反应形成的亚苄基乙酰乙酸乙酯 **2-7** 也是可能的中间体。中间体 **2-5** 或 **2-6** 再分别与乙酰乙酸乙酯或苯甲醛作用，经环化脱水生成 DHPM**2-4**。提出该机理主要是基于如下的实验结果：①单质碘、盐酸或硫酸的用量对反应的产率有明显的影响，当向反应体系中加入哌啶时，没有分离到目标产物；②三种反应组分中，增加尿素的量(如为两倍)能明显提高反应产率；③没有证据显示尿素能与化合物 **2-7** 直接作用给出产物。

根据 Biginelli 曾提出的四种可能反应途径，Folkers 和 Johnson 对四种模型进行了控制实验，如式（2-2）所示。A 模型中，苯甲醛、尿素和乙酰乙酸乙酯通过一步的协同反应直接生成产物的可能性不大。因此，可能的反应模型只有以下三种途径：B(双尿素 **2-5** 和乙酰乙酸乙酯 **2-2** 反应)、C(酰脲 **2-6** 和苯甲醛 **2-1** 反应)和 D(尿素 **2-3** 与亚苄基乙酰乙酸乙酯 **2-7** 反应)。到底经由哪一种途径得到产物，且是反应的决速步骤？哪种途径最有可能生成 DHPM 产物？还有没有除了 B、C 或 D 以外的其他反应途径？这成了研究机理的最主要突破口和出发点。

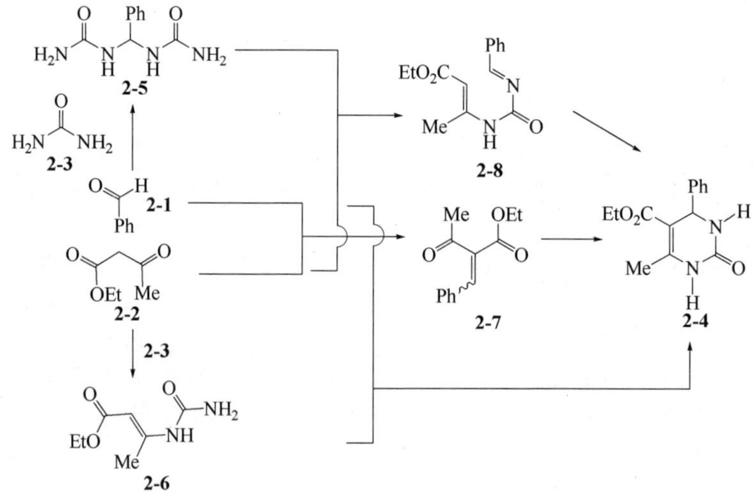

(2-1)

考虑到酸对 Biginelli 反应的影响，他们首先研究了 A 模型中酸催化剂的种类和用量对该三组分反应的影响，实验结果见表 2-1。不同的酸及其用量皆对 DHPM 的产率有很大影响。向反应体系中加入 10 滴哌啶时，无 DHPM 生成，却得到苯甲醛和乙酰乙酸乙酯的缩合成环产物。

(2-2)

表 2-1 不同催化剂对 A 模式产率的影响①

序号	催化剂	用量	分离产率/%
1	I_2	<0.3g	33.1
2	I_2	0.3g	56.1
3	浓 H_2SO_4	4 滴②	67.0
4	浓 HCl	2 滴	53.8
5	浓 HCl	4 滴	67.0
6	浓 HCl	8 滴	74.6
7	哌啶	10 滴	—

① 反应条件：尿素(0.050mol)，苯甲醛(0.050mol)，乙酰乙酸乙酯(0.075mol)，无水乙醇(20mL)，回流 2h。

② 5mL 的滴管。

其次，他们对比了浓硫酸的量对 A、B、C 和 D 四种反应的产率的影响，实验结果见表 2-2。表中，除了 AA 体系中尿素的用量是 0.050mol 外，五种反应体系中反应物的用量都是 0.025mol。

由实验数据可以得出如下结论：

① 体系 A：只需一到两滴酸反应就能进行，反应一开始就观察到有白色沉淀生成，随后马上消失，该物质可能是双尿素 **2-5**。

② 体系 B：在较高浓度的酸存在下，**2-5** 与乙酰乙酸乙酯反应生成 DHPM，且所得产率随酸浓度的增大而提高。该体系中，**2-5** 反应后会释放另外一分子尿素，或许尿素会对反应起促进作用。另外，**2-5** 不溶于热乙醇溶液，但是一旦加入乙酰乙酸乙酯，不溶的 **2-5** 马上消失，随后析出 **2-4** 的沉淀。如果 **2-5** 分解为尿素和苯甲醛，那么 **2-4** 产率的提高则部分或全部是由于尿素的存在而引起的(此外,过量的乙酰乙酸乙酯也可以提高产率)。

③ 体系 AA：除增加了尿素的用量以外，都与 A 体系一致，产率的提高表明尿素在起作用。据此，体系 B 中的反应很可能是 Biginelli 反应的决

速步骤。

④ 体系 C：在较高的酸浓度下，DHPM 产率随酸浓度变化情况与 A 体系的几乎一致。表明其机理与 A 的也一致。这是由于，在较高浓度的酸存在下，酰脲 **2-6** 水解变为尿素和乙酰乙酸乙酯，换句话说，体系 C 变回到了体系 A。

⑤ 体系 D：极低的产率表明，该过程不可能是 Biginelli 三组分反应的核心步骤。

⑥ 体系 B 和 C 都可以得到 Biginelli 产物，且两者的关系可用式（2-3）表示。

表 2-2 浓硫酸的量对不同模式产率的影响

序号	酸的量/滴	A/%①	AA/%①	B/%①	C/%①	D/%①
1	0	0	0	0	0	0
2	1	13.9	21.5	—	40.0	0
3	2	29.2	—	46.1	47.7	—
4	3	40.0	50.8	54.6	53.8	0
5	6	53.8	—	71.5	—	—
6	12	66.1	70.7	76.1	69.2	0
7	16	—	—	—	64.6	0
8	20	—	—	—	78.4	—
9	30	—	—	—	—	0

① 不同模式下 DHPM 的产率。

（2-3）

通常，人们认为 **2-5** 是 Biginelli 反应的关键中间体，主要理由是 Biginelli 反应的三种组分两两混合，再与第三种组分反应都可以给出产物，但只有 **2-5** 有可观的产率，而使用 **2-6** 时，DHPM 的产率只有 1.5%～3.8%，并观察到 **2-7** 在实验条件下很容易水解为起始原料。但到了 2007 年，Cepanec 等[2]提出 **2-6** 恰恰是反应的关键中间体。其理由是，他们以三氯化锑($SbCl_3$)——一种典型的 Lewis 酸为催化剂进行下列三个控制实验：①苯甲醛与尿素反应，没有预期产物——亚胺 **2-9** 的生成，也没有 **2-5** 生成；②苯甲醛与乙酰乙酸乙酯反应，没有 **2-7** 的生成；③乙酰乙酸乙酯与尿素反应，得到唯一的缩合产物是 **2-6**，接着与苯甲醛发生反应，以几乎定量的产率得到 DHPM 产物[式(2-4)]。该文作者在试图利用柱色谱分离中间体 **2-6** 时，只以 9%的产率得到了该化合物，这是由于 **2-6** 在硅胶表面发生了分解所致。这就解释了为什么 Biginelli 反应中可以容忍各种空间位阻的醛或酸性 CH 组分。如果中间体是苯甲醛与尿素的缩合产物的话，结果则会与此相反。因为，这种情况下的决速步骤是 C ═N 双键的形成，具有明显空间位阻的醛较难完成与尿素的缩合反应。在 $[Al(H_2O)_6](BF_4)_3$ 催化下，反应也可能是按 Cepanec 的酰基脲(**2-6**)机理进行的[式(2-4)][3]。

a) Ph—CHO (2-1) + H_2NC(O)NH_2 (2-3) —[$SbCl_3$, MeCN; 室温-回流温度]—✕→ 2-9 —(2-2)→ 2-4

b) 2-1 + 2-2 —[$SbCl_3$, MeCN; 室温-回流温度]—✕→ 2-7 —(2-3)→ 2-4

c) 2-2 + 2-3 —[$SbCl_3$, MeCN; 室温-回流温度]→ 2-6 —(2-1)→ 2-4

(2-4)

1973 年，在 Folkers 和 Johnson 工作报道的 40 年后，Sweet 和 Fissekis 提出了不同的反应机理[4]。他们认为在酸催化下，由乙酰乙酸乙酯和苯甲醛发生羟醛缩合生成的碳正离子 **2-10** 是该反应的关键中间体[式(2-5)]，并且是 Biginelli 反应的第一个中间体，此反应也是决速步骤。该机理后来被称为 Knoevenagel 历程。他们重复了前人的实验：在 2mol/L HCl(50% MeOH)溶液中，**2-7** 与乙酰乙酸乙酯及尿素反应并没有得到 DHPM，反而是酯迅速发生脱羧反应。相反，在相同条件下，苯甲醛、乙酰乙酸乙酯和尿素或 *N*-甲基尿素反应生成 DHPMs 的产率分别可达 77%或 85%。当利用 3-甲氧基丙烯酸甲酯时还生成了一种苯甲醛没有参与反应的异构体 **2-12**。这表明反应可能经历一个 Aldol 缩合历程。苯甲醛和乙酰乙酸乙酯在哌啶催化下给出 **2-7**，该产物与 *N*-甲基尿素在 HCl 催化下甲醇中回流反应 2 周以 36%的产率生成了唯一的产物 DHPM。反应可能是通过异构为碳正离子，

再与 *N*-甲基尿素作用形成 **2-11b**，经成环给出产物 **2-4b**。

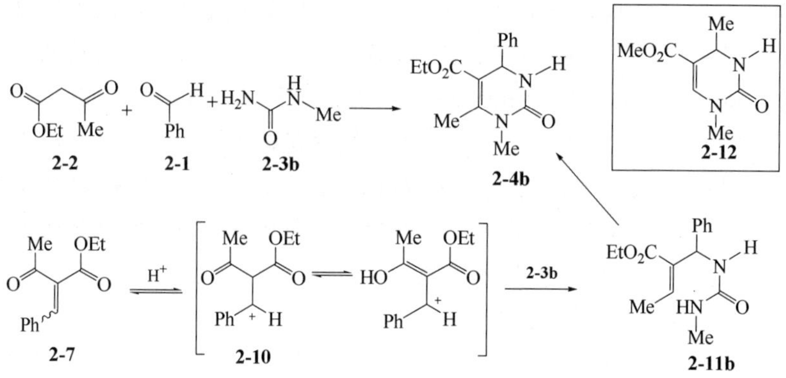

(2-5)

使用 2-乙基取代的乙酰乙酸乙酯与苯甲醛、尿素反应时，无法得到预期产物 **2-14**[式(2-6)、式(2-7)][5]。以化合物 **2-13** 为起始原料，也无法得到 **2-14**。此外，苯甲醛、2-甲基乙酰乙酸乙酯和尿素在 HCl 催化下乙醇中回流反应 72h，只以 9%的产率分离到了嘧啶衍生物 **2-20**，没有检测到异构体 **2-14** 的生成。**2-20** 的低产率表明酸催化的苯甲醛和 2-烷基取代乙酰乙酸乙酯的 Aldol 缩合主要发生在没有取代的甲基一端，生成 **2-15**，而 **2-15** 极易分解难以形成 **2-14**。推测形成羟基取代的 DHPM **2-19** 与前期报道分离的产物有点相似。该结果与前述产生碳正离子的机理相类似。据此，他们提出了醛和乙酰乙酸乙酯经历 Aldol 缩合形成的碳正离子 **2-10** 是 Biginelli 反应的关键中间体[6]。

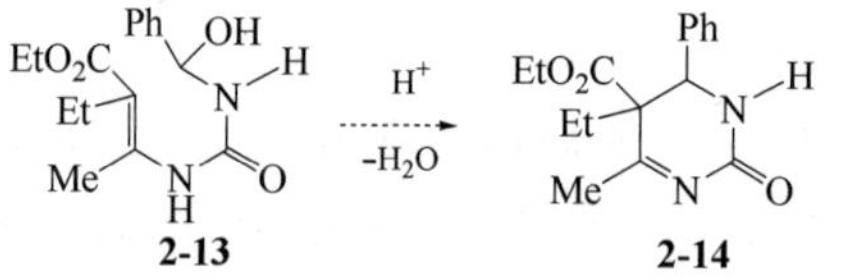

(2-6)

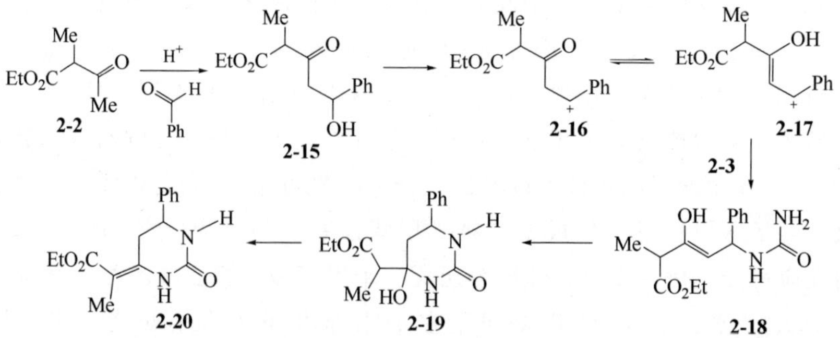

(2-7)

1997年，Kappe重新对Biginelli反应机理进行了研究，否定了碳正离子**2-10**作为Biginelli反应中间体的论点，提出了亚胺型反应历程[7]。其理由是：①^{1}H和^{13}C NMR实验表明，在CD_3OH/HCl反应体系中，室温条件下，在苯甲醛和乙酰乙酸乙酯的反应体系中既没有检测到Aldol反应产物，也没有其他任何产物。但是，在相同条件下，Biginelli三组分缩合反应却可以顺利进行。②硫脲与苯甲醛和乙酰乙酸乙酯反应，同样得到预期的Biginelli缩合产物。与此相反，在Sweet和Fissekis所述的生成正离子**2-10**的条件下，亚苄基乙酰乙酸乙酯**2-7**与硫脲或*N*-甲基硫脲反应，高产率得到的是2-氨基噻嗪**2-21**，而非嘧啶酮[式(2-8)]。在Biginelli反应条件下，**2-7**与*N*-甲基硫脲反应生成DHPM的反应需要两周时间，产率一般；而生成噻嗪的反应只需3～5h，且产率非常高。这可能是由于硫原子具有较高亲核性所致。在Biginelli反应中使用硫脲没有得到噻嗪结构的这一实验事实表明，碳正离子**2-10**的机理是不可能的。

2-7 ⇌ (H^+ / $-H^+$) **2-10** → (H_2N–C(=S)–NHR) **2-21**　　(2-8)

2-21a: R = H, 84%
2-21b: R = Me, 79%

此外，他还否定了Folkers和Johnson提出的尿素先与乙酰乙酸乙酯作用形成酰脲**2-6**的可能性。实验表明，该化合物遇水立即水解为起始反应物乙酰乙酸乙酯和尿素。只有在严格无水条件下，乙酰乙酸乙酯和尿素反应几天以后才能生成该产物，而Biginelli和Folkers、Johnson等所述的实验条件大都使用的是乙醇-盐酸体系。由此可见，在Biginelli反应条件下平衡总是在乙酰乙酸乙酯和尿素一侧。如果确有**2-6a**产生，那么*N*-甲基尿素与乙酰乙酸乙酯反应，必然会生成*N*-甲基取代的中间体**2-6b**，后者与苯甲醛作用就能发生5+1环加成反应得到*N*3-甲基取代的嘧啶**2-22**。然而，无论是Biginelli三组分反应，还是在Biginelli反应条件下**2-6**与苯甲醛反应得到的都是*N*1-甲基取代的DHPM[式(2-9)]。

Me, O, O, EtO — **2-2**
HN–R, H_2N, O — **2-3**
EtO_2C, H, N, R, Me, N, H, O — **2-6a**: R = H; **2-6b**: R = Me
Ph, EtO_2C, N, R, Me, N, H, O — **2-22a**: R = H; **2-22b**: R = Me

(2-9)

在经典 Biginelli 反应条件(CH_3OH/HCl)下，苯甲醛与尿素(2 倍过量或当量)于室温下反应 10～20min 后，就会有双尿素 **2-5a** 沉淀析出。类似的缩合产物 **2-5b** 也能通过 *N*-甲基尿素与苯甲醛反应得到。然而，当有乙酰乙酸乙酯存在时，反应体系中并没有 **2-5** 生成，在 1～2h 内(完全反应需要 2～3 天)析出的却是 **2-4** 的沉淀[式(2-10)]。

Ph—CHO **2-1** —(**2-3**)→ OH HN–R, Ph, N, H, O —(H^+, $-H_2O$)→ H, HN–R, Ph, N^+, O, H **2-23**
2-23 —(**2-2**, $-H^+$)→ EtO_2C, Ph, NH, Me, O, O, HN–R → Ph, EtO_2C, NH, Me, N, O, R — **2-4a**: R = H; **2-4b**: R = Me
2-23 —(H^+ **2-3**)→ H, O, N, R, H, H, R–N, N, NH, O, Ph — **2-5a**: R = H; **2-5b**: R = Me

(2-10)

Kappe 结合 $^1H/^{13}C$ 核磁共振技术和诱捕实验，提出了质子酸催化下的 *N*-酰基亚胺正离子机理。反应的关键步骤是在酸催化下醛和脲作用形成 *N*-酰基亚胺正离子中间体 **2-23**，**2-23** 遇到二羰基化合物(通过烯醇式互变异构体)形成开链化合物 **2-24**，经环化得到 6-羟基嘧啶酮 **2-25**，酸性条件下脱水得到最终产物 **2-4**[式(2-11)]。根据上述机理，单取代的尿素或硫脲只得到 *N*-单烷基化的 DHPMs，*N*,*N*′-二取代的尿素在该条件下不反应。实验证明确实如此。当用体积较大的 2,2-二甲基丙酰乙酸乙酯或强吸电子性的三氟甲基取代的 *β*-酮酸酯时，从反应体系中成功地分离出了中间体 **2-24** 或 **2-25**，确证了式 (2-11) 所描述的反应历程。虽然没有分离或直接观察到高活性的 *N*-酰基亚胺正离子 **2-23**，但是，Kappe 提出的反应机理的一个证据是成功分离出 **2-25**，这是由于 1,3-二羰基化合物的缺电子性质所导致的。

Ph-CHO **2-1** ⇌(2-3) Ph–CH(OH)–NH–C(O)–NH_2 ⇌(H^+, $-H_2O$) Ph–CH=N^+H–C(O)–NH_2 **2-23**

2-1 --(2-2, H^+, $-H_2O$)--> **2-10** (EtO$_2$C, Ph, H, Me, O) --(2-3, $-H^+$)--> **2-24** (Ph, EtO$_2$C, NH_2, Me, O, O, H_2N)

2-23 --(2, $-H^+$)--> **2-24**；**2-23** ⇌(2-3 / −2-3) **2-5** (Ph, HN, NH_2, O)

2-8 (EtO$_2$C, Ph, H, Me, O) ⇌(H^+ / $-H^+$) **2-10**

2-24 --> **2-25** (Ph, EtO$_2$C, HO, Me, N–H, O) --($-H_2O$)--> **2-4** (Ph, EtO$_2$C, Me, N–H, O)

(2-11)

例如，$CF_3COCH_2CO_2Et$代替乙酰乙酸乙酯时，除非在后续的脱水条件下继续反应，否则反应只得到6-羟基嘧啶**2-25**，**2-25**经对甲苯磺酸催化脱水可得到**2-4**[8][式(2-12)]。使用无水的$GaCl_3$作为Lewis酸催化剂，同样以理想的产率实现**2-25**的脱水，而水合$GaCl_3$的催化效果则要差很多[9]。再如，在$Yb(OTf)_3$催化下，于100℃加热醛、三氟甲基取代的二羰基化合物和尿素的混合物只分离到单一产物**2-25**，收率98%～99%[10]。

2-25 (R^1O_2C, Ph, NH, R^2, HO, N–H, O) --($-H_2O$, *p*-TsOH)--> **2-4** (R^1O_2C, Ph, NH, R^2, N–H, O)

R^1 = Ph, R^2 = CF_3; R^1 = 2-噻吩基, R^2 = CF_3

(2-12)

Ryabukhin等还发现，在DMF溶剂中，Me_3SiCl催化，无论是尿素(硫脲)还是*N*-甲基尿素(硫脲)或1,3-二甲基尿素(硫脲)都能与三氟取代乙酰乙酸乙酯和苯甲醛发生缩合反应，均生成**2-25**的类似物。其中，1,3-二甲基尿素(硫脲)的产率较低，只有41%～56%[式(2-13)][11]。

F_3C–CO–CH_2–CO–R^1 **2-2** + Ph-CHO **2-1** + R^2NH–C(X)–NHR^3 **2-3** --(Me_3SiCl, DMF, rt, 24～78h, 41%～85%)--> **2-25** (R^1OC, Ph, N–R^3, F_3C, HO, N–R^2, X)

R^1 = OEt, Me, Ph或CF_3; X= S, O; R^2= R^3=Me; R^2= Me, R^3= H; R^2= R^3= H

(2-13)

作者认为的反应机理与 Kappe 提出的相似，苯甲醛与尿素的加成产物亚胺正离子是该反应的关键中间体[式(2-14)]。

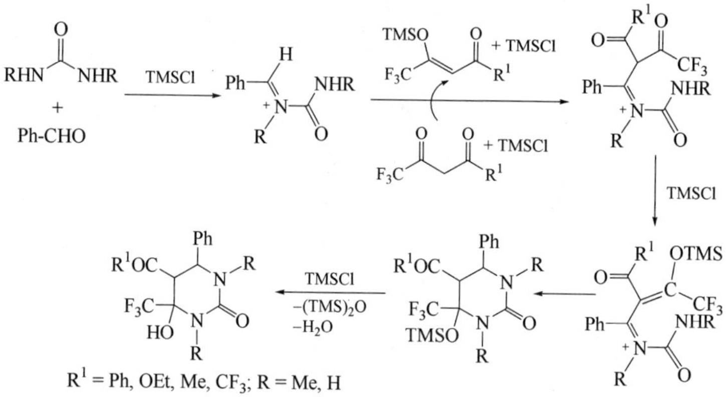

(2-14)

R^1 = Ph, OEt, Me, CF_3; R = Me, H

Cao 等[12]对醛、二氟取代乙酰乙酸乙酯和尿素的 Biginelli 缩合反应进行了研究。在 HCl-EtOH 体系，将三种反应物加热回流 6h，分离得到 **2-25**，**2-25** 在对甲苯磺酸催化下，乙醇中加热回流 6h 脱水生成 *C*6-二氟甲基嘧啶酮 **2-4**。研究发现在 $Yb(PFO)_3$ 或 $TaBr_3$ 催化下，该反应在无溶剂 120℃条件下反应 4h，也可一步生成 **2-4**[式(2-15)]。

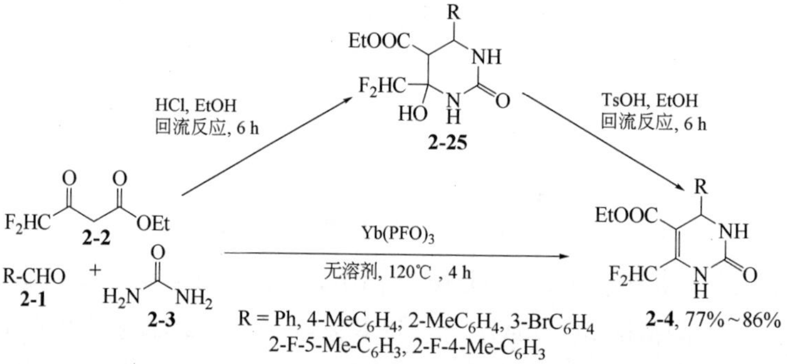

(2-15)

R = Ph, 4-MeC_6H_4, 2-MeC_6H_4, 3-BrC_6H_4, 2-F-5-Me-C_6H_3, 2-F-4-Me-C_6H_3

2-4, 77%~86%

DFT 理论计算和 ESI-MS 实验也支持 Kappe 的理论。在甲酸存在下，反应优先形成中间体 **2-23**，并没有检测到中间体 **2-6**。理论计算表明亚胺正离子无论是热力学还是动力学上都是最有优势的中间体；而 Knoevenagel 机理所涉及的中间体的能垒则是最高的，在动力学上是禁阻的。也有作者赞同 $Ni(NO_3)_2$ 催化下 Folkers 和 Johnson 提出的机理，并在甲酸存在下，ESI-MS 检测到了中间体苄基-双尿素 **2-5** 以及痕量的中间体 **2-6** 和 **2-7**[13,14]。

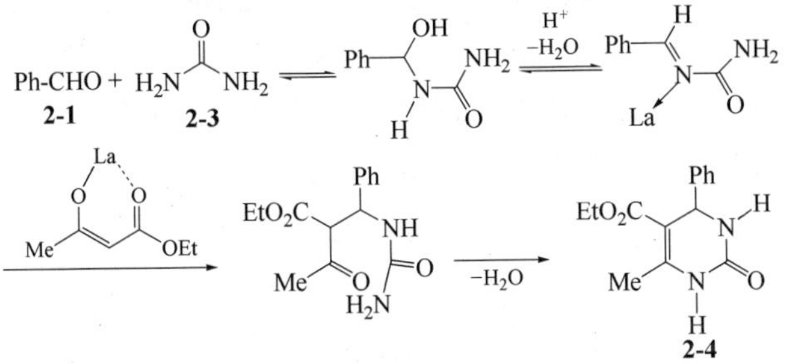

(2-16)

对反应机理的研究同时促使人们重新寻找更加有效的合成方法。新型催化剂，特别是 Lewis 酸，能与 *N*-酰基亚胺离子发生相互作用而更加有利于 DHPMs 的生成。据推测，这些 Lewis 酸通过与尿素的氧原子配位而起到加速亚胺离子的形成并稳定之的作用，例如 $CuCl_2$、$LaCl_3$、$Yb(OTf)_3$、$CeCl_3$、$Mn(OAc)_3$ 等。在有些反应中，人们也提出 1,3-二羰基化合物与 Lewis 酸的导向效应可以稳定烯醇式异构体[式(2-16)][15~17]。

Lewis 酸催化下 Kappe 机理的又一例子是，在 $Ln(OTf)_3$ 催化下，4-硝基苯甲醛与尿素和 2,2,6,6-四甲基-3,5-庚二酮的反应并没有得到预期产物，而是中间体亚胺与金属的络合物 **A**，可能是由于二酮的空间位阻较大所致。向上述反应体系中添加乙酰乙酸乙酯的金属络合物 **2-26** 后得到了预期的嘧啶酮 **2-4**。同样，4-硝基苯甲醛与尿素、2,2,6,6-四甲基-3,5-庚二酮和乙酰丙酮的四元混合物也给出了 3,4-二氢嘧啶酮，反应中没有检测到 2,2,6,6-四甲基-3,5-庚二酮参与的反应产物。据此可以合理地推测，首先是醛和尿素反应形成 *N*-酰基亚胺中间体，后者通过与 Ln 的配位作用被活化，该步反应是整个 Biginelli 反应的关键步骤和决速步骤，随后，发生与羰基化合物的加成，环化和脱水过程生成产物 DHPMs[式(2-17)]。

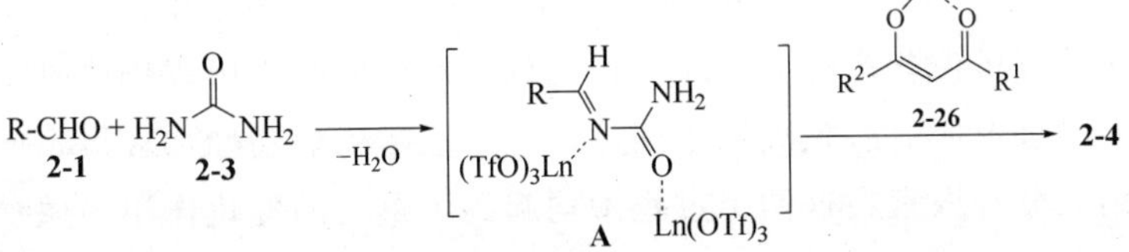

(2-17)

此后，巴西的 Neto 等[18]对离子液体中进行的 Biginelli 反应机理做了较广泛深入的研究。首先，他们分别将咪唑基离子液体与多种 Lewis 酸如

$CeCl_3$、$InCl_3$、$FeCl_3$、$ZrOCl_2$、$MgCl_2$、$CuCl/BF_3 \cdot OEt_2$、$CuCl_2$ 联合使用，在均相条件下有效实现了三组分 Biginelli 缩合反应，产物 DHPMs 的产率良好，最高可达 99%。功能化的离子液体与杂多酸结合时，反应效果最好，反应中无需过量使用任何一种反应组分，且催化剂能够回收重复使用多次。

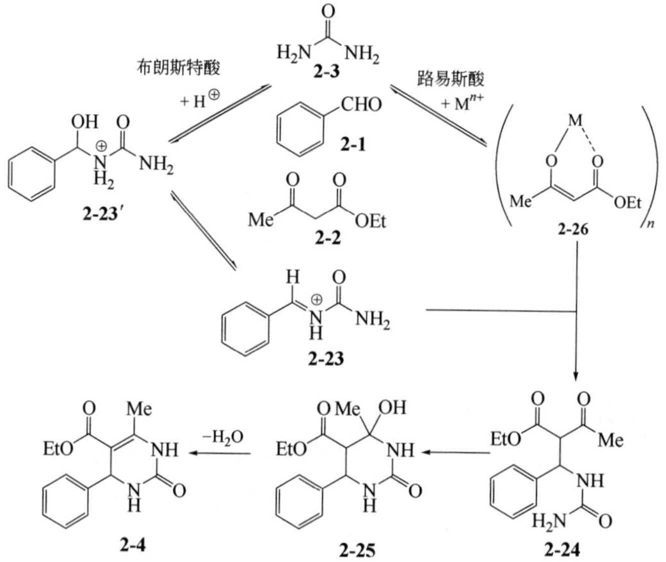

(2-18)

结合实验和 ESI-MS 及 HREI-QTOF、动力学研究及理论计算的结果，他们也支持亚胺正离子是 Biginelli 反应的关键中间体的论点。其中，Lewis 酸主要对二羰基化合物起活化作用，促使其发生烯醇式互变异构，并稳定之。而 Brønsted 酸则主要对醛与尿素反应形成亚胺离子的过程起促进作用[式(2-18)]。例如，Fe 对乙酰乙酸乙酯的烯醇式结构起稳定作用，从而活化酮酯底物。而乙酸修饰的离子液体则对醛起活化作用，促进其与尿素作用形成亚胺正离子。

2015 年，日本 Morokuma 和泰国 Puripat 等[19]还指出 Biginelli 反应是尿素催化的有机催化多组分反应。他们认为反应的基本历程仍然是苯甲醛与尿素首先缩合形成亚胺正离子中间体，再与乙酰乙酸乙酯加成得到产物，不同的是第二分子尿素在这两个过程中均起到了重要的催化作用。尿素在此有助于亚胺正离子形成过程的脱水过程，且有助于 β-酮酸酯烯醇式的稳定，最后对环化和脱水过程都有辅助作用。因此，Biginelli 反应是尿素催化的多组分反应。该机理在质子溶剂和非质子溶剂中都适用。

2.1.2 碱催化的反应机理

除了酸催化的 Biginelli 反应外，在碱催化下也实现了该缩合反应[20]。例如，以 t-BuOK 为催化剂，在乙醇中加热 Biginelli 反应的三个组分，高产率得到 Biginelli 产物。其经历的反应途径与酸催化的有所不同，可能经历了两种途径：其一是尿素参与的苄基-双尿素机理；其二是当硫脲替代尿素时通过 Aldol 缩合的 Knoevenagel 历程[21]。碱性条件下对氯苯甲醛与尿素或硫脲不发生任何反应，没有 **2-9** 生成(如下所示)；而在 p-TSA 催化下，对氯苯甲醛与硫脲反应形成了中间体 **2-27**，但随后在碱性条件下与苯乙酮作用时，却未能得到任何目标产物。然而，碱性条件下亚苄基双尿素 **2-5** 却很容易生成，且 **2-5** 能与苯乙酮在 t-BuOK 催化下反应得到 **2-28**，产率可达 98%[式(2-19)]。但在酸催化剂存在下，**2-5** 与苯乙酮则不发生反应。

Cl H N NH_2 X X = S, O **2-9**
Cl OH S NH_2 NH **2-27**
Cl HN O NH_2 NH_2 HN O **2-5**

此外，在 t-BuOK 催化下，2-苯基苯乙酮与对氯苯甲醛的 Aldol 缩合产物能与硫脲高产率得到 **2-29**(96%)，而与尿素反应则只给出 15%的 DHPM **2-28**[式(2-19)]。在酸性条件下，二者都没有产物生成。因此，硫脲参与反应时，Aldol 缩合产物 **2-30** 是最大可能的中间体。而尿素则是以双尿素中间体 **2-5** 的机理进行[式(2-19)]。这是首次报道有关尿素和硫脲以完全不同的机理参与到 Biginelli 反应中的研究结果。

Ph Ph NH Ph N H O **2-28**
O H_2N NH_2 **2-3** t-BuOK 途经中间体**2-5**
Ph—CHO **2-3** + O Ph Ph **2-3**
S H_2N NH_2 t-BuOK Ph Ph O Ph 途经中间体 **2-30**
Ph Ph NH Ph N H S **2-29**

(2-19)

不同的溶剂对该反应有较大的影响。例如，甲醇、乙醇和异丙醇等极性溶剂均能给出很好的结果，而非极性溶剂四氢呋喃、二氯甲烷、正己烷或甲苯中的产率很低(8%～23%)，乙腈中的产率适中。同样，不同的碱也对反应的影响显著，如无机碱 K_2CO_3、LiOH、NaOH、KOH 也能给出良好的结果；而有机碱，如 DABCO、吡啶和 DBU 等的效果则较差，产率分别是 5%、3%和 41%。

概括起来，醛、尿素/硫脲和 1,3-二羰基化合物发生 Biginelli 反应时，可能有 5 种不同的反应历程：①醛与 1,3-二羰基化合物通过 Aldol 缩合形成碳正离子，再与尿素发生亲核加成反应；②醛与 1,3-二羰基化合物通过 Knoevenagel 缩合形成亚苄基二羰基化合物，再与尿素发生亲核加成；③醛与尿素缩合形成酰基亚胺正离子，再与 1,3-二羰基化合物发生亲核加成反应；④醛与两分子的尿素缩合形成苄基双尿素，再与 1,3-二羰基化合物发生亲核加成反应；⑤尿素与 1,3-二羰基化合物缩合形成酰脲，再与醛发生亲核加成反应。

总结这些可能的中间过程，目前最常见的酸催化 Biginelli 反应的关键中间体有三种形式，如式(2-20)所示：亚胺正离子 **2-23**，亚苄基-1,3-二羰基化合物 **2-7** 和酰脲 **2-6**。具体反应中以哪种机理为主，目前还无定论。这取决于反应所用的溶剂、催化剂的种类等条件。只有在具体反应条件下，研究具体的反应机理才是科学、合理的，而不应该以某一特定条件下的研究结果推广到所有反应条件下的反应中。

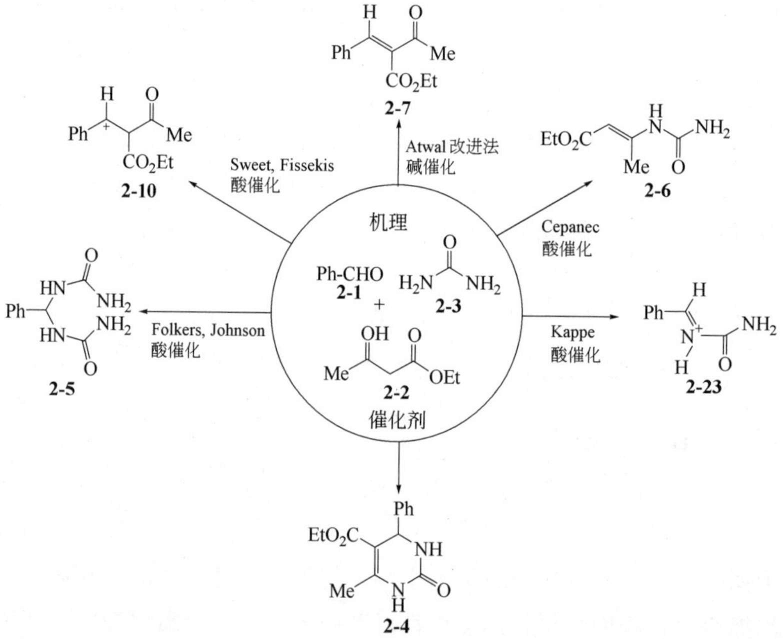

(2-20)

2.2 溶剂和催化剂对 Biginelli 反应的影响

除了催化剂以外，溶剂对反应也会有重要影响[22]，通常，溶剂会对反应的异构平衡起主导作用，而催化剂则仅仅是减小动力学控制对反应的影响。然而，有关溶剂对 Biginelli 反应的影响的研究则较少，特别是定量的研究更少。究其原因可能是由于绝大多数反应都是在特定溶剂的沸点温度下反应不同的时间完成的。在 Biginelli 反应中，常用的溶剂有乙醇、甲醇、乙腈、DMF 和乙酸等极性溶剂，水也可用作溶剂，有部分反应还在无溶剂条件下完成。Brønsted 酸和 Lewis 酸在 Biginelli 反应中所起的催化作用是不一样的。人们较认可 Brønsted 酸催化的决速步骤是尿素对苯甲醛的加成过程，而 Lewis 酸催化的决速步骤是金属-烯醇 **D** 和金属-亚胺配合物 **E** 的生成过程[式(2-21)]［经典 Brønsted 酸催化的 Biginelli 反应(左侧途径)和以 Zn^{2+} 为例的 Lewis 酸催化的 Biginelli 反应(右侧途径)］。但具体影响如何还需进行更深入的研究。

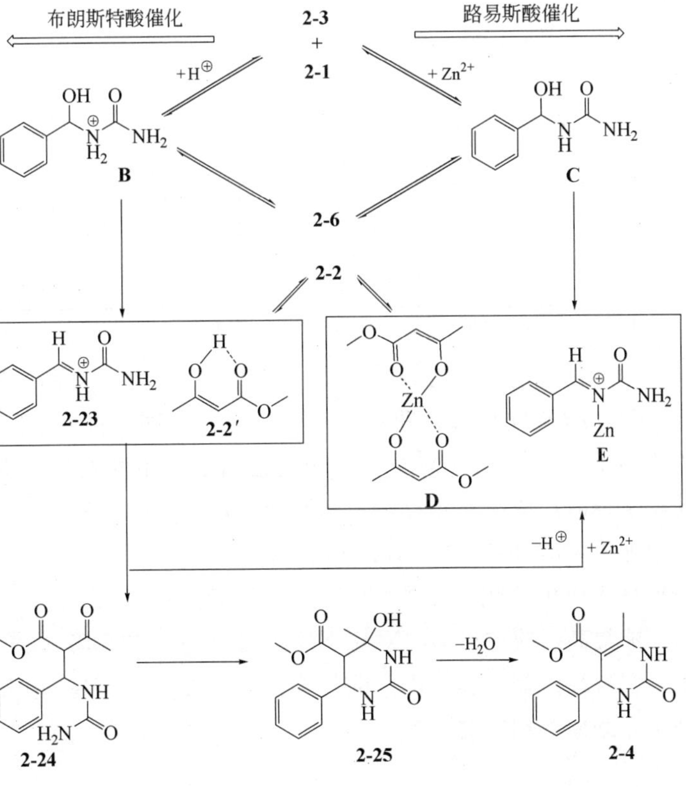

布朗斯特酸催化　**2-3** + **2-1**　路易斯酸催化

$+H^{\oplus}$　$+Zn^{2+}$

B　**C**

2-6

2-2

2-23　**2-2′**　**D**　**E**　(2-21)

$-H^{\oplus}$　$+Zn^{2+}$

2-24　**2-25**　$-H_2O$　**2-4**

2013 年，Clark 等[23]对催化剂和溶剂在 Biginelli 反应中的作用进行了较详细的研究。使用 HCl 为 Brønsted 酸催化剂，选用了 8 种具有不同 Kamlet-Taft 参数的溶剂（乙酸、叔丁醇、1,2-二氯乙烷、DMF、乙醇、乙酸乙酯、乙二醇和甲苯），在 75℃下反应 3h。实验发现，乙酸和 DMF 中得到 DHPM 的产率分别是 35%和 37%，乙醇中为 56%，而甲苯却给出最高产率 59%。表 2-3 表明产率和溶剂的性质是密切相关的。反应在 3h 之内已完成，表明反应受热力学控制，而非动力学。溶剂氢键的酸性性质(α 项)和氢键的碱性性质(β 项)对反应产率的影响可以认为是微不足道的，真正影响产率的是溶剂的偶极矩和极性(π^* 项)。例如，甲苯的 π^* 最小而 DHPM 的产率最高，乙二醇的 π^* 最大，因此产率最低，唯一的例外是乙酸。与之类似的是，各种溶剂对乙酰乙酸甲酯的烯醇式共振平衡常数 K_T 和相应 DHPM 产率的影响也表明小极性的溶剂更有利于 DHPM 的形成，同样，乙酸和丙酸也属于例外，具体原因尚不清楚。

表 2-3　盐酸催化下不同的溶剂对化合物 2-4a 产率的影响

溶剂	**2-4a** 产率/%	α	β	π^*
乙酸	35	0.71	0.40	0.60
叔丁醇	55	0.39	0.95	0.58
1,2-二氯乙烷	44	0.00	0.00	0.76
DMF	37	0.00	0.71	0.88
乙醇	56	0.83	0.77	0.62
乙酸乙酯	51	0.00	0.48	0.54
乙二醇	38	0.79	0.57	1.01
甲苯	59	0.00	0.12	0.50

注：α 为氢键酸性，β 为氢键碱性，π^* 为偶极矩和极化度的综合值。

在非均相催化剂蒙脱土负载的 $ZnCl_2$(EPZ-10)催化下，使用上述的 8 种溶剂进行实验，结果与 HCl 催化的均相反应有所不同。首先，DHPM 的产率均低于均相反应，但 DHPM 的产率仍与乙酰乙酸甲酯的异构平衡常数相关。与均相条件的反应结果相反，甲苯则给出较低的产率(33%)。其次，向反应体系中加入羧酸如乙酸、丙酸和乳酸都能提高反应产率，乙酸中 53%的产率明显高于均相催化下 35%的产率，同样乳酸中的产率也较高，乙二醇的加入也能提高反应的产率。对比不同溶剂中 HCl 与 EPZ-10 的催化性能还会发现：在酸性溶剂(乳酸)中，催化剂使用 EPZ-10 时的产率要高于盐酸的，更高于非酸性溶剂中的产率。

Lewis 酸的催化机制可以用金属正离子与乙酰乙酸甲酯之间的配位作用来解释，见图 2-1。对比在 HCl 和 EPZ-10 催化下，乙酸、乙醇和 4-甲基异丙基苯溶剂中 DHPM 的产率发现，EPZ-10 催化效果总体低于 HCl。其主要原因可能是乙酰乙酸甲酯中氧原子上较高的电子云密度致使其与金属离子络合，从而降低了乙酰乙酸甲酯的亲核性，导致低产率。虽然在 4-甲基异丙基苯和环己烷中可以形成超过 20％的烯醇式，但由于 Zn 与酯的配位比为 1∶2的比例关系，所以在反应体系中加入的 10％（摩尔分数）$ZnCl_2$ 足以使其余的酯变为烯醇式。

反应时间对产率的影响也不容忽视：当反应时间从 3h 延长至 16h 时，DHPM 的产率有显著的变化，说明反应受热力学控制。有趣的是，在乙酸中反应 16h 时，DHPM 的产率可达 25％；相反，在非酸性溶剂乙醇和对异丙基甲苯中的产率只有 6％和 14％。同时，在酸性溶剂中，EPZ-10 的催化活性高于 HCl 的。此实验结果再次确证了式（2-21）所示的作用机理。

然而，以乙酸为溶剂，只使用单一的 HCl 为催化剂时却得到了与上述现象不一致的结果：盐酸的催化效果最差(35％)，$ZnCl_2$ 的催化效果最好(57％)，乙酸锌的催化效果也不理想(39％)，没有催化剂时产率最低(25％)，由此说明 Zn^{2+} 必然对反应起了一定的影响(图 2-1)。

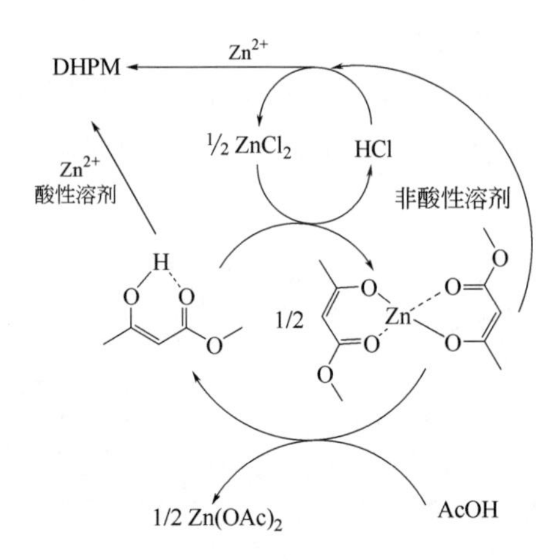

图 2-1 不同溶剂中 $ZnCl_2$ 参与形成烯醇式的不同模式

对不同溶剂中 HCl 与其他 Lewis 酸催化剂联合使用的效果进行比较后发现，HCl 是最有效的催化剂，不论是单独使用，还是与 Lewis 酸联合使用。其他催化剂如 $ZnCl_2$ 或 $FeCl_3$ 的效果(29％～65％)都未能超过单独使用 HCl 的产率(66％)。然而，从环境友好的角度出发，乙醇作为溶剂是不错的选择。若能解决环状酮 **2-31** 在水中的溶解度问题，水则是最好的选择[式(2-22)]。最后需要指出的是，硫酸及其衍生物也是 HCl 不错的替代物，在甲苯或 4-甲基异丙基苯溶剂中单独使用硫酸也能得到很好的结果。

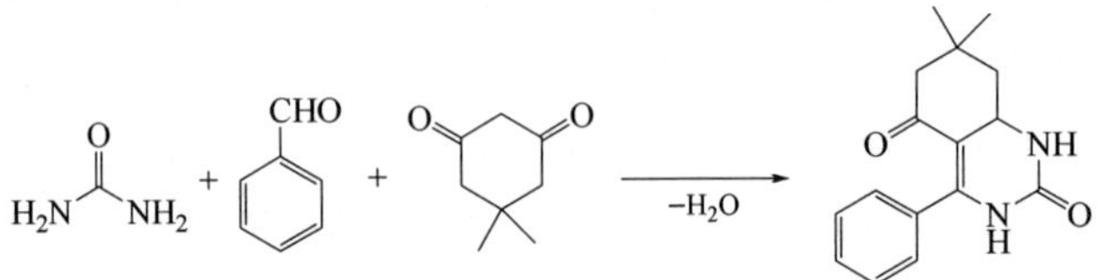

(2-22)

综上，可以认为在 Lewis 酸催化时，β-酮酸酯的异构平衡是 Biginelli 反应的决定性因素。这一点在 β-酮酸酯替换为环己二酮时的实验结果中得到了确证。5,5-二甲基环己二酮与 β-酮酸酯的异构平衡有显著的不同之处：5,5-二甲基环己二酮的烯醇式的含量随溶剂碱性的增大而提高，而且，其不大可能形成如 β-酮酸酯一样的分子内氢键[式(2-23)]。所以，5,5-二甲基环己二酮的烯醇式的稳定性主要取决于和溶剂形成氢键的稳定性，而与溶剂的 π^* 性质无关。在甲苯中，烯醇式含量不超过 10%，而在乙醇中则高达 99% 以上[24]。

如前所述，若羰基加成与碱性成反比关系，则说明该反应的产率与动力学性质无关。水表现出了比预期更好的反应产率，这可能是由于体系的非均相作用所致：只有尿素溶于水，而二羰基化合物和苯甲醛均不溶于水，所以反应只能发生在相界面上。正是相界面上反应物的高浓度促进了反应的发生，提高了产率。

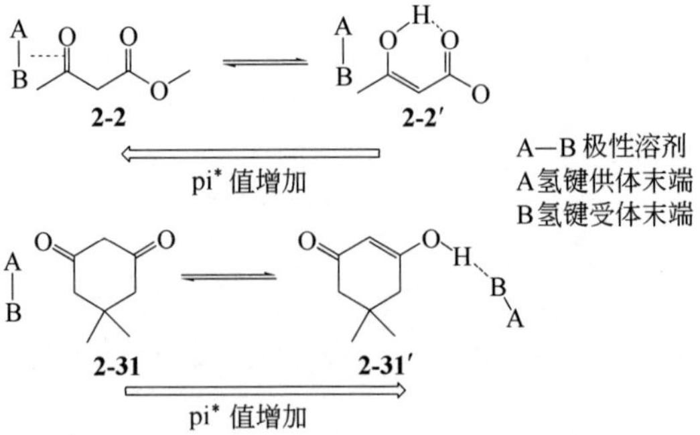

(2-23)

印度学者 Bose 等[25]比较了在 $CeCl_3 \cdot 7H_2O$ 催化下，乙醇、水和无溶剂条件下的 Biginelli 反应。在乙醇中回流反应给出的产率最高，在水中回流反应，也能给出较好的反应结果，产率略低于乙醇，而在无溶剂条件下 90℃

反应，其产率有较大程度的降低(大约降低 20%)。水作为反应溶剂，具有巨大的优势，例如，饱和蒸气压比大多数有机溶剂低，比热容高，沸点较高，廉价，对环境友好等[26,27]，是实现 Biginelli 反应的较佳选择，但不足之处是反应中使用了价格较昂贵的 Ce 催化剂，且催化剂用量较大，需要 25%（摩尔分数）。

微波、超声下的 Biginelli 反应也有报道[28]。微波辐射无溶剂下，利用支载的硫酸催化剂，能够实现 Biginelli 反应，得到嘧啶酮化合物，催化剂实现了回收重复利用[29]。除了水作溶剂外，离子液体、PEG 等[30]也被成功用作 Biginelli 反应的溶剂。无溶剂存在下的 Biginelli 反应有大量研究[31]，无溶剂研磨条件下的反应亦有文献报道[32]。

通常 Biginelli 缩合反应中所用的反应物为易得和高活性的二羰基化合物及尿素和芳香醛，然而，很多反应活性低，对空气或水敏感的反应物却未能在 Biginelli 反应中使用。在室温附近实现快速、高产率、高选择性，且具有高转化数(TON)和转化率(TOF)的反应到目前为止还很少见。虽然有的反应在 10～15min 可以完成[33]，但反应物过量的问题仍未能解决。即使能在室温条件下完成反应，但需要很长的反应时间方能达到与加热反应相近的产率[34]。

采用低熔点酒石酸-尿素混合物体系与苯甲醛、乙酰乙酸乙酯反应，无需其他溶剂和催化剂，也能给出较好产率的 DHPMs。反应体系的熔点起着重要的作用：作为溶剂、催化剂，也是反应底物。反应结束后，反应体系呈透明状，只需向体系中加入水，产物即可沉淀析出，且产率很高[35]。

无溶剂无催化剂的 Biginelli 反应也是人们感兴趣的热点问题[36]。在无催化剂、无溶剂条件下，100℃加热 β-酮酯或 β-二酮与醛(包括脂肪醛)、尿素或硫脲(过量 1.5 倍)的混合物，反应在 1h 内即可完成，给出 DHPMs。千克级的放大实验表明，当使用 5mol 的底物量时，DHPM 的收率仍可以达到 79%，得到 1.025kg 的产物。

在微波辐射下，无催化剂、水介质中实现 Biginelli 反应也是可行的。醛、1,3-二羰基化合物与 2-氨基苯并咪唑发生缩合反应，以很高的产率(84%～95%)得到 DHPMs 衍生物[37]。水介质无催化剂及无溶剂无催化剂条件下的反应均有报道[38]。例如，在 100℃加热苯甲酰丙酮或二茂铁甲酰丙酮与取代苯甲醛和尿素或硫脲的混合物，能够得到相应的 DHPMs，产率 25%～77%[38b]。然而，巴西学者 Neto 等[39]认为，该反应中使用的二茂铁取代的甲酰丙酮既作反应物，同时二茂铁还起催化作用。他们发现二茂铁的不同用量会对反应产率产生显著的影响，不同量的二茂铁对表观速率常数影响显著，而且在反应开始的前10min内，加入二茂铁催化剂的反应产率是不加催化剂时的6倍之多，二茂铁在100℃时分解为环戊二烯铁离子{$[Fe(C_5H_5)]^+$ (m/z 121)}，它是一种非常强的Lewis酸，对Biginelli反应有很好的催化作用。

对无催化剂存在时不同溶剂中Biginelli反应的研究表明，极性溶剂乙醇中反应的启动速度最快，其次是离子液体；反应一旦启动，分离产率由高到低依次是离子液体、乙腈和乙醇，水中的反应产率与乙醇中的相当(图2-2)。

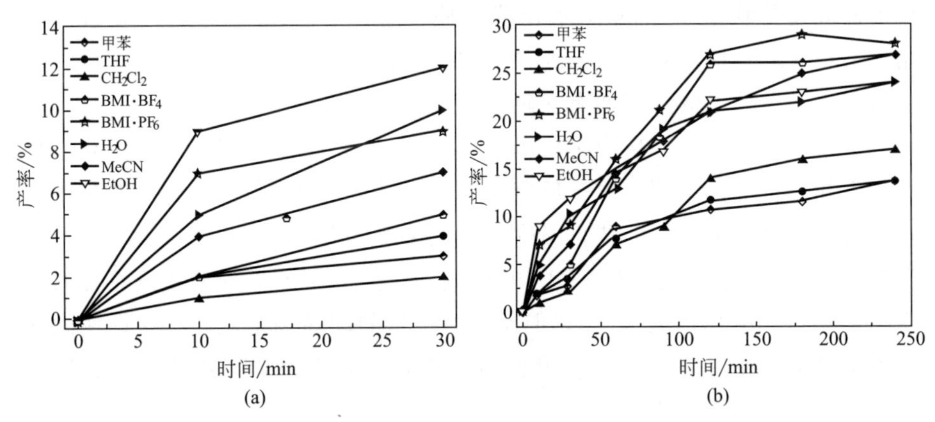

图2-2　无催化剂条件下不同溶剂对Biginelli反应的影响：启动反应的时间(a)和完成反应的时间(b)

表2-4　溶剂对乙酰乙酸乙酯烯醇式异构平衡常数的影响①

项目	酮式/%	烯醇式/%	K_T (烯醇式/酮式)	$\ln(K_T)$	ln(DHPM/尿素)	DHPM产率/%
无溶剂	57	43	0.76	−0.27	−0.99	54
甲苯	64	36	0.57	−0.56	−2.30	14
乙醇	39	61	1.54	0.43	−1.67	24
二氯甲烷	29	71	2.50	0.92	−2.04	17
水	38	63	1.67	0.51	−1.66	24
$BMI\cdot PF_6$	43	57	1.33	0.29	−1.56	28
$BMI\cdot BF_4$	50	50	1.00	0.00	−1.51	27

① 100℃下反应4h。

Neto等在探究溶剂对乙酰乙酸乙酯烯醇式异构的平衡常数时发现，无催化剂存在下小极性的溶剂给出很低产率的DHPM，如甲苯中只有14%；而极性溶剂，如乙醇、水和离子液体则给出比甲苯稍高的产率，但只有20%左右；而在无溶剂条件下，却得到54%的DHPM(表2-4)。

总体而言，动力学模型研究显示：不同的反应途径之间存在竞争关系，催化剂的作用是毋庸置疑的，不仅是在缩短反应时间方面，而且对反应途径的选择也起到重要作用。在大多数情况下，溶剂效应也是显著的，它有助于二羰基化合物烯醇式的产生和稳定，从而加速反应。

上面详细讨论了Biginelli反应及各种实验条件对该反应的影响，使我们明白了Biginelli反应经历着怎样一种途径，为了实现该类化合物的合成应当选择什么样的反应条件。据此，可以总结出部分Biginelli反应的基本操作原则。①反应温度在100℃以下为宜。有些反应底物对热敏感，且在高温下容易发生副反应，导致产物分解和选择性降低等问题。室温下的反应也是可行的，但需要较长反应时间。②溶剂在Biginelli反应中起着很重要的作用。反应产物在多数所使用的溶剂中不溶而容易实现产物的分离，且溶剂可以加速催化剂在反应体系中的循环过程。水、聚乙二醇、乙醇和离子液体是不错的选择。无溶剂条件下可以实现Biginelli反应，但有时并不是特别理想。③任何一种组分的过量并不是最佳的反应条件。④催化剂用量宜控制在10%（摩尔分数）以内，甚至在5%（摩尔分数）以内，除非其他的条件非常诱人，比如在室温反应、反应时间短、无任何组分的过量、高选择性等。真正的无溶剂和无催化剂反应容易造成混淆，且不太可能实现。⑤较短的反应时间(6～8h以内)，且产率在80%以上(除了不对称反应之外)。⑥发展可循环和重复使用的催化剂方面还有很大的发展空间，但不能损害已有的高产率和快速反应等优点。

2.3 Biginelli反应的范围和限度

2.3.1 醛合成砌块

在Biginelli反应的三种组分中，醛组分是使用范围最广泛的一种，芳香醛是Biginelli缩合反应的常用醛组分。大多数情况下，间位或对位吸电子基团取代的苯甲醛的反应效果更好，而邻位特别是具有较大空间位阻的基团会导致产率明显降低。含有杂环(如呋喃、噻吩或吡啶)的醛通常以可以接受的产率得到产物。除非在特殊反应条件下(如Lewis酸催化、无溶剂，或者使用保护的醛等)，脂肪醛的产率(10%～40%)都较差。例如，将噁唑啉保护的氰基乙醛（**2-33**）与乙酰乙酸乙酯和尿素处理，可以成功制备 4-氰甲基取代 DHPM**2-34**[式(2-24)]。*C*4-位未取代的 DHPM 可以用类似的方法通过甲醛作为醛组分来制备[40]。

TFA, MeCN; 81℃, 24h

2-33　**2-2**　**2-3**　**2-34**, 68 %

(2-24)

除了脂肪醛和芳香醛以外，*N*,*O*-缩醛杂环化合物也可以作 Biginelli 反应的醛组分。与乙酰乙酸乙酯、脲或硫脲进行缩合反应，得到一系列 DHPMs 衍生物[式(2-25)][40]。

MeCN/TFA,回流; X=O,S

2-34　**2-3**　**2-2**　**2-4a~j,** 78%~95%

(2-25)

a: $R^1 = C_6H_5$, R^2 = Me; b: R^1 = 4-$MeOC_6H_4$, R^2 = H; c: R^1 = 3,4-$(MeO)_2C_6H_3$, R^2 = H;
d: R^1 = 3,4,5-$(MeOO)_3C_6H_2$, R^2 = H; e: $R^1 = R^2$ = H; f: $R^1 = R^2$ = Me; g: R^1 = Et, R^2 = Me;
h: $R^1 = CH_2CO_2Et$, R^2 = Me; i: R^1 = 2-$NO_2C_6H_4$, R^2 = H; j: R^1 = 3-$NO_2C_6H_4$, R^2 = H

以噁唑啉取代的甲醛、乙醛为醛组分，经 Biginelli 反应—脱保护—氧化等反应，可以将手性氨基酸成功引入到 DHPM 架构中[式(2-26)]。其中，DHPM 环呈扁平船式构型，*N*1 和 *C*4 原子位于船头，*C*4-位的烷基取代基呈假直立键[41]。

$Yb(OTf)_3$, THF; 70℃,14h; 60%或85%; *n*=0, 1

2-35　**2-2**　**2-3**　**2-36**　**2-37**

R = H或Bn

(2-26)

人们特别感兴趣的是，利用糖类衍生得到的醛作为反应中的醛组分，得到 *C*4-糖结构取代的 DHPM 衍生物 **2-39**，这样得到的产物具有不对称性。但是，该反应的化学产率(60%)和对映选择性(得到 5∶1 的对映体混合物)并不高，难以实现规模化合成[式(2-27)][42]。

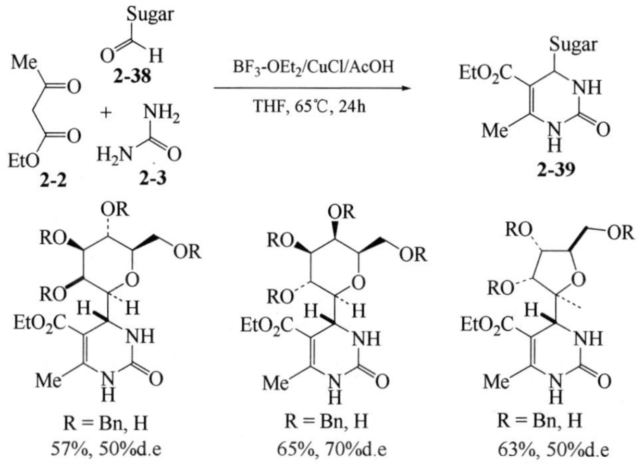

(2-27)

硼酸取代的苯甲醛 **2-40** 也被用于 Biginelli 反应中，得到结构新颖的含有硼酸官能团的 DHPM**2-41**。该反应中，无需额外的酸催化剂，底物中的硼酸起到了 Lewis 酸催化剂的作用，有效地得到产物[式(2-28)]。

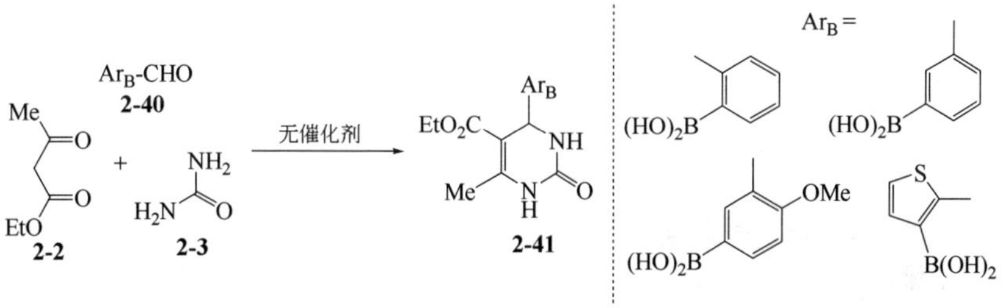

(2-28)

二元醛也被用于 Biginelli 反应中。例如，在微波辐射(MWI)下，1mol 对苯二甲醛与 2mol 的乙酰乙酸乙酯和尿素可实现双 Biginelli 反应，以良好的产率得到预期的双-DHPM 产物 **2-43**[式(2-29)]。

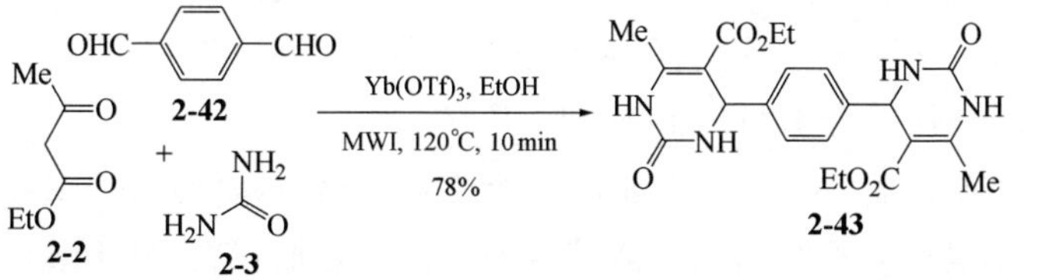

(2-29)

当使用水杨醛时，由于 *C*4-苯环邻位羟基与 DHPM 环上的 *C*6 位 C═C 双键的碳原子空间距离较近，能进一步发生分子内 Michael 加成反应形成六元环-8-氧-10,12-二氮杂三环[7.3.1.0]十三烷三烯衍生物 **2-45**[式(2-30)][43]。

OH
CHO
2-44
Me
O
O
RO 2-2
+
H_2N
X
H_2N
2-3
$InBr_3$
X=S,O
R=Me, Et
70%~72%
O
RO
O
NH
Me
N
H
X
2-45

(2-30)

一级醇也可用作醛的替代物。例如，在氧化剂 $NaNO_3$、$Bi(NO_3)_3\cdot 5H_2O$、[Hmim] HSO_4-$NaNO_3$ 或 $Al(NO_3)_3\cdot 9H_2O$ 等促进下，一级醇也能与 1,3-二羰基化合物和尿素作用形成 DHPM[44,45]。苄基卤作为醛组分的替代物亦能实现类似 Biginelli 反应[46][式(2-31)]。图 2-3 列出了 Biginelli 反应中常见的醛组分砌块。

R^1—CH_2X 2-46
Me
O
O
R^2
2-2
+
H_2N
O
H_2N
2-3
$Bi(NO_3)_3$-$5H_2O$
X=OH 或 Br
O
R^1
R^2
NH
Me
N
H
O
2-46
R^1=芳基,烷基;R^2=烷基,烷氧基

(2-31)

2.3.2 β-酮酯合成砌块

在经典的三组分 Biginelli 反应中，含羰基的 C—H 酸性组分的多样性导致了 DHPMs 衍生物的多样性。含羰基的 C—H 酸性组分主要有 *β*-酮酸酯、*β*-酮酸的酰胺和 *β*-二酮，其中以 *β*-酮酸酯作为酸组分的 Biginelli 反应研究得最早，也是研究得最充分的。至今，大量的羰基化合物如取代苯乙酮、环酮、醛，甚至烯烃都可以作为含有酸性 C—H 合成砌块被成功用于 Biginelli 反应中。由于 *β*-酮酸酯作为酸性组分涉及的文献繁多，在此只介绍含有较独特结构的酸性组分参与的 Biginelli 反应。

4-卤素或多卤素取代的乙酰乙酸酯 **2-47** 被较广泛地用于 Biginelli 反应中。使用 4-溴代的乙酰乙酸酯能够得到 6-溴甲基取代的 DHPMs **2-49**，是非常有用的合成中间体，可用于多种化学转化中，例如与叠氮化钠、氰化钠、醇钠、酚钠、苯基亚磺酸钠等发生亲核取代反应，生成 *C*6-取代的嘧啶酮衍生物[式(2-32)][47]。

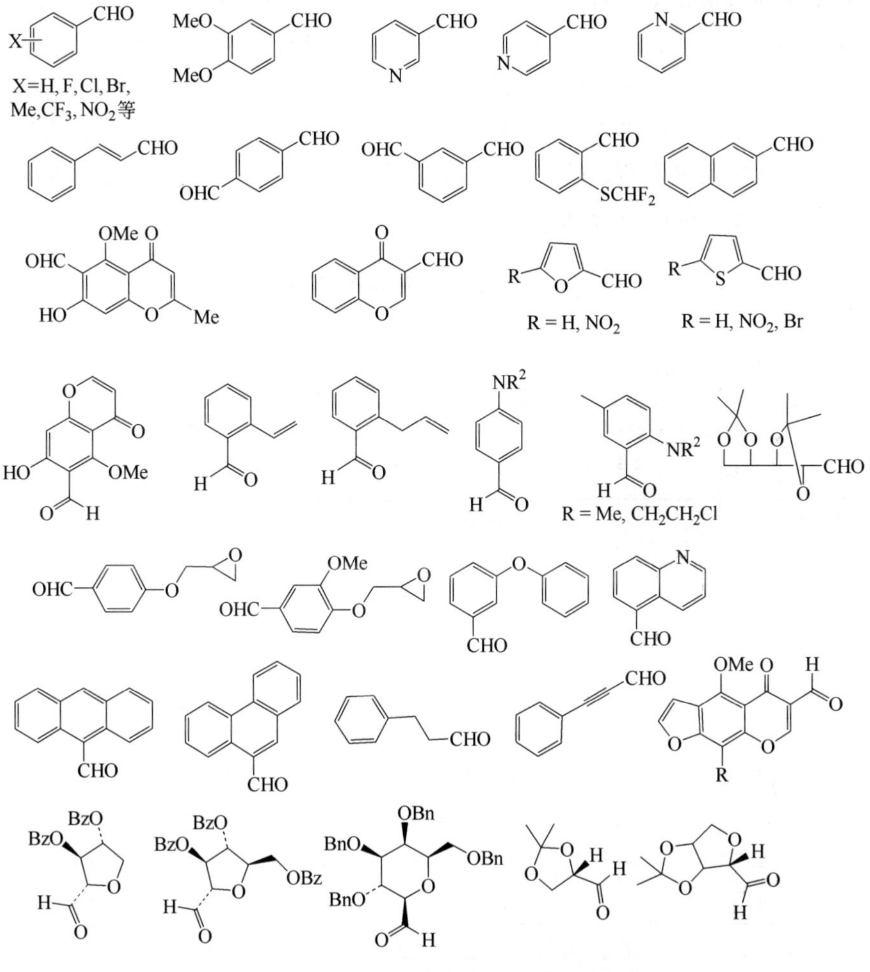

X CHO MeO MeO CHO CHO N N CHO N CHO

X=H, F, Cl, Br, Me, CF_3, NO_2等

CHO CHO OHC OHC CHO CHO $SCHF_2$ CHO

OMe O OHC HO O Me O CHO R O CHO R S CHO

R = H, NO_2 R = H, NO_2, Br

O O HO OMe O H H O H O NR^2 H O NR^2 H O O O O O O CHO O

R = Me, CH_2CH_2Cl

OHC O O OMe OHC O O O CHO N CHO

CHO CHO CHO CHO OMe O H O O O R

BzO BzO H O O BzO BzO O OBz H O OBn BnO OBn BnO O O H O O H H O O O O O O H O H

图 2-3 Biginelli 反应中常见的醛组分砌块

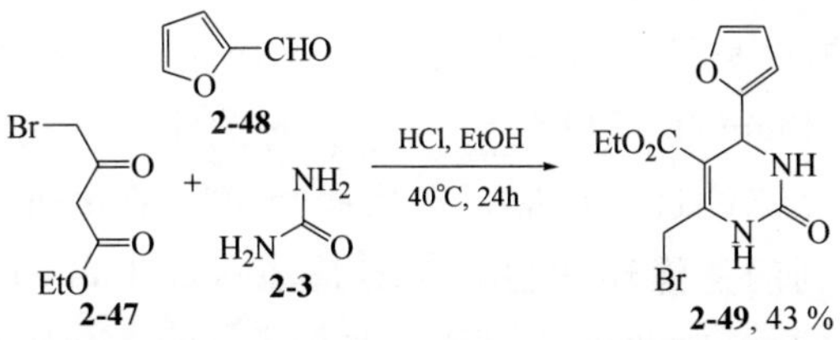

O CHO 2-48

Br O O EtO 2-47 + NH_2 H_2N O 2-3 $\xrightarrow[40℃, 24h]{HCl, EtOH}$ EtO_2C O NH N H O Br 2-49, 43 % (2-32)

使用三氯取代的乙酰乙酸乙酯与醛、尿素反应能成功地给出嘧啶酮产物，然而，在使用二氟或三氟取代的乙酰乙酸乙酯时，在盐酸[48]或三甲基氯硅烷[8~10]催化下乙醇中回流反应只得到*C*6-羟基嘧啶酮衍生物，该产物

在对甲苯磺酸催化下，可进一步脱水转化为二氢嘧啶酮。若使用 $TaBr_5$[49] 或 $Yb(PFO)_3$[10]催化剂，4,4-二氟乙酰乙酸乙酯或 4,4,4-三氟乙酰乙酸乙酯则分别能与尿素、芳香醛在无溶剂条件下一步反应得到脱水产物——6,6,6-三氟或二氟甲基取代的二氢嘧啶酮，同时有少量未脱水产物存在。为了便于比较，现将乙酰乙酸乙酯、4,4-二氟乙酰乙酸乙酯与 4,4,4-三氟乙酰乙酸乙酯参与的 Biginelli 反应列于表 2-5 中。

表 2-5　含氟 DHPM 的合成方法比较

编号	R	n	催化剂	反应条件	产物
1	OEt	2	HCl	EtOH,回流	**2-25**
2	OEt	3	$ZrCl_4$	回流	**2-4**
3	OEt	3	TMSCl	DMF,rt	**2-4**
4	OEt	3	$TaBr_5$	无溶剂	**2-25**
5	Ph	3	$Yb(OTf)_3$	无溶剂	**2-4**
6	OEt	2	$Yb(PFO)_3$	无溶剂	**2-25**
7	Ph		Neat/$Yb(OTf)_3$	无溶剂	**2-4**
8	OEt		(A)CAN，US；(B)Oxone，US	MeOH	**2-4**
9	OEt		HCl 或 PPE	EtOH 或 THF	**2-4**

苯甲酰乙酸乙酯虽能实现 Biginelli 反应，但产率明显低于其他的酮酯，而且反应进程很慢。乙酰乙酸的伯、仲和叔酰胺能够有效地替代相应的酯而合成 5-甲酰氨基取代的 DHPMs。

另外，β-二酮也是很好的羰基化合物反应组分，特别是环状 β-二酮类化合物参与的 Biginelli 反应受到了人们的关注。使用 1,3-环戊二酮、巴比妥酸等环状 β-二酮进行反应，在浓盐酸等酸催化或微波辐射无溶剂条件下，通常得到的是螺环产物，而不是经典的 Biginelli 稠环嘧啶产物[式(2-33)][50]。环状脂肪族二酮被广泛用于 Biginelli 缩合反应中来代替 β-酮酯合成砌块与醛、脲反应合成 C5、C6 环状的 DHPMs 衍生物。用 α-酮酸、芳香族酮、脂肪酮分别与醛和脲反应得到 5,6-二取代的 3,4-二氢嘧啶-2-酮衍生物[51]。

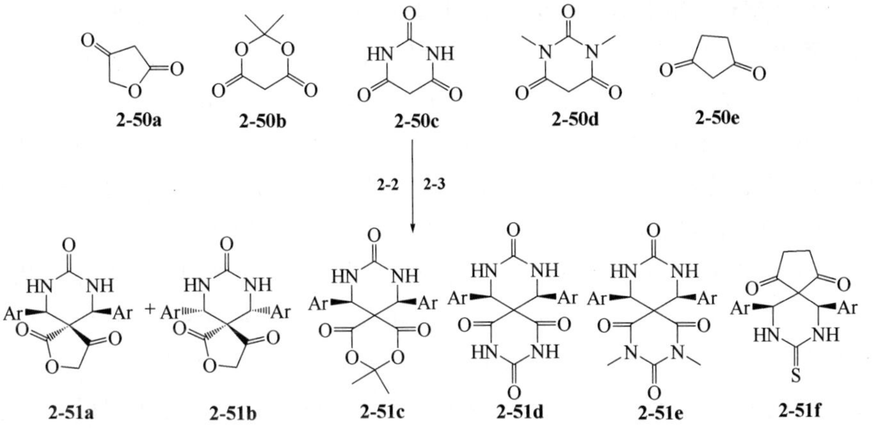

2-50a 2-50b 2-50c 2-50d 2-50e

2-2 | 2-3

2-51a 2-51b 2-51c 2-51d 2-51e 2-51f

(2-33)

在盐酸催化下，5,5-二甲基-1,3-环己二酮与芳醛、尿素反应，得到的产物与前述的反应结果刚好相反，是经典的 Biginelli 稠环产物[式(2-34)]。与此类似，在使用 TMSCl/DMF/MeCN 为反应体系，1,3-环己二酮与芳醛、硫脲的三组分反应中，主要分离得到的是经典 Biginelli 缩合产物，即稠环化合物，产率 74%～93%，同时也检测到少量螺环化合物。但当起始反应物之一为尿素时，对位取代的苯甲醛，如对甲基、对氟、对硝基等取代的苯甲醛得到的主产物均是螺环化合物，而邻位或间位取代的苯甲醛则只得到稠环化合物。有趣的是，在加热条件下，脂肪族的醛均给出的是稠环化合物，而没有检测到螺环产物[52]。

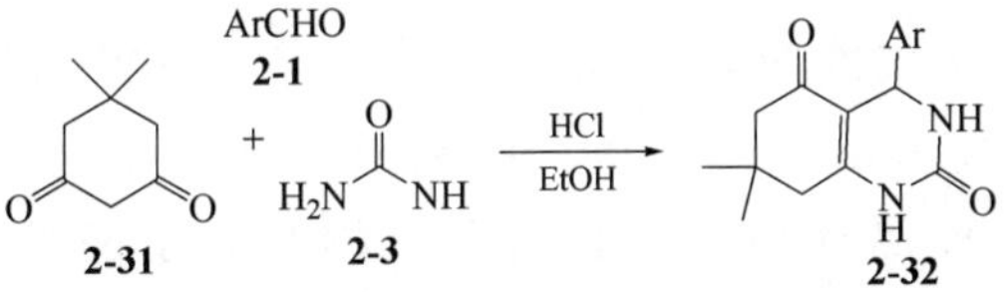

ArCHO 2-1 + 2-31 + 2-3 $\xrightarrow[\text{EtOH}]{\text{HCl}}$ 2-32 (2-34)

3-氧代丙酸酯与醛、尿素的三组分缩合反应被用来合成稠环的 DHPM 衍生物。[式(2-35)]。除了羧酸酯之外，苯乙酮和硝基酮也是很好的酸性 CH 的合成砌块，可用来合成 5-苯基或硝基取代的 DHPM 衍生物，产率适中。

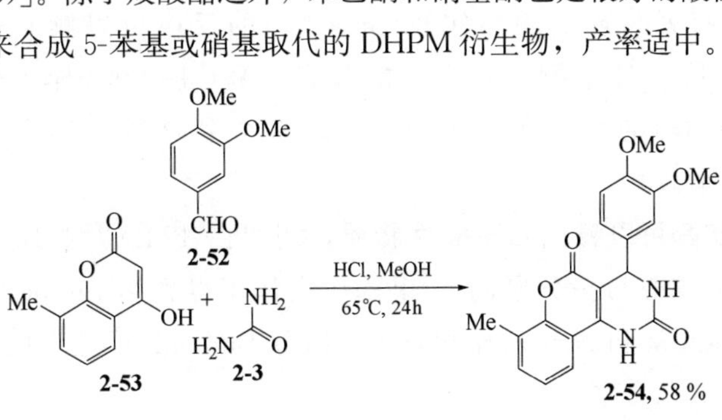

2-52 + 2-53 + 2-3 $\xrightarrow[\text{65℃, 24h}]{\text{HCl, MeOH}}$ 2-54, 58 % (2-35)

在 TMSCl 和 DMF 体系中，环状脂肪酮与醛和脲被用来合成环状嘧啶酮衍生物[52]，与此同时也得到了自身缩合成环产物。1-四氢萘酮、2-四氢萘酮、1-茚酮、四氢噻喃-4-醇、1,3-二甲基巴比妥酸与取代苯甲醛(或甲醛的代替物——缩醛)及尿素在 HCl 催化下反应都能以良好的产率给出产物，而 1,3-环戊二酮的产率只有 39%，2-(苯基磺酰)苯乙酮则不反应。与此不同的是，在 TMSCl 催化下于 DMF/MeCN 中加热回流环戊酮、苯甲醛与尿素的混合物，除了生成 DHPM 结构 **2-55** 外，还生成螺环产物 **2-56** 和苯亚甲基取代产物 **2-57**。但使用硫脲代替尿素反应时，则只得到螺环产物[式(2-36)]。使用环己酮或环辛酮为底物时，结果与环戊酮的相似，但是使用环十二烷基酮时，只得到类 Biginelli 缩合产物。

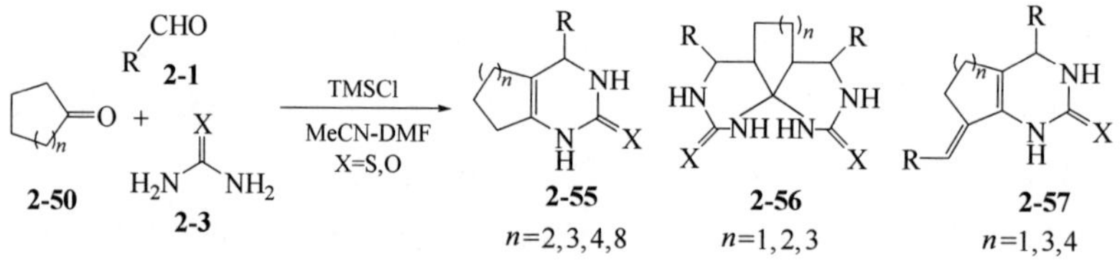

(2-36)

与芳香醛不同的是，脂肪醛(甲醛除外)(如正丁醛、正戊醛、异丁醛)只得到经典 Biginelli 缩合产物——嘧啶产物。使用硫脲与环己酮和伯醛如正丁醛、正戊醛时，醛没有参与反应，只得到了两分子环己酮与硫脲缩合的 Biginelli 反应产物。而硫脲与环己酮和仲醛(如异丁醛)的反应产物是一种混合物：硫脲与环己酮和异丁醛的 Biginelli 反应产物和环己酮自身缩合的 Biginelli 反应产物(比例为 59.3∶40.7)；硫脲与环庚酮和伯醛(如正丁醛、正戊醛、异戊醛)的三组分 Biginelli 反应也没有发生。硫脲与环庚酮和仲醛(异丁醛)的反应可以顺利进行，产率为 69%；硫脲与环辛酮、环十二酮和脂肪醛(正丁醛、异丁醛、正戊醛、异戊醛、正庚醛)的反应在加热条件下能够顺利进行，环十二酮能够得到较高的产率。

使用脂肪醛可以替代 CH-酸性物质，例如在 TMSCl 或 BF_3-Et_2O 存在下，两分子的戊醛与一分子的 N-甲基尿素作用得到类 Biginelli 缩合产物。戊醛也能与苯甲醛和 N-甲基尿素发生三组分 Biginelli 反应生成 C-位未取代嘧啶酮 **2-59**[式(2-37)][53]。

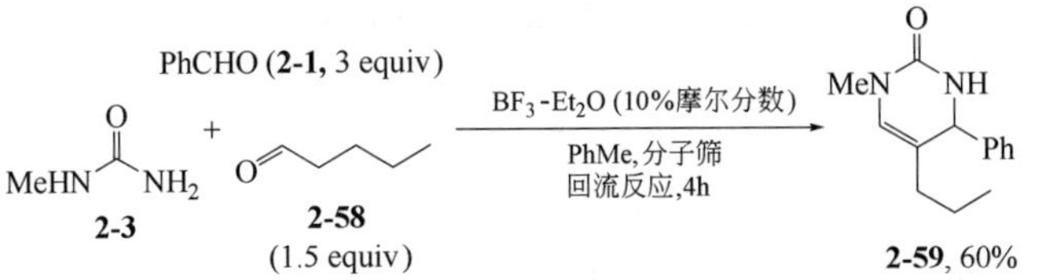

PhCHO (**2-1**, 3 equiv) + MeHN(C=O)NH₂ **2-3** + **2-58** (1.5 equiv) —BF₃-Et₂O (10%摩尔分数), PhMe, 分子筛, 回流反应, 4h→ **2-59**, 60% (2-37)

同样在 BF_3-Et_2O 和分子筛共同存在下，取代的苯基乙醛、醛、脲或 *N*,*N*-二甲基磺酰胺三组分合成 *C*6 位没有取代基的两种 DHPMs 类化合物，当使用芳香醛时，得到了单一产物 **2-63**[式(2-38)]。

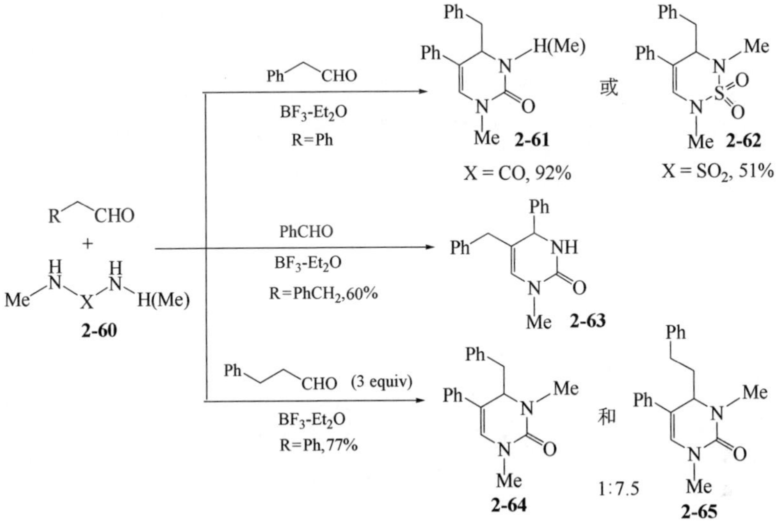

R‾CHO + MeNH–X–NH(H(Me)) **2-60**

Ph‾CHO, BF_3-Et_2O, R=Ph → **2-61** X = CO, 92% 或 **2-62** X = SO_2, 51%

PhCHO, BF_3-Et_2O, R=PhCH₂, 60% → **2-63**

Ph‾‾CHO (3 equiv), BF_3-Et_2O, R=Ph, 77% → **2-64** 和 **2-65** 1∶7.5

(2-38)

β-羰基内酯及 *β*-羰基内酰胺与两分子醛和一分子尿素的四组分缩合反应能够生成螺环产物(图 2-4)[54]。现将环烷酮作为酸性 CH 合成砌块参与的 Biginelli 反应结果总结于表 2-6。

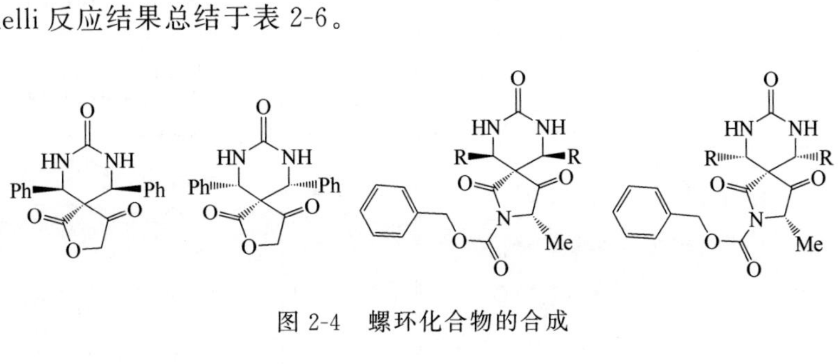

图 2-4 螺环化合物的合成

表 2-6　环烷酮参与的 Biginelli 反应

酮	DHPMs,产率/%	酮	DHPMs,产率/%
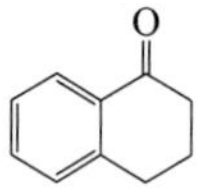	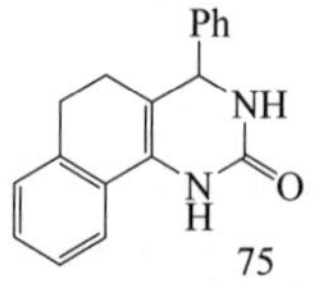 75	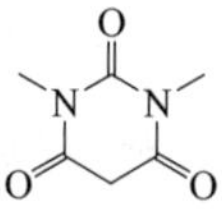	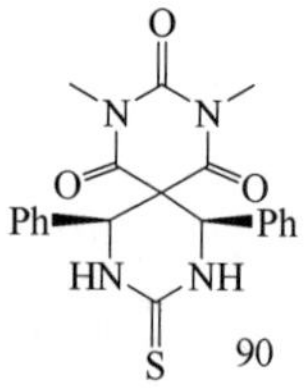 90
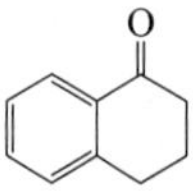	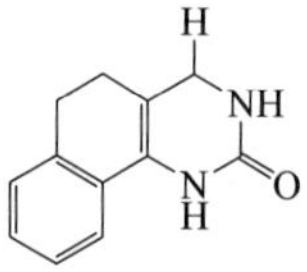 50	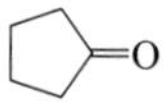	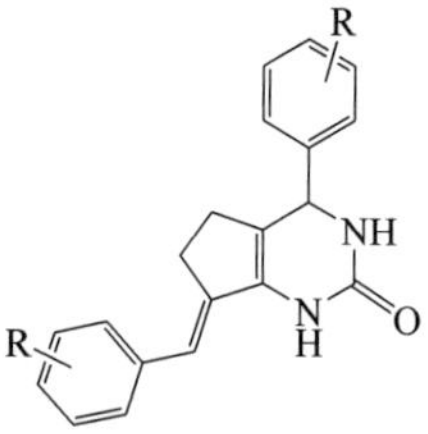 R=H,93;R=4-Me,95; R=4-OMe, 86; R=4-Cl,82; R=3-NO_2, 82; R=2-F,82; R=2-Cl, 87; R=2-Br,85
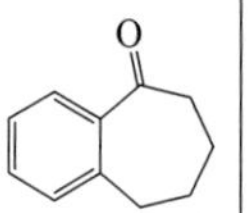	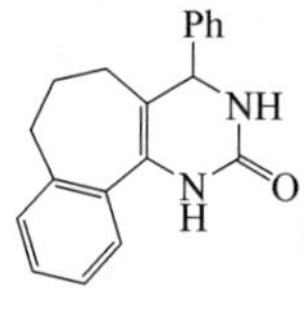 90	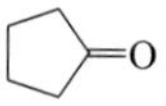	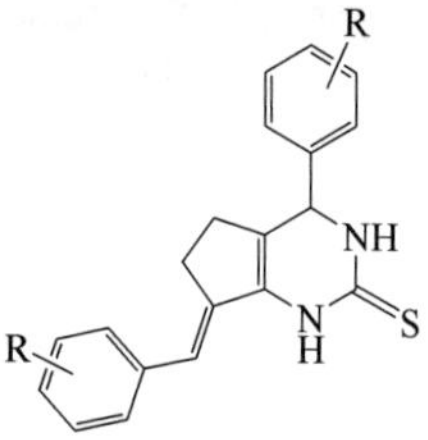 R=H, 96; R=4-Cl, 92; R=4-NO_2,89; R=2-OMe,81
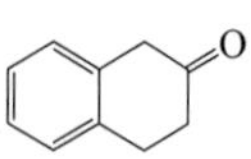	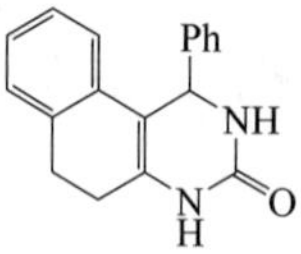 80	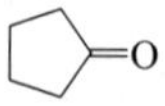	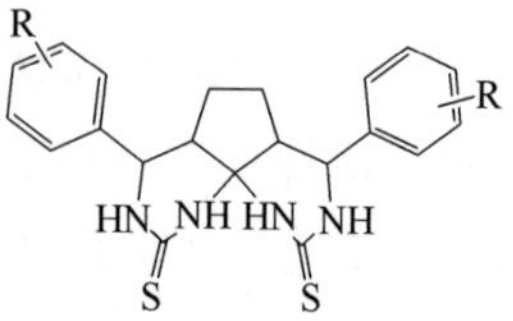 R=4-F,79; R=3-NO_2,86; R=2-F, 80;R=2-Cl, 95
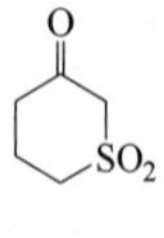	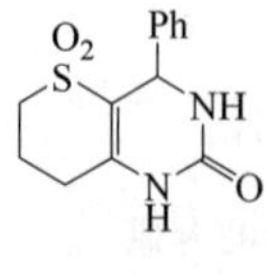 64	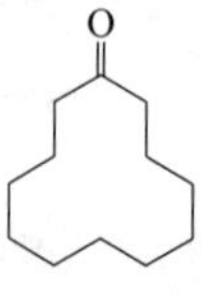	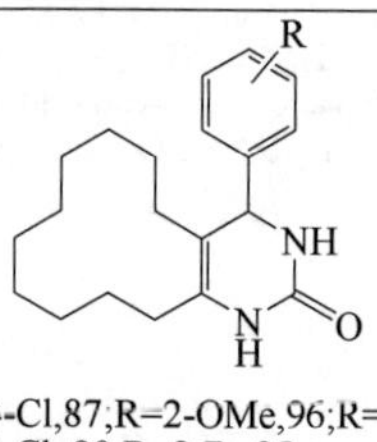 R=4-Cl,87;R=2-OMe,96;R=2-F,93; R=2-Cl, 90;R=2-Br,85

续表

酮	DHPMs,产率/%	酮	DHPMs,产率/%
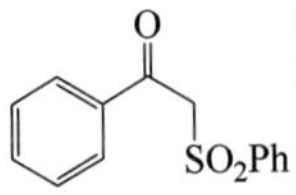 (1-苯基-2-苯磺酰基乙酮, SO₂Ph)	NR	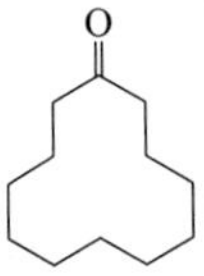 (环十二酮)	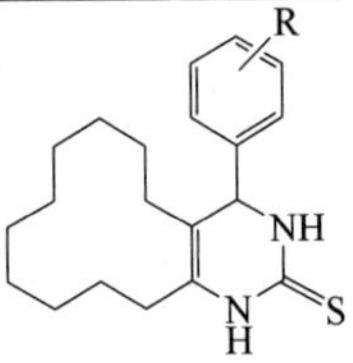 R=4-OMe,89; R=2-F,83
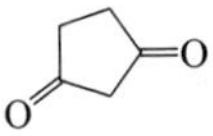 (环戊烷-1,3-二酮)	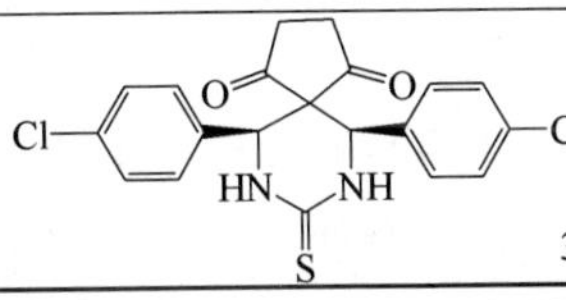 39		

TMSCl存在下的Biginelli反应的可能机理是：TMSCl作为一种路易斯酸表现出非常好的反应活性，极大地促进了反应。醛和尿素在TMSCl作用下，首先生成酰基亚胺中间体，然后与环烷酮的烯醇硅醚发生缩合反应生成两种形式的酰脲：与羰基的两个不同的α-碳生成酰脲。酰脲进一步发生缩合反应生成稠环产物，在发生缩合反应生成重要的稠环中间体后出现两种竞争反应：在酸性条件下的消除反应和亲电取代反应。消除反应的产物为苯亚甲基嘧啶酮；亲电取代反应则得到稠环嘧啶酮产物[式(2-39)]。

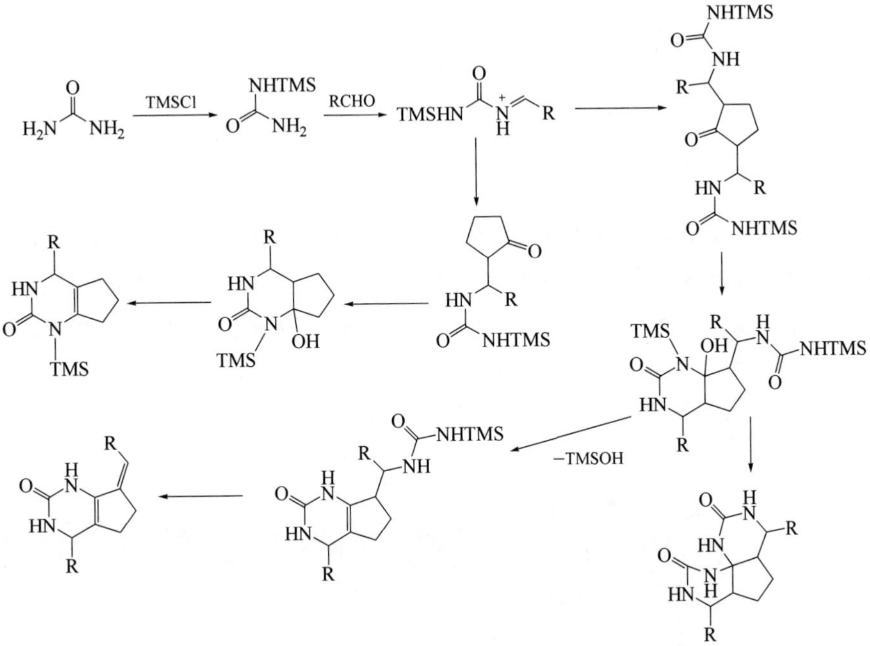

TMSCl　RCHO　−TMSOH

(2-39)

使用β-酮酰胺取代的1,3-二羰基化合物与醛、脲或硫脲反应可以合成酰胺取代DHPM **2-67**，**2-67**经过进一步的脱水得到了C5-氰基取代的DHPM衍生物**2-68**[式(2-40)][55]。

H R^1 O **2-1** + NH$_2$ H$_2$N X **2-3**
O Me R^2 N O R^3 **2-66**
→ Me O HN N R^3 X N H R^1 R^2 **2-67**
脱水 R^2, R^3=H X=O, S
→ R^1 NC NH Me N H X **2-68**

(2-40)

随着对Biginelli反应研究的不断深入，β-硝基酮也被用来合成DHPMs衍生物。Naniapara等[56]在微波辐射的条件下用β-硝基酮成功地合成了C5-硝基取代的DHPM **2-70**，此反应中，硝基和羰基被认为是活化了α-CH[式(2-41)]。

R^1—CHO **2-1**
O H$_2$N NH$_2$ **2-3** + O OH NO$_2$ **2-69**
MW → R^1 O$_2$N NH HO N H O **2-70**

(2-41)

β-羰基硫代乙酸酯**2-71**与醛、尿素衍生物在TMSCl催化下，微波辐射反应得到Biginelli缩合产物**2-72**，产率53%～90%[式(2-42)][57]。

R^{1}CHO, **2-1**
Me O O MeS **2-71** + H$_2$N O HN R^2 **2-3**
TMSCl, MeCN MWI,120℃,10min →
O R^1 MeS NH Me N O R^2 **2-72**
6个样品, 53%~90%

(2-42)

β-羰基二硫代乙酸酯也被应用于与芳香醛、尿素的Biginelli缩合反应中。例如，β-羰基二硫代乙酸酯与芳香醛、尿素在硅胶支载硫酸的催化下反应，得到Biginelli缩合产物[58]。然而，使用取代水杨醛代替苯甲醛进行反应时，并没有生成Biginelli缩合产物，而只发生二硫代酯与水杨醛的缩合反应，生成3-酰基硫代香豆素衍生物**2-74**[式(2-43)]。

R CHO OH **2-44**
Ar^1 O S MeS **2-73** + H$_2$N O H$_2$N **2-3**
SiO$_2$-H$_2$SO$_4$ EtOH,回流 →
O R Ar^1 O S **2-74**
唯一产物

(2-43)

Ar^1=Ph,4-MeOC$_6$H$_4$,2-噻吩基,2-呋喃基;R=H,3-OMe,5-Br,5-NO$_2$,3-OEt

使用6-氨基-1,3-二甲基尿嘧啶代替尿素，也可以得到Biginelli反应产物，产率适中。β-噁唑酮 **2-75** 也被成功用于Biginelli反应中，能与取代苯甲醛、硫脲反应得到嘧啶硫酮 **2-76**[59][式(2-44)]。

2-75 + 2-1 (RCHO) + 2-3 (H_2NC(S)NH_2) → **2-76**, 35%~74%　　(2-44)

R=H, Me, OMe, Cl

使用糖苷取代的乙酰乙酸乙酯 **2-77** 与尿素和苯甲醛反应还可以制备6-糖苷取代的嘧啶酮衍生物 **2-78**，产率良好，d. e值适中(表2-7)，利用该法作者还合成了6-糖苷取代的Monastrol的衍生物[42]。

表2-7　糖苷取代的乙酰乙酸乙酯与尿素和苯甲醛的Biginelli反应

2-77 + **2-1** + **2-3** —(BF_3-OEt_2/CuCl/AcOH, THF, 65°C, 24h)→ **2-78**

产物	结果	产物	结果
R=Bn,H	产率92%，50%d. e	R=Bn, H	产率70%，50%d. e
R=Bn,H	产率75%，70%d. e	R=Bn,H	产率82%，35%d. e

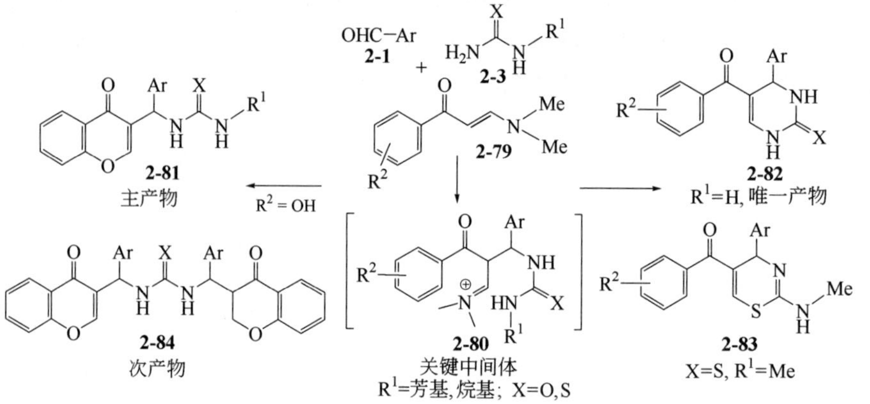

(2-45)

万结平[60]和 Abdelhamid[61]等将烯胺 **2-79** 应用到与醛、取代尿素或硫脲的三组分反应中。通过在原料上引入特定的官能团改变反应的途径得到了不同的杂环产物。当使用 2-羟基取代的烯胺时，得到 Michael-Mannich 串联反应产物 **2-81**。反应过程中都通过过渡态 **2-80** 进行转化。通常，尿素/硫脲中的氮原子进攻分子内的亲电碳原子生成二氢嘧啶酮 **2-82**；而使用 *N*-烷基取代的硫脲时，由于 N 原子上取代基的空间位阻减弱了 N 的亲核性，使得硫原子的亲核性大于氮原子，从而硫原子进攻分子内的亲电位点，主要生成 1,3-噻嗪类化合物 **2-83**。当邻位含羟基的苯基烯酮作为底物时，苯环上的酚羟基直接进攻分子内的亲电碳原子，生成色酮衍生物 **2-84**[式(2-45)]。

当使用乙酰乙酸的酰胺合成组分时，受反应条件的限制非常显著。例如，在 EtOH/HCl 体系中该底物能与醛和尿素缩合得到预期产物；可是在异丙醇/HCl 中却得不到任何目标产物。在微波辐射下，乙酰乙酸的酰胺能与醛、2-氨基三唑发生 Biginelli 缩合反应给出产物，通过液相组合反应得到了嘧啶并三唑类化合物 **2-86**，反应快(5min)，产率高(75%～90%)[式(2-46)][62]。

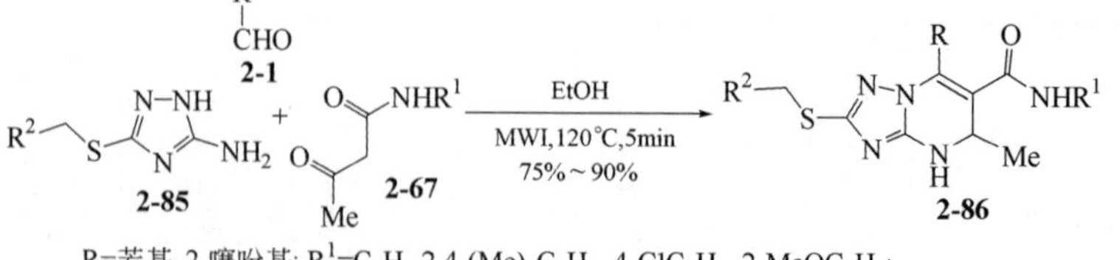

R=芳基,2-噻吩基; $R^1=C_6H_5$, 2,4-$(Me)_2C_6H_3$, 4-ClC_6H_4, 2-$MeOC_6H_4$;
R^2=H, 3-MeC_6H_4, 3-ClC_6H_4, Me

(2-46)

用不饱和烃作为酸性CH底物的Biginelli反应亦有文献报道。例如在TMSCl参与下，用二氢吡喃、苯乙炔和苯乙烯类化合物作为底物与醛、脲/硫脲进行Biginelli反应，得到稠环嘧啶产物**2-89**[式(2-47)][63]。然而，使用苯乙炔或苯乙烯与醛、硫脲反应时，得到的却是2-氨基噻嗪类化合物**2-90**。反应可能是首先在酸催化下醛与硫脲反应形成酰基硫脲，酰基硫脲再与苯乙炔或苯乙烯通过杂-Diels-Alder环加成形成2-氨基噻嗪的盐，经去质子化得到最终产物**2-90**[式(2-47)]。常见的Biginelli反应中使用的酸性CH化合物列于图2-5中。

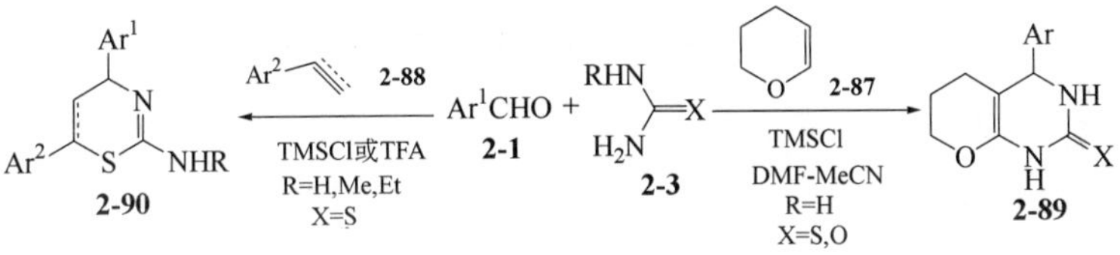

Ar1 N Ar2 S NHR **2-90** ← Ar2 **2-88**, TMSCl或TFA, R=H,Me,Et, X=S — Ar^1CHO **2-1** + RHN, H_2N C=X **2-3** — **2-87**, TMSCl, DMF-MeCN, R=H, X=S,O → Ar NH O N H X **2-89**

(2-47)

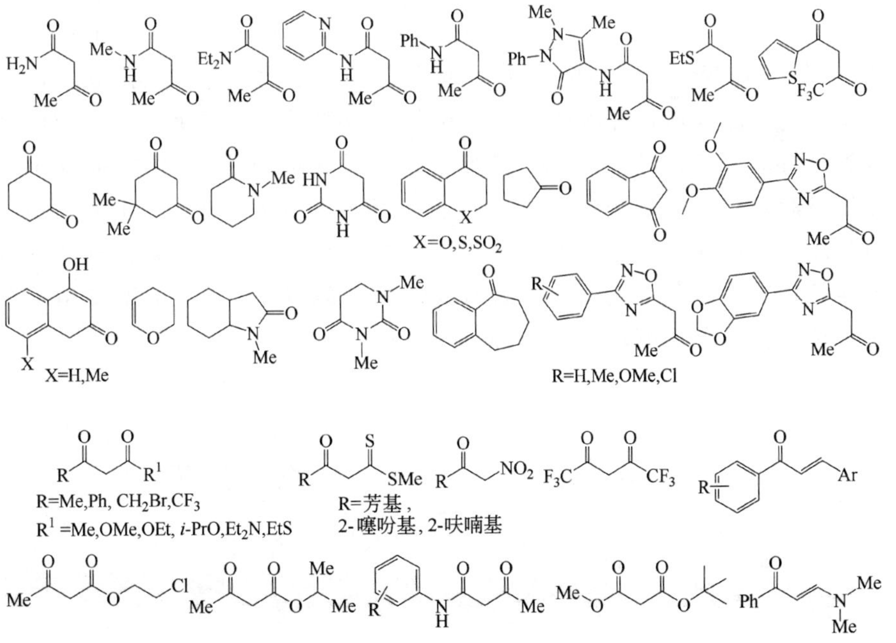

X=O,S,SO₂

X=H,Me

R=H,Me,OMe,Cl

R=Me,Ph, CH_2Br,CF_3

R1 =Me,OMe,OEt, *i*-PrO,Et_2N,EtS

R=芳基，2-噻吩基，2-呋喃基

图2-5

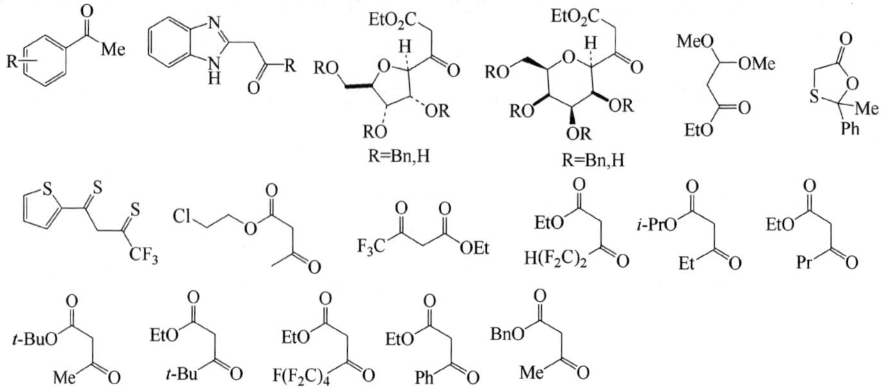

图 2-5　Biginelli 反应中使用的酸性 CH 化合物砌块

2.3.3　尿素合成砌块

尿素是实现 Biginelli 反应结构多样化最大的限制组分，大多数文献都用尿素作为合成砌块。一些单烷基取代脲的反应效果也很不错，同时具有很好的位置选择性，能够以良好的产率和选择性给出 *N*1-取代的 DHPMs，*N*,*N'*-二取代的脲以及 *N*-芳基取代脲都可以实现 Biginelli 缩合反应。硫脲或取代硫脲的反应结果与之类似，但需要更长的反应时间得到良好的产率，且反应产率要低于相应尿素的反应。随着 Biginelli 反应的不断发展，具有类似脲单元结构的化合物也应用到 DHPM 类似物的合成中，底物范围也在不断地扩展，如用氨基三唑、氨基四唑或氨基吡唑替代尿素组分能与醛、β-酮酯或环状二酮发生 Biginelli 型多组分反应，选择性地合成稠环产物 **2-92**[式(2-48)][64]。

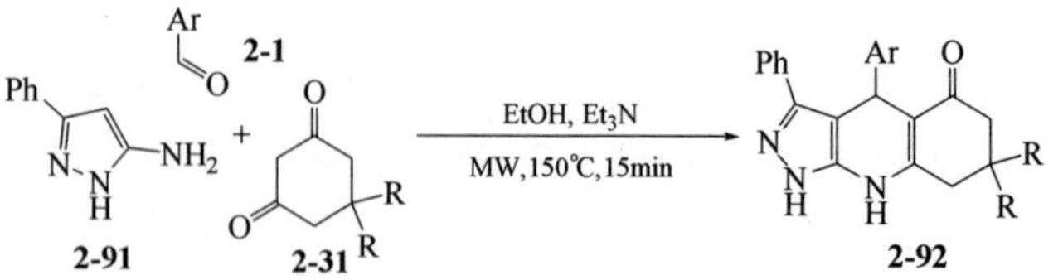

EtOH, Et_3N; MW,150℃,15min　(2-48)

2-91　**2-1**　**2-31**　**2-92**

在三氟甲磺酸和三氧化二铝催化下，酰胺基脲或硫脲、芳香醛和 β-酮酯反应合成 *N*3-取代产物 **2-94**，但是没有得到 *N*1-取代产物[式(2-49)][65]。

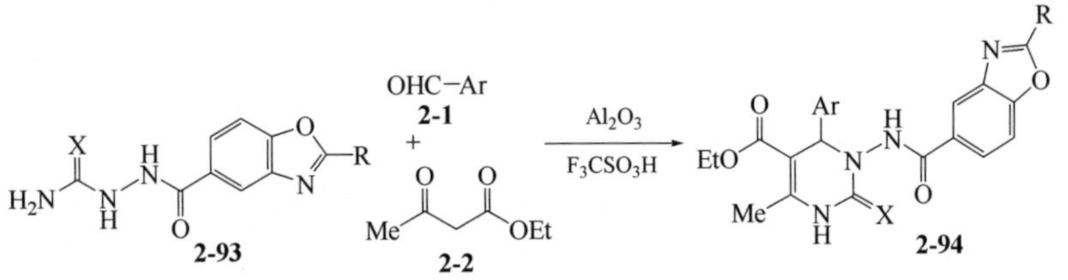

(2-49)

利用糖苷取代的脲 **2-95** 作为反应中的尿素组分，得到 $N1$-含有糖苷结构的 DHPM **2-96**。该反应具有较好的底物适用范围，反应的对映选择性较理想，但化学产率不高(40%左右)(表 2-8)[42]。常见 Biginelli 反应中使用的尿素合成砌块列于图 2-6 中。

表 2-8 糖苷取代脲参与的 Biginelli 反应

产物	结果	产物	结果
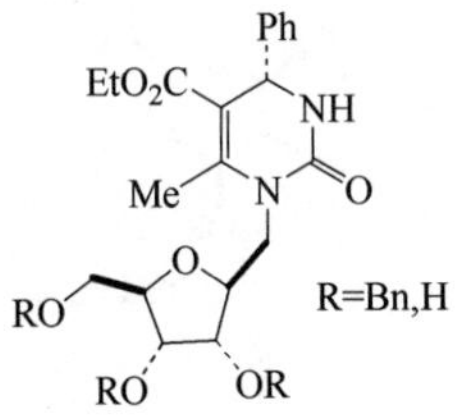 R=Bn,H	产率 48%，0%d. e	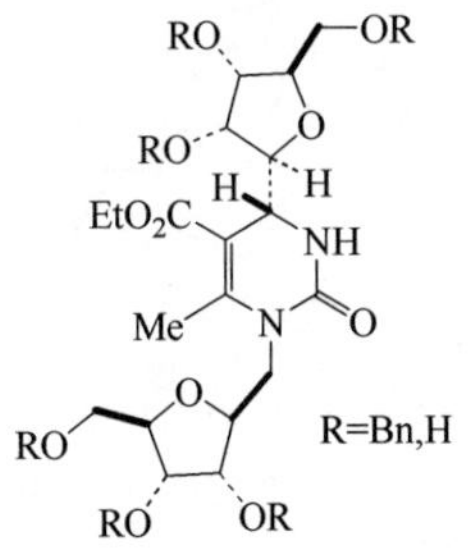 R=Bn,H	产率 42%，80%d. e
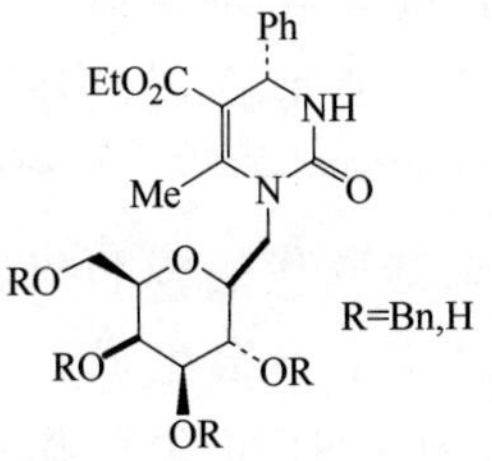 R=Bn,H	产率 41%，0%d. e	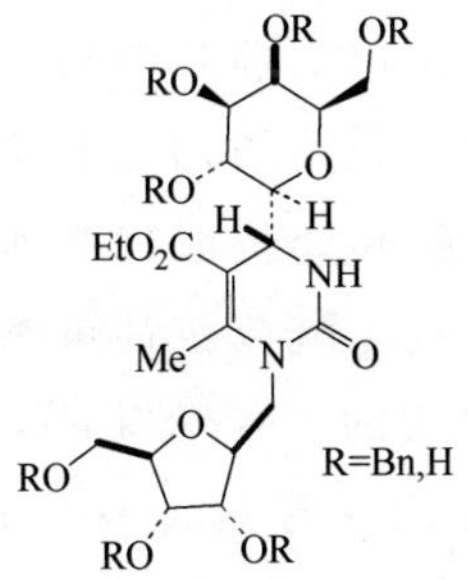 R=Bn,H	产率 36%，82%d. e

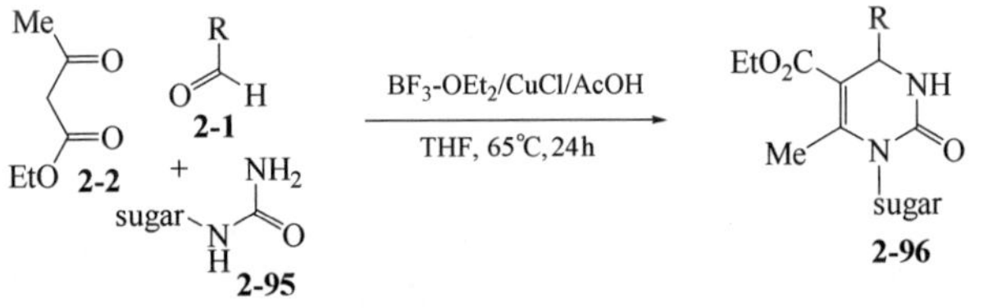

续表

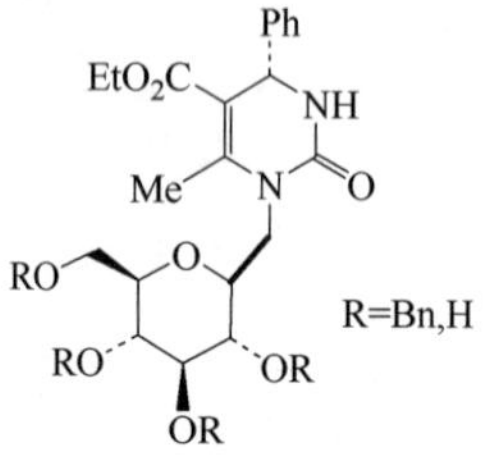 R=Bn,H	产率 40%，0%d. e	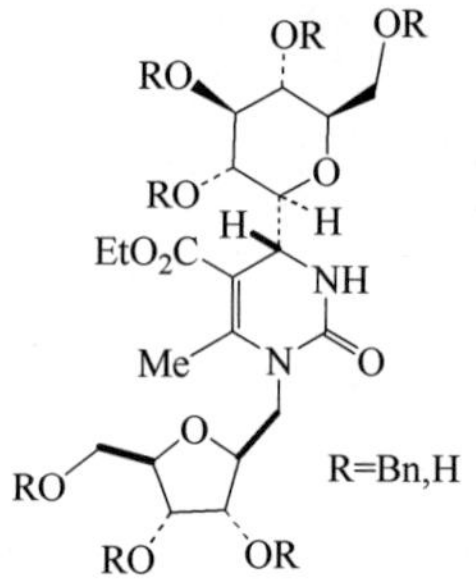 R=Bn,H	产率 36%，76%d. e

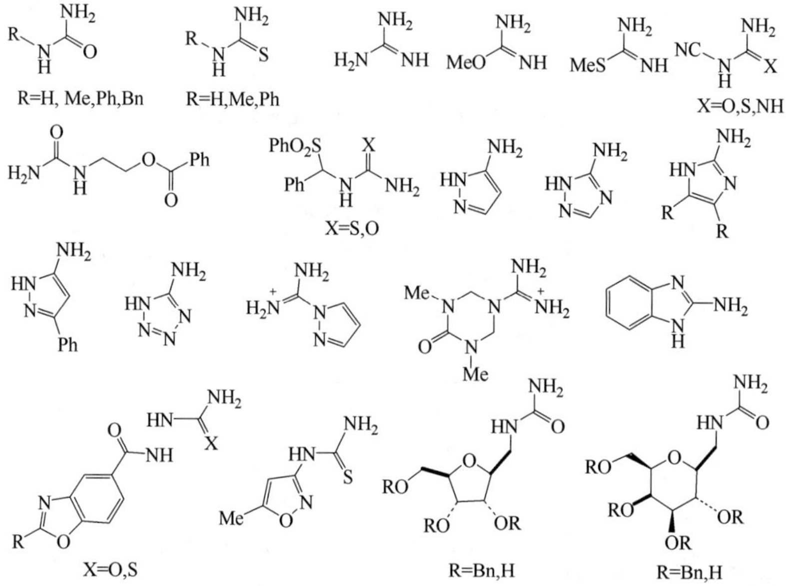

图 2-6 尿素合成砌块

结合前述内容，可以得出 Biginelli 反应的一般特点如下：①反应通常是在含有少量催化剂的醇溶液里进行；②催化剂通常用路易斯酸或质子酸；③三个组分的结构变化多样；④脂肪醛、芳香醛都可以作为原料，但是脂肪醛和邻位取代芳香醛的收率适中或较低；⑤一系列的β-酮酯以及乙酰基乙酰叔胺都可参与反应；⑥*N*-烷基取代的脲和硫脲得到 *N*1-烷基取代的二氢嘧啶酮，*N*3-取代的产物基本不会生成；⑦通常 *N*,*N*′-二取代的脲难以反应；⑧目前光学纯的 DHPM 化合物的合成研究正在进行中，已有不少好的结果。

2.4 合成二氢嘧啶酮结构的其他方法

2.4.1 Atwal 改进法

由于 Biginelli 缩合反应具有三组分一步缩合、操作简单等优点，所以除了 Biginelli 缩合反应之外，有效构建嘧啶酮骨架的方法并不多。值得关注的方法之一是被称为 Atwal 改进法的合成方法。1987 年由 Atwal 等报道了亚苄基二羰基化合物 **2-7** 与 **2-97** 在几乎中性条件下（DMF 溶剂中，$NaHCO_3$ 存在下）的成环反应，得到 1,4-二氢嘧啶 **2-98**，**2-98** 在 HCl(Z＝O)或 TFA/EtSH(Z＝S)条件下脱保护即可得到嘧啶酮或嘧啶硫酮[式(2-50)][6,65,66]。与此类似，使用胍代替脲，也能得到 2-氨基嘧啶。尽管 Atwal 法需要预先通过 Knoevenagel 反应制备 **2-7**，但其可行性、广泛的底物适用范围和几乎中性的反应条件使得它成为代替传统 Biginelli 反应的最佳选择。有时，使用保护脲或硫脲与含 CH-酸性羰基化合物及醛的三组分一步反应直接缩合也是可行的。得到的 **2-98** 还能发生酰基化/烷基化反应，区域选择性地得到 *N*3-酰基/烷基取代的嘧啶酮或硫酮，该类化合物通常具有良好的药理活性。通常，在直接对嘧啶酮进行酰化或烷基化时，主要生成的是 *N*1-酰基或烷基取代的产物，也有 *N*1 和 *N*3-取代产物的混合物，而使用 Atwal 法就避免了该问题。

2-7 + **2-97** $\xrightarrow{NaHCO_3}$ **2-98** $\xrightarrow{去保护}$ **2-4** (2-50)

条件: DMF,70℃;HCl(Z=O) 或 TFA/EtSH(Z=S)
Z=O, R=Me; Z=S, R=4-MeOPh

利用类似的方法，酮酯与盐酸胍在微波辐射、碳酸钾催化下，可直接得到 5,6-二取代的 2-氨基嘧啶衍生物[67]。有例子表明未保护的胍也能实现类似 Biginelli 三组分缩合反应。在 DMF 中，$NaHCO_3$ 存在下，加热醛、二羰基化合物 **2-100** 和胍 **2-99** 的混合物，高产率得到 2-氨基嘧啶 **2-102**[式(2-51)]。

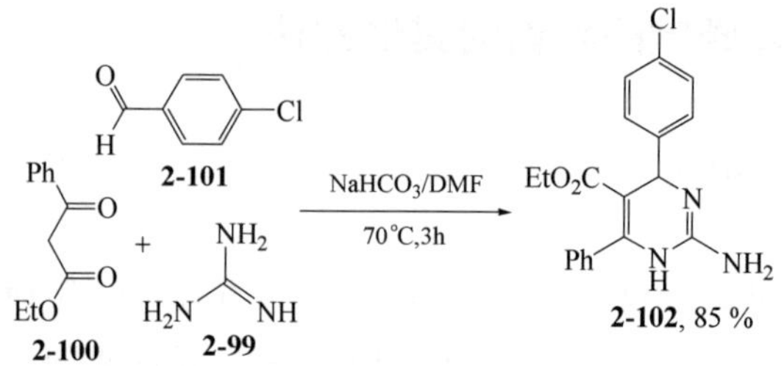

(2-51)

2.4.2 固相组合技术在 Biginelli 反应中的应用

20 世纪 90 年代，固相组合合成方法在构建杂环化合物库中的应用极大地加速了新药分子的开发进程，组合方法在 Ugi 和 Biginelli 等多组分缩合反应中得到了广泛应用。1995 年 Wipf 首次利用固相合成技术，将 N-取代脲衍生物接枝在 Wang 树脂载体上（**2-103**），再与醛和 *β*-酮酯反应，成功地实现了 Biginelli 反应，得到支载的 Biginelli 化合物 **2-104**，利用 TFA 切割，高产率、高选择地得到 *N*1-取代 DHPM**2-105**，**2-105** 再与苄基溴作用得到 **2-106**[式(2-52)][68]。

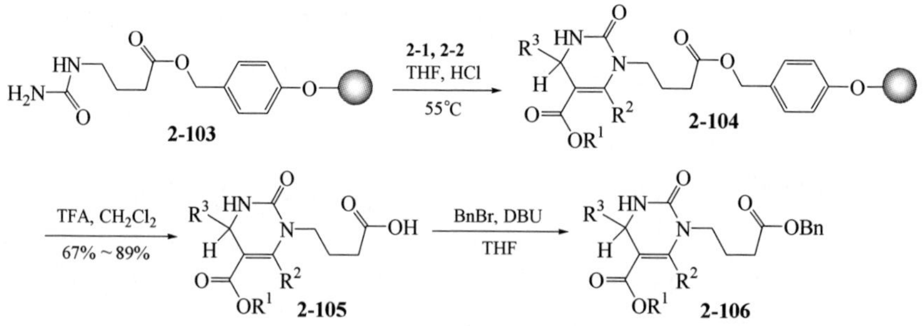

(2-52)

作为对前述过程的改进，Studer 等[69]将 *N*-羟基乙基脲通过酯键接枝在含硅氟碳载体 [$(C_{10}F_{21}CH_2CH_2)_3Si$] 上，形成支载物 **2-107**，**2-107** 再与尿素、醛进行 Biginelli 反应，经过全氟溶剂 FC-72 萃取，TBAF 脱硅基化，高总产率、高选择地得到 **2-108**[式(2-53)]。

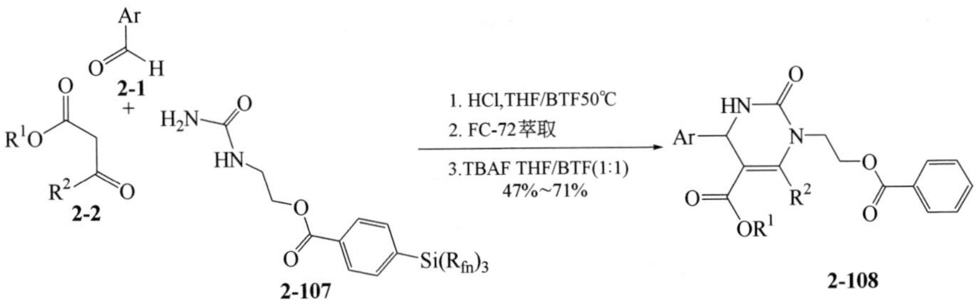

Ar
O H
2-1
+
O
R^1O
R^2 O
2-2
H_2N O
HN
O
O Si$(R_{fn})_3$
2-107
1. HCl,THF/BTF50℃
2. FC-72萃取
3.TBAF THF/BTF(1:1)
47%~71%
O
HN
Ar N O
O R^2 O
OR^1
2-108

(2-53)

将硅聚合物支载的β-酮酰胺 **2-109** 与醛、硫脲在三甘醇二甲醚/异丙醇(triglyme/iPrOH)体系中100℃加热反应，再经三氟乙酸脱去聚合物，得到2-巯基-1,3-二氢嘧啶衍生物 **2-110**。通过4种取代苯甲醛、4种酮酰胺的平行反应一步得到了16种二氢嘧啶衍生物[式(2-54)][70]。

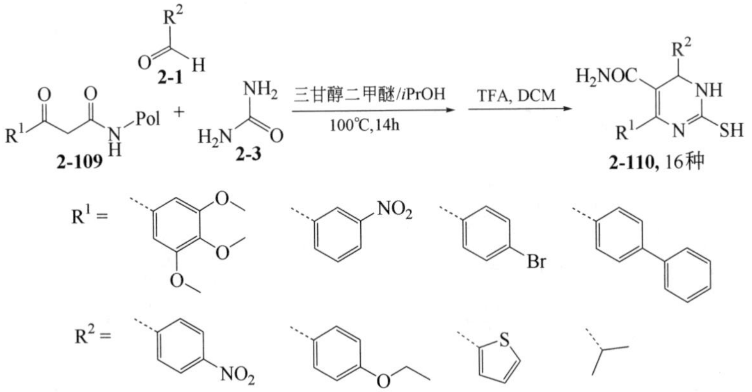

R^2
O H
2-1
O O
R^1 N Pol
H
2-109
+
NH_2
H_2N O
2-3
三甘醇二甲醚/iPrOH
100℃,14h
TFA, DCM
R^2
H_2NOC NH
R^1 N SH
2-110, 16种
R^1 =
O
O
O
NO_2
Br
R^2 =
NO_2
O
S

(2-54)

将乙酰乙酸酯合成砌块支载在聚合物上也是可行的。Wang树脂支载的乙酰乙酸酯 **2-111** 与过量的醛、尿素或硫脲发生Biginelli缩合反应可得到支载的DHPM产物，经TFA切断得到5-羧基取代的DHPM衍生物 **2-113**[式(2-55)][71]。

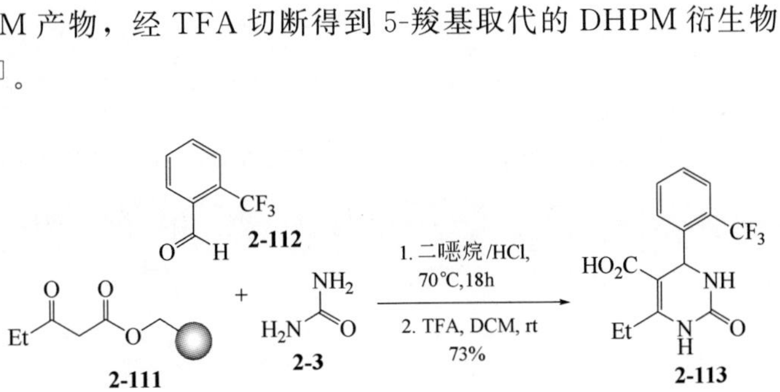

CF_3
O H **2-112**
O O
Et O
2-111
+
NH_2
H_2N O
2-3
1. 二噁烷/HCl,
70℃,18h
2. TFA, DCM, rt
73%
CF_3
HO_2C NH
Et N O
H
2-113

(2-55)

将聚合物支载的β-酮酯 **2-114** 与醛进行 Knoevenagel 缩合，再与异硫脲 **2-116** 发生缩合反应，经切割最终得到 S-取代衍生物 **2-118**［式(2-56)］[72]。

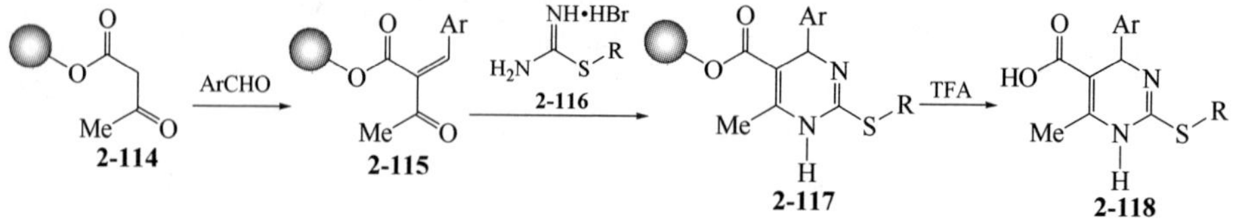

(2-56)

Bazureau 等[73]用离子液体为支载试剂和溶剂，制备了 N3-1,2,4-噁二唑功能化的嘧啶-2-酮衍生物。该法采用离子液体支载的β-酮酯 **2-121** 与取代脲和醛缩合得到支载的嘧啶酮 **2-122**，**2-122** 与氯乙腈反应得到 **2-123**，再经三步反应成环，最后用甲醇钠切割得到目标产物 **2-124**［式(2-57)］。

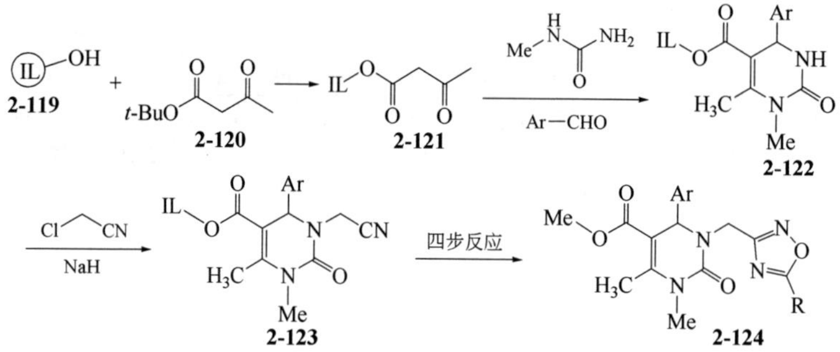

(2-57)

Kappe 等[74]将异硫脲接枝到载体上，在 NMP 存在下与α，β-不饱和酮酯反应得到了支载的 3,4-二氢嘧啶衍生物 **2-126**，在不同的条件下处理 **2-126** 得到产物 **2-4** 和 **2-127**［式(2-58)］。

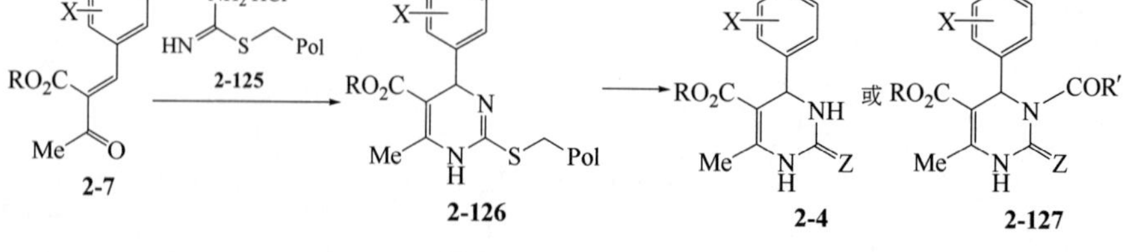

(2-58)

在微波辐射下，将 β-酮酯接枝到可溶性聚合物聚乙二醇上合成中间体 **2-130**，然后与过量的醛和尿素在酸的催化下发生 Biginelli 缩合得到 **2-131**，最后用甲醇钠切割得到目标产物 **2-4**[式(2-59)][75]。

PEG-OH + **2-128**, **2-129** —(甲苯, 回流,5h)→ **2-130** —(**2-1, 2-3**, H^+/CH_3CN, 回流反应18h 或MW 400W, 无溶剂)→ **2-131** —(NaOMe/MeOH, 回流,12h)→ **2-4**

(2-59)

在众多利用固相合成法合成 DHPM 衍生物的例子中[76~80]，有代表意义的还有以聚合物支载的苯基亚磺酸钠为无痕链接基的固相合成方法。该法首先利用支载的苯基亚磺酸钠 **2-132** 与醛和尿素(或硫脲)反应得到支载的脲(或硫脲)**2-134**，**2-134** 再与 1,3-二酮或 β-酮酯在 TsOH 的作用下发生缩合和解离反应，得到 **2-4** 和 **2-136**。在最后一步，目标产物的生成和解离是同步发生的，且无需任何纯化步骤就可得到纯产物[式(2-60)][81]。

2-132 (SO_2Na) —(HCl, DMF-H_2O)→ **2-133** (SO_2H) —(R^1CHO, DMF; X(S, O), H_2N, NH_2)→ **2-134** (SO_2, X, R^1, N, H, NH_2)

2-134 —(1. **2-135** (R^2, OH, O); 2. TsOH)→ **2-136** (R^1, R^2, HN, X, N, H, OH, O)

2-134 —(1. R^2, R^3, KOH, EtOH; 2. TsOH)→ **2-4** (R^1, R^2, R^3, HN, X, N, H)

(2-60)

除此以外，使用苯并三唑为辅助试剂也可以实现 Biginelli 产物的合成。首先将苯并三唑与醛和尿素反应生成缩醛胺，再转化为关键的 *N*-酰基亚胺鎓离子中间体，与 CH-酸性羰基化合物反应，可高产率得到 DHPM。甲苯磺酰基取代的(硫)脲与烯醇化的乙酰乙酸乙酯或 1,3-二羰基化合物之间的缩合反应中，中间产物六氢嘧啶无需分离即可转化成 DHPM。此法尤其适用于在传统 Biginelli 反应中产率较低的脂肪醛和硫脲之间的反应。四氢吡咯与乙醛酸甲酯缩合得到的烯胺，与乙醛和异氰酸在室温下发生三分子缩合反应，生成并环嘧啶衍生物。稍加改进，此法可用于立体选择性和对映选择性合成天然产物贝类毒素。Orru[82] 等还报道了醛、腈、磷酸酯、异氰酸酯四组分合成 *C*5-位没有取代的 3,4-二氢嘧啶酮衍生物的方法[式(2-61)]。

$(EtO)_2P(O)-Me$ (**2-137**) + R^2CHO (**2-1**) + R^1CN (**2-138**) + $R^3C=N=O$ (**2-139**) —— *n*-BuLi, −78℃~rt, 18h ——→ **2-140** (2-61)

此外，炔丙基胺和异氰酸酯在金催化下，也可以得到 *N*,*N*'-二取代的嘧啶酮衍生物[83]。乙酰乙酸叔丁酯、苯甲醛、尿素及取代醇的四组分反应也被用于 *C*5-取代嘧啶酮的合成中，该反应中乙酰乙酸叔丁酯原位与取代醇反应得到多种乙酰乙酸酯，而后再发生经典的 Biginelli 三组分缩合反应得到目标产物[84]。在 TMSCl-$FeCl_3$[85]或 ZnI_2[86]催化下，取代苯乙酮、芳香醛和尿素亦能发生类似 Biginelli 的三组分反应，高产率合成 *C*5-未取代嘧啶酮衍生物 **2-142**[式(2-62)]。

Ar^1CHO (**2-1**) + Ar^2COCH_3 (**2-141**) + H_2NCONH_2 (**2-3**) —— $FeCl_3$-TMSCl 或 ZnI_2 ——→ **2-142** (2-62)

2.5 对映异构体纯 3,4-二氢嘧啶酮的合成

DHPMs 及其衍生物具有广谱的药理活性[87]，然而事实是，在 DHPM 的消旋体中，互为对映异构体的两种化合物通常具有不同的药学活性，甚至具有相反的拮抗/兴奋活性。例如，在钙通道阻滞剂 SQ32926(**2-144**)中，(*R*)-对映异构体的抗高血压药效是其他异构体的 400 倍[88]，a_{1a}选择性的肾上腺素能变体拮抗剂 L-771688(**2-146a**)的(*S*)-对映体的活性远远高于(*R*)-

对映体的[89]。再如，有丝分裂驱动蛋白 Eg5 抑制剂(*S*)-Monastrol(**2-145a**)的活性更强，其药效是(*R*)-Monastrol 的 15 倍，它可能被作为药物前体发展成为一种新型的抗癌药物[90]。乙型肝炎 B 病毒复制的非核酸抑制剂——Bay 41-4109(**2-147**)也有同样的现象，其(*S*)-对映体的活性比(*R*)-对映体更强(图 2-7)。

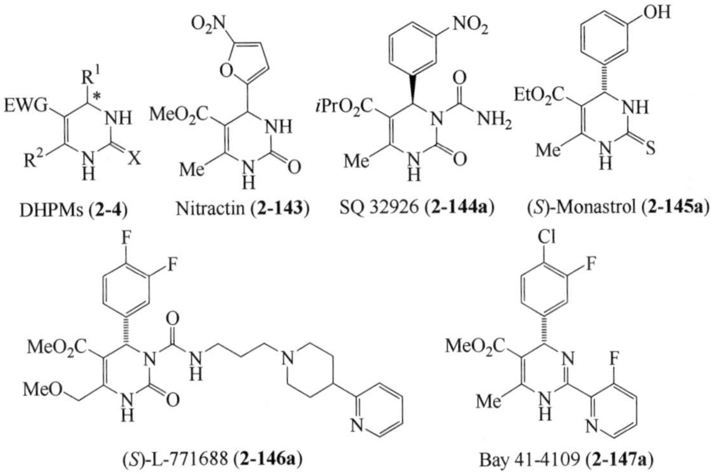

DHPMs (**2-4**)　Nitractin (**2-143**)　SQ 32926 (**2-144a**)　(*S*)-Monastrol (**2-145a**)

(*S*)-L-771688 (**2-146a**)　Bay 41-4109 (**2-147a**)

图 2-7　代表性手性药物分子

此外，绝对构型的测定也是制备对映异构体纯产物的关键问题。对于 DHPM 类化合物，已建立了基于对映选择性高效液相色谱法(HPLC)和圆二色谱法(CD)相结合确定绝对构型的简单方法。将各个 DHPM 对映异构体的特征 CD 谱图与已知绝对构型的参比样品进行对比，可以确定 Monastrol、SQ 32926 等 4-Ar-DHPM 及类似化合物的绝对构型。其中，360nm 处具有的烯酰胺发色团的特征 CD 峰可以用于确定 DHPM 衍生物的绝对构型。

DHPM 本身是不对称分子，但利用传统的 Biginelli 反应通常得到的都是外消旋体。目前获得光学纯 DHPM 类化合物的主要方法有手性拆分法(生物催化法)、不对称诱导 Biginelli 反应合成法和不对称催化 Biginelli 反应合成法等。近年来不对称催化 Biginelli 已成为获得光学纯 DHPM 化合物的主要方法，国内外学者在此领域做出了卓越的工作[91]。本节主要归纳获得光学纯DHPM类化合物的新发展，介绍不对称催化Biginelli反应合成此类化合物的方法。

2.5.1 外消旋嘧啶酮的手性拆分

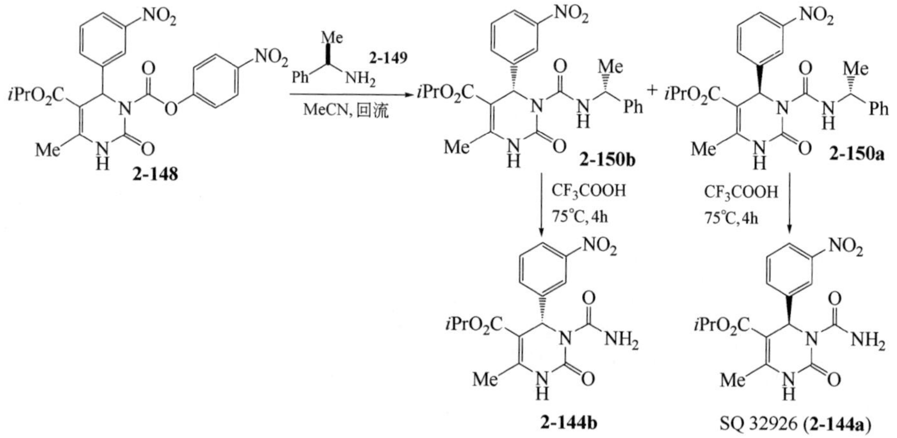

(2-63)

在没有对映选择性合成方法来获得光学纯的DHPM骨架结构时，拆分法是唯一的选择。20世纪初，Atwal等[88,92]发展了将相应的非对映异构体分馏结晶，再对外消旋体拆分，获得光学纯DHPM的方法。他们首先将中间体1,4-二氢嘧啶与4-硝基苯基氯甲酸酯发生*N*-酰基化反应得到化合物**2-148**，**2-148**经(*R*)-*β*-甲基苄胺**2-149**处理后得到脲的非对映异构体混合物(**2-150**)，再经结晶分离出(*R*,*R*)-异构体**2-150b**，最后在TFA作用下裂解得到高度对映异构体纯的抗高血压药剂(*R*)-SQ 32926(**2-144a**)[式(2-63)]。

用同样的方法还可制备许多在药理学中很重要的对映异构体纯的DHPM衍生物。例如，*O*-TBNMS保护的嘧啶硫酮**2-151**与*C*-糖基酰氯**2-152**反应，选择性地在*N*3位发生酰化反应得到非对映异构体酰胺**2-153**，经色谱法分离、去保护后得到较理想的对映异构体纯(*S*)-Monastrol和(*R*)-Monastrol[式(2-64)][93]。

$$\text{2-151}\xrightarrow[\text{甲苯},100^\circ\text{C},4\text{h}]{\text{2-152}}\text{2-153a}+\text{2-153b};\quad \text{2-153a}\xrightarrow{\text{NaOEt}}(S)\text{-Monastrol (2-145a)};\quad \text{2-153b}\xrightarrow{\text{NaOEt}}(R)\text{-Monastrol (2-145b)}\tag{2-64}$$

除了化学拆分法外，生物催化法也是获得对映异构体纯 DHPM 的有效方法之一。1999 年，Ikemoto 等[94a]首次利用酶解二氢嘧啶酮的酯基得到了光学纯嘧啶酮类化合物。2002 年，Sidler 等发展了一种相对简单的生物催化法。嘧啶甲基酯在枯草杆菌蛋白酶的作用下选择性地发生(R)-对映异构体的水解，从溶液中回收未水解的目标产物(S)-嘧啶酮(**2-155a**)，产率80%～90%，ee 值为 98%，该产物可进一步转化为(S)-L-771688(**2-146a**)[式(2-65)][95b]。

$$\text{2-154}\xrightarrow[\text{MeCN}/H_2O,\ 37^\circ\text{C},10\text{d}]{\text{枯草杆菌蛋白酶,三(羟基甲基)氨基甲烷-盐酸盐缓冲体系}}\text{2-155a}+\text{2-154b}\tag{2-65}$$

光学纯的 DHPM 是合成 SQ32926 的重要前体，该化合物也可以用酶解消旋的 N3-乙酰氧基甲基嘧啶酮得到。此法的关键步骤是通过脂肪酶对 N3-乙酰氧基甲基活化的 DHPM **2-156** 的酶(Lipase)促拆分[式(2-66)]。将 **2-156** 在酶作用下拆分得到 **2-157**，在氨水作用下降解生成(R)-DHPM **2-158a**，**2-158a** 再与三氯乙酰基异氰酸酯发生区域选择性的 N3-氨基甲酰化反应，得到预期的目标产物——(R)-SQ 32926(**2-144b**)[95]。

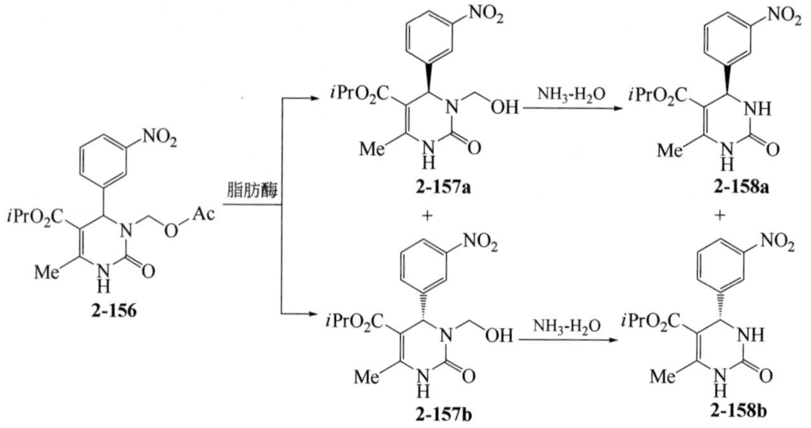

(2-66)

2.5.2 手性诱导不对称 Biginelli 缩合反应

不对称诱导也是实现光学纯有机分子的有效方法之一。不对称诱导反应在其他有机分子合成中的成功，激发了人们对不对称诱导 Biginelli 反应的热情。Dondoni 等[96]利用手性醛与乙酰乙酸乙酯、尿素的 Biginelli 反应制得手性 DHPMs 衍生物，进一步处理得到不对称的 *C*4-*α*-羟基胺和 *α*-氨基乙酸酯取代的 Biginelli 衍生物。虽然使用手性糖醛可以得到嘧啶环 *C*4 手性的产物，但由于产率和选择性太低，使得该法的应用受到了很大限制，并且这种方法也不能制备重要的 4-Ar-DHPMs[97]。当 Kappe 等[98]试图使用手性 *β*-酮酯，例如用(－)-乙酰-3-萜醇乙酸酯为原料与尿素、2-萘醛制备光学活性的 DHPM 衍生物时，该反应没有非对映选择性，得到的是一对消旋体。不幸的是，无法通过重结晶法或色谱法分离这一对消旋体。

2005 年，Schaus 等[99]利用不对称 Mannich 反应合成了手性脲，并将其应用于不对称诱导 Biginelli 反应中，取得了重要进展。首先，**2-159** 与 **2-2** 在金鸡纳碱(**cat. a**)作用下发生不对称 Mannich 反应得到对映选择性的 *β*-氨基酮酯 **2-160**，**2-160** 在 Pd 催化、二甲基巴比妥酸(烯丙基的脱除剂)的存在下，与苄基异氰酸酯反应生成不对称脲 **2-161**。他们将手性脲 **2-161** 应用于具有挑战性的 **2-162** 的不对称合成中，获得了高达 90%e.e 的对映选择性，反应产率为 76%[式(2-67)]。

Me O O OMe **2-2** + O O N H Ph **2-159**

10%(摩尔分数)**cat.a**

DCM, −35℃, Ar, 16h

O HN O O Me Ph MeO O **2-160**

91%产率, 2∶1dr, 90%e.e

OH N H N H

Cinchonine (**cat. a**)

$Pd(PPh_3)_3$ BnNCO | 二甲基巴比妥酸

(2-67)

O HN NHBn Me Ph MeO O **2-161**

85%产率

AcOH, EtOH

MWI, 120℃, 10min

Ph MeO_2C NH Me N O Bn **2-162**

76%产率, 90%e.e

利用此法，该课题组还发展了金鸡纳碱催化的酰胺基亚砜 **2-163** 与 *β*-酮酯的不对称 Mannich 反应，得到不对称 *β*-氨基酮酯 **2-161**，再经过脱保护、不对称脲诱导分子内 Biginelli 反应得到 *N*1-位取代的不对称嘧啶酮 **2-164**[式(2-68)][100]。

R^1 O O R^2 **2-2** + O R^3 NH PhO_2S R^4 **2-163**

10%(摩尔分数) Cinchonine

DCM, −15℃, Ar

Na_2CO_3 (aq), NaCl (aq)

85%~90%产率

O HN O R^4 R^1 R^3 R^2 O **2-161**

72%~99%产率

最高99∶1 er

1.$Pd(PPh_3)_3$, R^5NCO

2.AcOH, EtOH

MWI, 120℃, 5min

R^3 R^2OC NH R^1 N O R^5 **2-164**

54%~76%产率

最高20∶1dr

R^1=Me,OMe; R^2=Me,OMe; R^3=OMe, $OCH_2CH=CH_2$, O*t*-Bu, H

R^4 = Br CF_3 O S

R^5 = MeO MeO OMe EtO O O OMe

(2-68)

2-164 进一步在瑞尼镍催化下发生 *syn* 加氢还原，可以制得四氢嘧啶酮类杂环产物 **2-165**，使用1%的 K_2CO_3 处理，还能得到 *C*5 位构型翻转的产物 **2-166**[式(2-69)]。

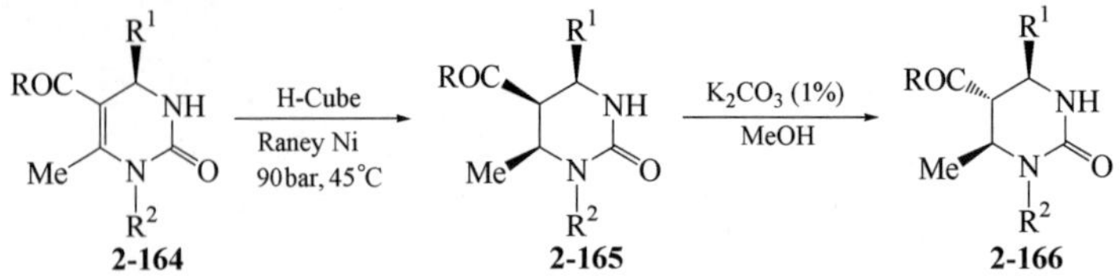

(2-69)

与此相类似，以 3,4-二氟苯甲醛的亚胺 **2-167** 为底物，依次与乙酰乙酸甲酯、三甲硅基异氰酸酯反应，最后环化合成了(S)-L-771688 的手性前体化合物 **2-170**[式(2-70)][101]。

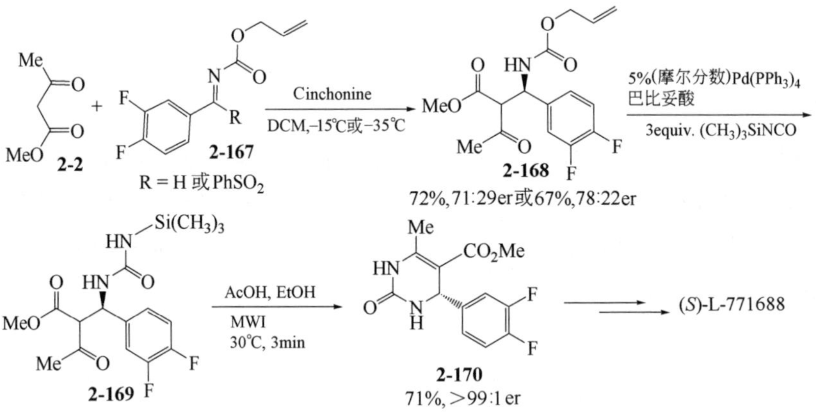

(2-70)

2.5.3 手性配体与 Lewis 酸共催化不对称 Biginelli 缩合反应

与手性拆分和手性诱导技术相比，催化不对称 Biginelli 反应无疑是实现光学纯 DHPMs 最直接的方法。实现不对称催化 Biginelli 反应的努力起始于 2003 年，Muñoz-Muñiz 和 Juaristi 探索了 Lewis 酸/手性配体共催化的不对称 Biginelli 反应。他们将手性脲催化剂(**cat. b**)与 $CeCl_3$ 联合使用，实现了 DHPM 的不对称合成[102]。以酰胺、磺胺为手性配体，以 $CeCl_3$ 和 $InCl_3$ 为 Lewis 酸催化剂，也能实现 Biginelli 三组分缩合反应，得到了8%～40% e. e 的对映选择性[式(2-71)]。虽然该催化体系的 e. e 值并不高，但这个改进的 Biginelli 缩合反应为找到合适的不对称合成提供了有益的基础和尝试。

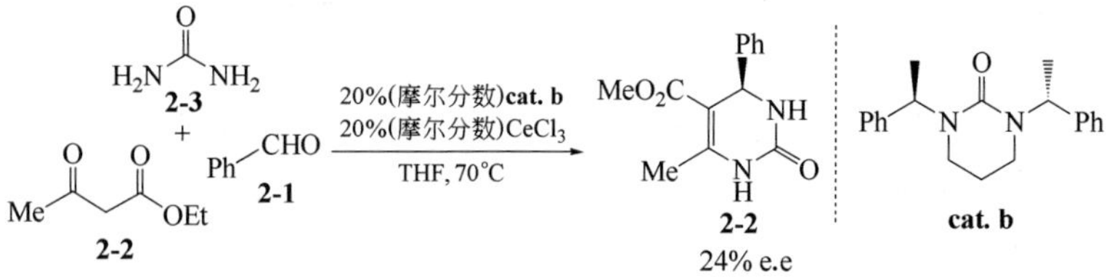

(2-71)

在 DHPMs 的手性合成方面，国内学者做出了非常出色的贡献。2005 年，催化不对称 Biginelli 反应取得了突破性的进展，朱成建课题组[103]将手性配体(**cat. c**)与 $Yb(OTf)_3$ 用于 Biginelli 反应中，实现了不对称 Biginelli 反应，获得了 80%～99% e. e 的对映选择性和 73%～87%的产率[式(2-72)]。利用该方法合成的 DHPM 的绝对构型均为 *R* 型。应用该方法，能够成功地合成药物分子 SQ-32926 的关键前体，再经加成-水解步骤得到光学纯的(*R*)-SQ-32926(>99% e. e)，反应总收率为 58%。作者还提出了可能的反应历程：**cat. c** 和 Yb 形成的配合物中的 Yb 原子与醛和尿素原位生成的酰基亚胺中间体配位得到中间体，该中间体再与乙酰乙酸乙酯的烯醇式发生加成反应，此时，由于配位后的酰基亚胺的 *Si*-面被吡啶基团所屏蔽，从而使得乙酰乙酸乙酯只能从亚胺的 *Re*-面进攻 C＝N 双键，接着发生加成反应、成环和脱水反应，最后生成绝对构型为 *R*-型的 DHPM 产物。

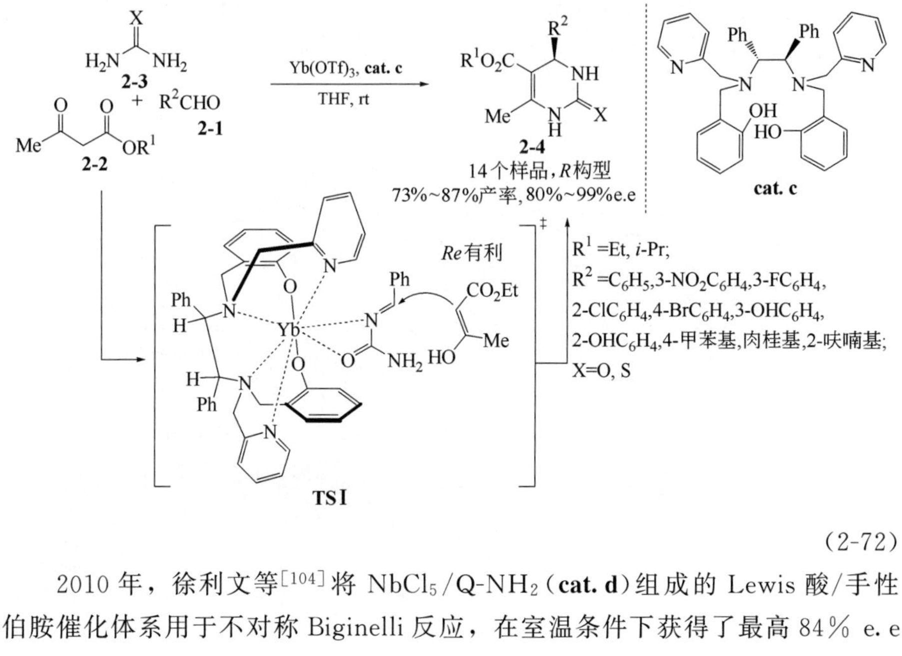

(2-72)

2010 年，徐利文等[104]将 $NbCl_5$/Q-NH_2 (**cat. d**)组成的 Lewis 酸/手性伯胺催化体系用于不对称 Biginelli 反应，在室温条件下获得了最高 84% e. e

的对映选择性和最高 99%的产率[式(2-73)]。总体而言，当 DHPM 的 *C*4-苯环上含有吸电子取代基(Cl、Br)时的对映选择性高于含有供电子基(Me、MeO)的。在该催化体系中，$NbCl_5$ 有效地提高了反应活性，手性伯胺 Q-NH_2 诱导产生对映选择性。

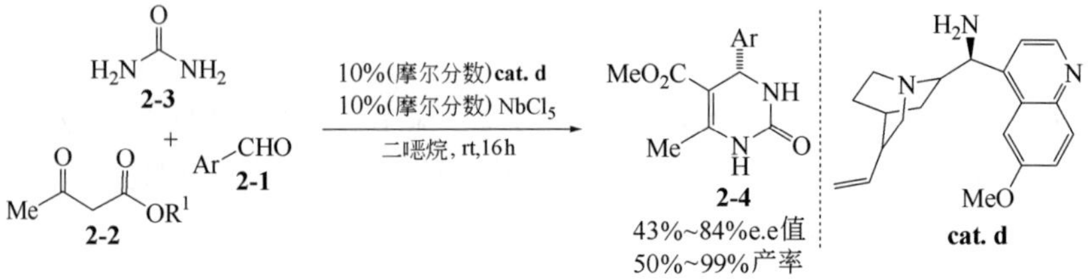

(2-73)

2013 年，Bhagat 等[105]利用 *N*-甲基咪唑盐修饰的甘氨酸作为配体，与金属 Cu 配位形成手性催化剂 **cat. e**，并将之用于催化 Biginelli 反应时得到了很好的对映选择性[式(2-74)]。反应可以在室温无溶剂条件下完成，且催化剂的用量仅是底物醛的万分之一。苯甲醛上引入的不同取代基对对映选择性和产率均有一定的影响，但不明显。催化剂中甘氨酸的羧基基团与酰基亚胺通过分子间氢键相互作用的同时，邻位的氨基与乙酰乙酸乙酯通过形成烯胺，*β*-酮酯被活化。这样，烯胺在进攻亚胺尿素时，金属配合物的空间构型限制了其进攻位置，形成关键过渡态 **TS Ⅱ**，进而选择性地生成光学纯的 DHPM 类化合物。该催化剂可以回收重复使用 6 次。

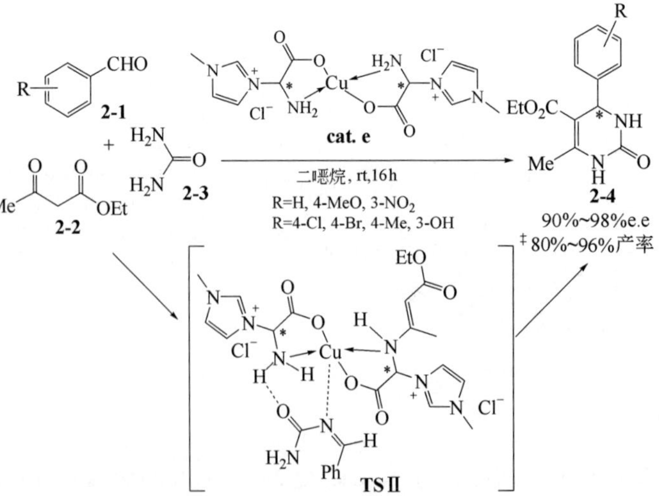

(2-74)

2.5.4 有机小分子催化不对称 Biginelli 缩合反应

有机催化剂是近几年来化学研究中最为活跃的领域之一。与传统的有机金属配合物催化剂相比，有机催化剂具有对环境友好、价格低廉、在空气中稳定、操作条件简便、可以循环使用等优点。双功能有机催化剂不仅具有一般有机催化剂的优点，而且因结构中同时具有路易斯酸和路易斯碱活化中心，可以同时对亲核试剂和亲电试剂进行活化，是一种高效、高选择性的新型催化剂[106]。

2006 年，龚流柱课题组报道了第一例有机小分子催化的不对称 Biginelli 反应，高对映选择性得到了一系列光学纯的 DHPM 化合物[107]。他们利用手性磷酸(**cat. f**)为催化剂，温和条件下醛与硫脲脱水缩合成亚胺，亚胺在手性磷酸控制下和乙酰乙酸乙酯发生立体选择性加成反应，再发生分子内缩合、脱水反应，得到最终产物[式(2-75)]。反应中释放出的水对反应有较小的影响，这一点可以从加入分子筛反应产率没有提高得到证实。磷酸 3,3′-位取代基的位阻对反应的立体选择性影响很大，调控其大小甚至可以实现反应产物立体构型的反转。利用该法成功实现了光学纯药物分子 Monastrol 的合成。

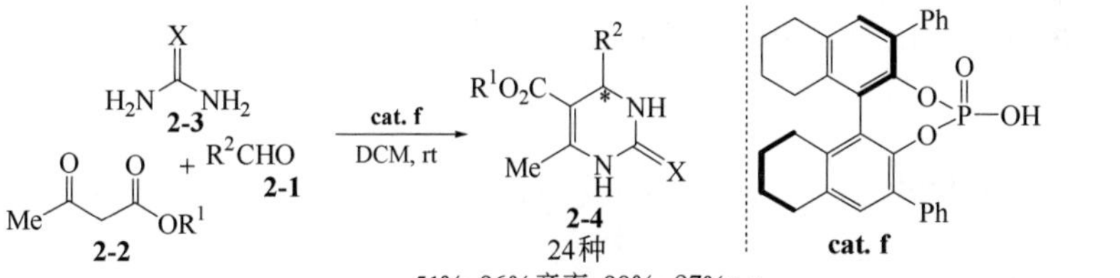

2-3 + R^2CHO **2-1** + **2-2** —(cat. f, DCM, rt)→ **2-4**

24种

51%~86%产率，88%~97%e.e

R^1=Me, Et, *i*-Pr, *t*-Bu; R^2=C_6H_5, 3-$NO_2C_6H_4$, 2-$NO_2C_6H_4$, 3-FC_6H_4, 2-ClC_6H_4, 3-ClC_6H_4, 3-BrC_6H_4, 3,5-$Br_2C_6H_3$, 3,5-$F_2C_6H_3$, 3,5-$(CF_3)_2C_6H_3$, 4-$MeO_2CC_6H_4$, 1-$BrC_{10}H_6$, 肉桂基

X=O,S

(2-75)

他们还将手性磷酸催化剂 **cat. g** 应用于醛、环状酮及 *N*-苄基硫脲的不对称 Biginelli 反应，以高对映选择性得到了 27 种不对称双环产物 **2-172** (51%～86%，90%～99% e. e)[式(2-76)]。开链酮如丙酮、2-丁酮、2-己酮、3-甲基-2-戊酮、异戊酮、3-戊酮、对甲基苯乙酮也能实现不对称 Biginelli 反应，除了 3-戊酮的产率较低和对甲基苯乙酮的产率及 e. e 值较低

外，其余酮获得了92%～97% e. e的对映选择性和57%～83%的产率[107]。使用双分子的异戊醛与*N*-苄基硫脲**2-174**反应，也能得到Biginelli产物，对映选择性适中(64% e. e)，但产率(40%)较低[式(2-77)]。

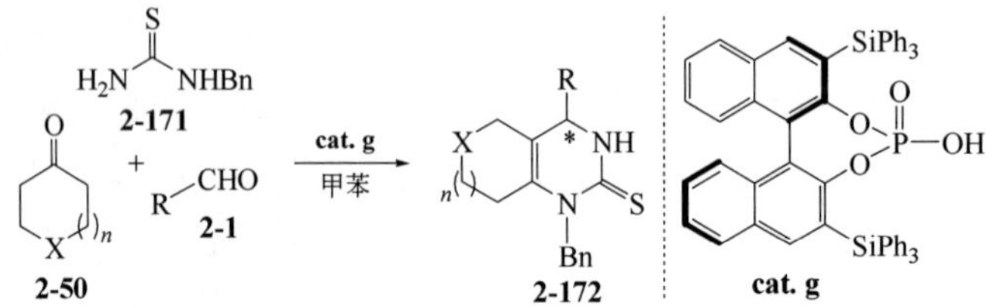

(2-76)

R=芳基, 2-呋喃基; X=CH_2,O,S,N-Boc,CH_2—Me,CH_2—Et; *n*=1,2,3

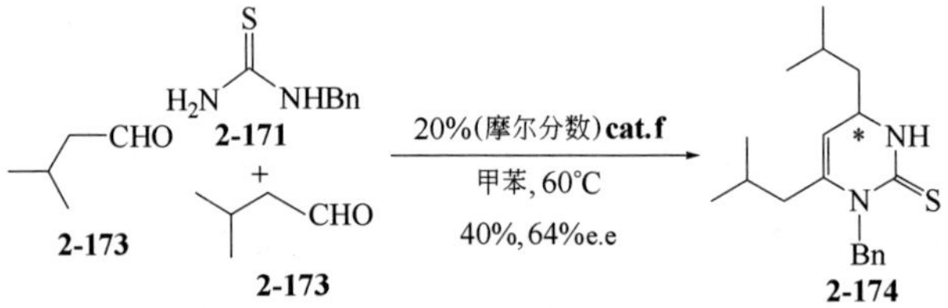

(2-77)

手性磷酸(**cat. g**)催化的Biginelli反应适用于范围很广的醛类底物，而且能应用于(*S*)-L-771688手性前体DHPM **2-154**的合成。**2-176**首先被氧化为**2-170**，然后发生溴代，以73%的产率并保持原有的对映选择性生成中间产物**2-177**，进一步发生甲氧基化反应以81%的收率得到6-甲氧基取代的DHPM **2-154**[式(2-78)]。该前体可以通过已知的步骤转化为(*S*)-L-771688。磷酸催化的Biginelli反应过程中表现出了正性非线性效应，即手性放大现象[108]。

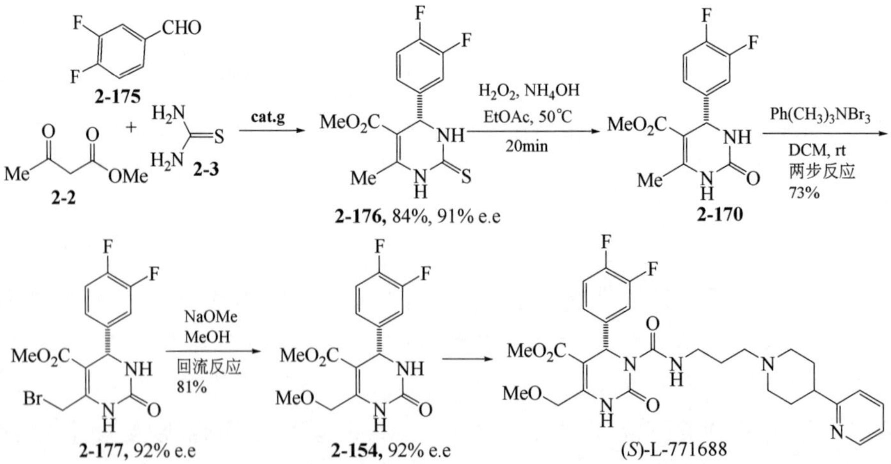

(2-78)

通过理论计算作者提出了该不对称 Biginelli 反应的催化机理[式(2-79)]。首先是醛与硫脲/脲在 Brønsted 酸催化下缩合形成亚胺，随后手性膦酸催化剂通过形成手性亚胺离子 **F** 而活化亚胺。而后，酮酸酯或酮进攻中间体 **F** 经历如 **TS Ⅲ** 所示的过渡态后给出不对称 Mannich 反应的中间体 **G**，最后通过环化、脱水得到不对称的 Biginelli 产物。第一步形成的是 *E*-型亚胺中间体，其比 *Z*-型的能量低了 6kcal/mol(以对硝基苯甲醛和硫脲的反应为例,1cal=4.1840J)。这表明亚胺中间体由于与苯环和硫脲形成共轭体系而得到稳定。在随后的亲核加成步骤中，膦酸在活化亚胺的同时也对 *β*-酮酯的烯醇化结构起稳定作用：**cat. f** 的羟基与亚胺通过氢键形成一个六元环状结构的两性亚胺离子盐过渡态 **TSⅢ** 的同时，显 Lewis 碱性的 P=O 与 *β*-酮酯的烯醇式也形成了氢键，最后给出(*S*)-构型的产物。

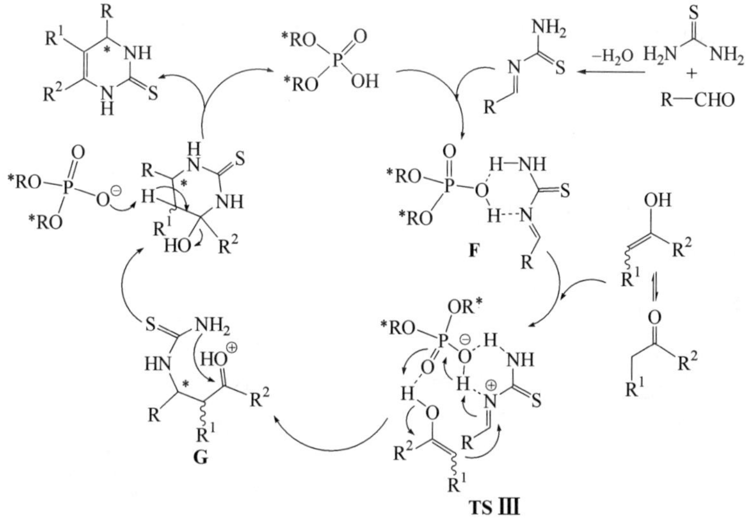

(2-79)

作为手性磷酸小分子催化剂 **cat. f** 的另一个重要的应用例子是 SNAP-7921 的对映选择性全合成，该化合物是 MCH1-R 的有效抑制剂。在手性磷酸 **cat. f** 存在下，3,4-二氟苯甲醛、尿素和乙酰乙酸甲酯反应，以 96%的产率和 94.5∶5.5 的 er 值得到 **2-170**，该化合物是合成光学纯目标产物 SNAP-7921 的关键合成前体[101]。王彦广课题组报道了手性螺环 SPINOL-磷酸催化(**cat. h**)的对映选择性 Biginelli 反应，得到了 16 种光学活性的 DHPMs[109][式(2-80)]。此外，他们利用该法还合成了三种手性药物前体：(*S*)-Monastrol、(*S*)-L-771688 和(*S*)-SQ 32926。

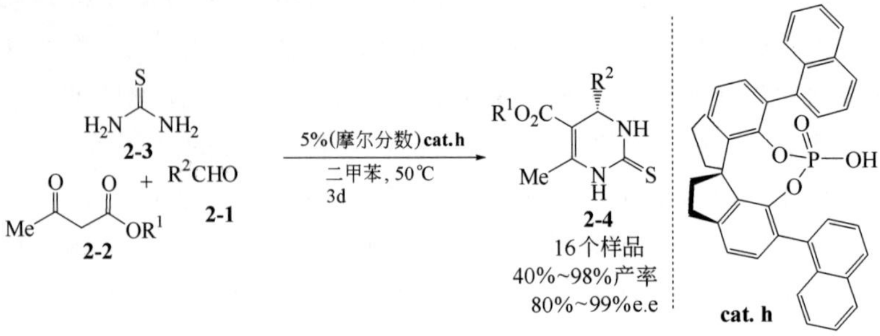

(2-80)

在手性 Brønsted 酸成功催化不对称 Biginelli 反应获得光学纯 DHPMs 衍生物的基础上，大量手性有机分子催化剂相继被用于 Biginelli 反应中。Juaristi 等[110]曾于 2008 年试图利用手性二级胺(**cat. i**)为有机分子催化剂来实现对映选择性 Biginelli 反应。该反应中，手性二胺首先与乙酰乙酸乙酯作用生成烯胺中间体，该中间体诱导发生不对称 Biginelli 反应生成对映选择性的 DHPMs 产物。然而，该反应仅得到了 26%～46% e. e 的对映选择性，含有强吸电子取代基(NO_2)的苯甲醛底物则只得到外消旋的产物。作者认为该反应中产生对映选择性的关键仍是仲胺与乙酰乙酸乙酯反应形成的烯胺中间体 **H**[式(2-81)]。

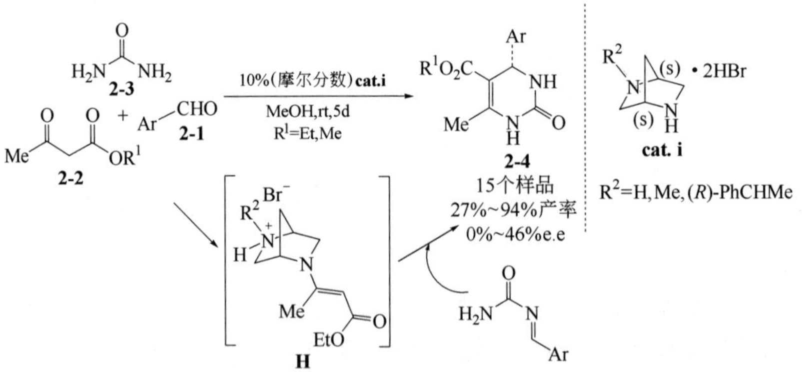

(2-81)

同年，冯小明等[111]将手性仲胺用于 Biginelli 反应，取得了突破性的进展。他们发现以脯氨酸的酰胺衍生物 **cat. j** 与非手性的 Brønsted 酸(2-氯-4-硝基苯甲酸)为共催化剂，t-$BuNH_2$-TFA 为添加剂，于室温下，成功实现了不对称 Biginelli 反应，以较好的产率(34%～73%)和较高的对映选择性

(70%～98% e. e)得到15种手性DHPMs[式(2-82)]。

$$\text{2-3} + \text{2-2} + \text{ArCH}_2\text{O (2-1)} \xrightarrow[\text{5\%(摩尔分数)}t\text{BuNH}_2\text{-TFA, 1,4-二噁烷/THF (2/8), 25°C, 2.5～6.5d}]{\text{5\%(摩尔分数)cat. j, 5\%(摩尔分数)2-氯-4-硝基苯甲酸}} \text{DHPM（15个样品，34\%～73\%产率，70\%～98\%e.e）} \tag{2-82}$$

该反应中，Brønsted酸和仲胺催化剂都是不可或缺的，当反应在缺失Brønsted酸与仲胺中的任何一种时，都不能有效地给出DHPM。非手性的Brønsted酸既对亚胺的形成起催化作用，也对该亚胺进一步参与的不对称诱导反应起活化作用，其可能的催化机理如下所示[式(2-83)]。同样，手性仲胺与β-酮酯的缩合反应生成的烯胺与亚胺及Brønsted酸的配合物形成的过渡态**TS Ⅳ**是该反应手性诱导步骤的关键过渡态。利用该方法合成的DHPM的绝对构型多数为*R*型。由于配位后的酰基亚胺的*Si*-面被酰胺基团所屏蔽，从而使得烯胺只能从亚胺的*Re*-面进攻C═*N*双键，最后生成绝对构型为*R*-型的DHPM产物。

(2-83)

在冯和 Juaristi 的论文发表之后，由于仲胺价廉易得且能够与 β-酮酯容易反应生成烯胺中间体，以及仲胺能够很好地与其他酸性催化剂兼容从而为不对称 Biginelli 反应开发出一片新天地。大量的仲胺，特别是脯氨酸的衍生物被用于该不对称反应之中。例如，Jiang 等[112]采用柱芳烃修饰的脯氨酸的酰胺 **cat. k** 为手性催化剂，在对甲基苯甲酸和哌啶三氟乙酸盐的存在下，尝试了 10 余种苯甲醛与尿素和乙酰乙酸乙酯的不对称 Biginelli 反应，获得了 20%～98% e. e 的对映选择性，但该反应的底物范围有限，且产率较低，只有 22%～48%[式(2-84)]。

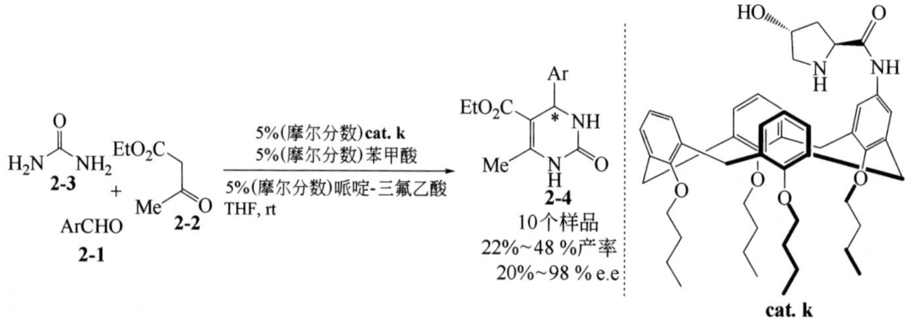

(2-84)

在利用脯氨酸的酰胺为催化剂的文献中，另一个具有代表性的工作是 Moorthy 和 Saha 报道[113]的脯氨酸的酰胺衍生物。**cat. l** 表现出优异的对映选择性和较好的反应活性，该法中底物醛的范围较广，包括芳香醛、异戊醛和环己基甲醛[式(2-85)]。对映选择性好，96%～99% e. e。但产率较低，只有 44%～68%。反应机理与冯等提出的相近似。

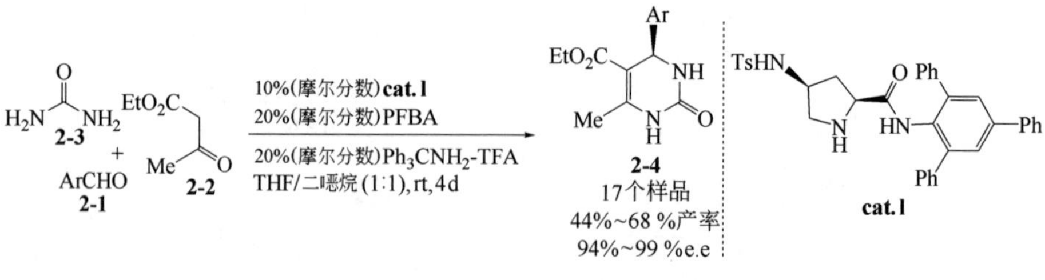

(2-85)

2009 年王绍武等[114]合成了一系列吡咯唑类化合物，并将其应用于催化 Biginelli 反应，结果发现使用吡咯唑类催化剂 **cat. m**(图 2-8)可实现高对映选择性的 Biginelli 反应，多种苯甲醛、β-酮酯、尿素和硫脲均可适用于此反应，得到了 68%～81% e. e 的对映选择性。

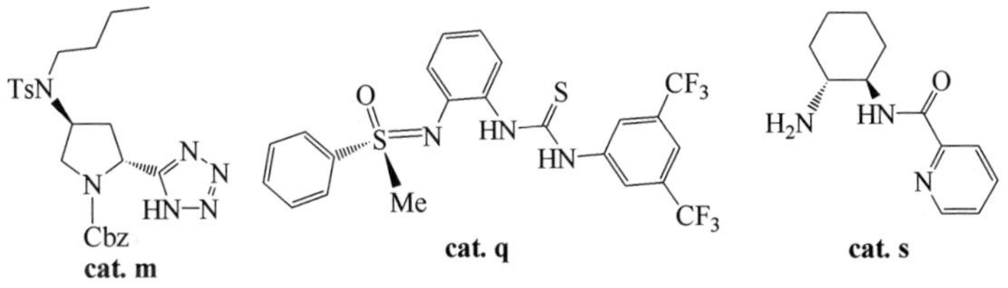

图 2-8 催化剂 **m**、**q** 和 **s**

同年，Lee 等[115]使用一系列脯氨酸酯的盐酸盐为催化剂，以 3-硝基苯甲醛、尿素及乙酰乙酸乙酯为模型反应，对不对称 Biginelli 反应的对映选择性及其作用机理做了研究。结果发现具有较大体积的脯氨酸异丙基酯 **cat. n** 和脯氨酸叔丁基酯 **cat. o** 的效果较好，可以获得 80%以上的产率和 32∶68 (*R*/*S*)的对映选择性。他们提出该反应的机理是脯氨酸酯的二级胺与酮酯首先形成烯胺，然后进攻醛和尿素形成的亚胺，最终给出较高对映选择性的 DHPMs[式(2-86)]。

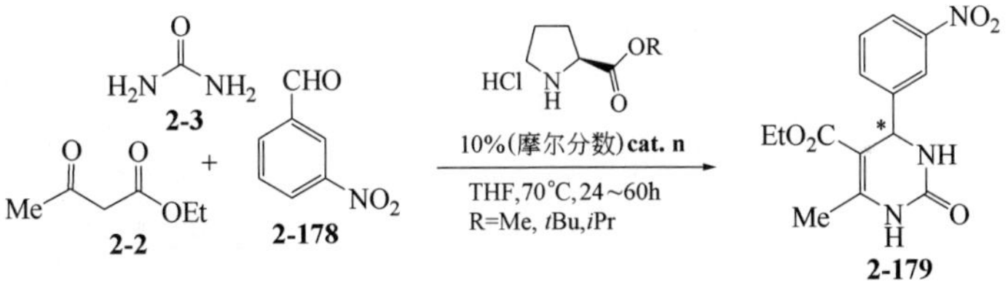

(2-86)

有机手性双功能硫脲催化剂便是一类高效的有机双功能催化剂，该类催化剂能通过分子间的氢键作用来活化反应底物中的羰基或硝基等官能团，已发展成为各种亲核试剂对亚胺、醛、缺电子烯烃加成反应的非常有效的有机催化剂[116]。陈茹玉等[117]首次使用手性双官能团伯胺-硫脲催化不对称 Biginelli 反应。选用方便易得的基于葡萄糖和环己二胺骨架结构的双官能团伯胺-硫脲(**cat. o**)为手性催化剂，*t*-BuNH$_2$-TFA 为添加剂，在 DCM 中于室温下搅拌反应 72h，成功实现了不对称 Biginelli 反应，合成了一系列不对称嘧啶酮化合物，产率可达 93%，对映选择性高达 99% e. e[式(2-87)]。但在使用脂肪族醛如丁醛为底物时，只得到了 15% e. e。在催化剂 **cat. o** 存在下，反应产物的构型为 *R*-构型，在 **cat. p** 的存在下，产物为 *S*-构型。

该小组还在水相中特别是饱和的 NaCl 水溶液中，使用手性相转移催化剂，通过 Biginelli 反应合成了光学活性 DHPM 及其类似物[118]。有机溶剂和水相两种反应体系的构型控制步骤的可能过渡态分别为**TS-Ⅴ**和**TS-Ⅵ**。

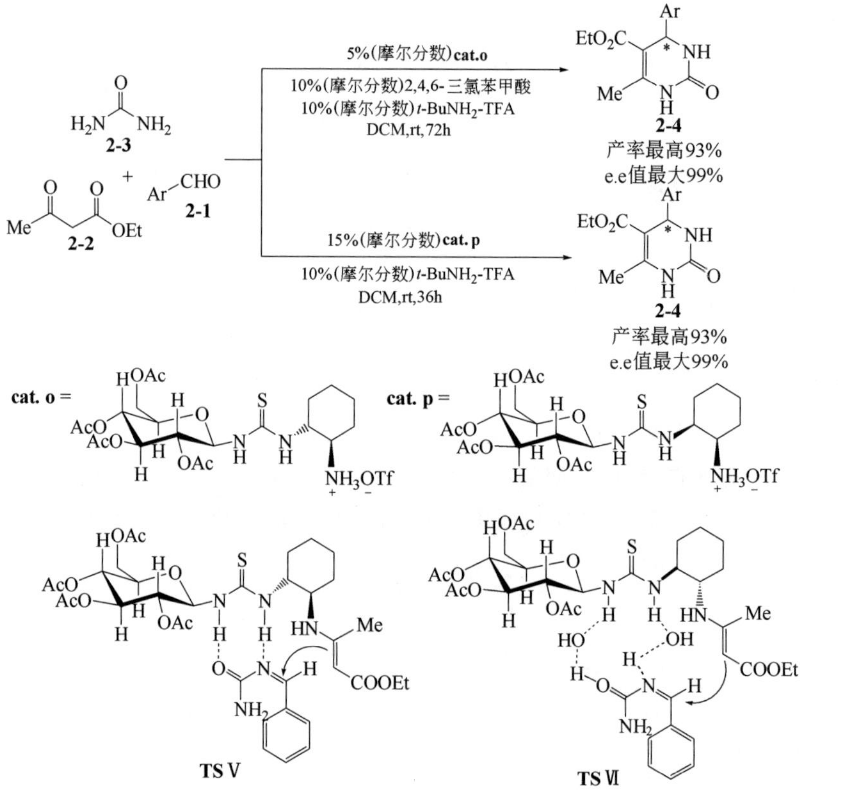

5%(摩尔分数)**cat.o**
10%(摩尔分数)2,4,6-三氯苯甲酸
10%(摩尔分数)t-$BuNH_2$-TFA
DCM,rt,72h

2-4
产率最高93%
e.e值最大99%

15%(摩尔分数)**cat. p**
10%(摩尔分数)t-$BuNH_2$-TFA
DCM,rt,36h

2-4
产率最高93%
e.e值最大99%

cat. o =
cat. p =

TS Ⅴ
TS Ⅵ

(2-87)

2012 年，Bolm 及其合作者将磺酰亚胺修饰的硫脲 **cat. q** 应用于 Biginelli 反应中[119](图 2-8)。但结果并不理想，最好的对映选择性也只有 44% e. e，而且反应需要在催化剂浓度为 0.0025mol/L 的 DCM 中进行。若催化剂浓度为 0.025mol/L 时只得到了 16% e. e。由此表明催化剂的浓度对产物的对映选择性有着重要影响。

2010 年，Zhao 等[120]将金鸡纳碱修饰的伯胺 Q-NH_2(**cat. r**)与盐酸组成的共催化体系用于不对称 Biginelli 反应中，于 0℃ 下反应 6 天实现了 DHPMs 的对映选择性合成，产率适中，对映选择性一般。

2012 年，王永梅等[121]利用手性环己二胺衍生的伯胺为催化剂，通过 Biginelli 反应实现了 DHPM 的对映选择性合成。对 11 种环己二胺的实验结果表明，**cat. s**(图 2-8)的对映选择性最佳。为了获得良好的反应产率，催化量的 Brønsted 酸是必不可少的，其中盐酸的催化效果均优于硫酸、磷酸、三氟乙酸、乙酸和取代的苯甲酸。该反应的底物范围有限，特别是在使用具有强吸电子性的硝基苯甲醛时，反应产率(5%)和对映选择性(7% e. e)都极低。

双轴手性催化剂——双膦酰亚胺也被用于催化不对称 Biginelli 反应来制备光学纯的 DHPMs。在探索的四种双膦酰亚胺催化剂中，具有大空间位阻的分子具有较高的反应活性和很好的对映选择性。其中，2-萘基取代的小分子催化剂 **cat. t** 的催化和对映选择性效果最好。该反应的催化机理与磷酸催化的相类似，硫脲与苯甲醛首先形成亚胺中间体后与手性催化剂中的 P ═O 结构形成氢键，不同之处是，一分子膦酰亚胺中的另一个 P ═O 键同时通过氢键作用活化乙酰乙酸乙酯，得到如 **TS Ⅶ** 所示过渡态，再进攻亚胺成环，最终得到产物[式(2-88)][122]。

2-3　2-1　2-2　5%(摩尔分数)cat.w　EtOAc, 50℃　12h　**TSⅦ**　2-4

R=F,Cl,Br,Me,CF_3,CN,NO_2, 2,4-Cl_2

2-4：13个样品，87%~95%产率，90%~96% e.e

cat.t:R^1=R^2=苯基;**cat.u**:R^1=苯基, R^2=1-奈基

cat.v:R^1=R^2=1-奈基;**cat.w**:R^1=R^2=2-奈基

(2-88)

2. 5. 5 Biginelli 反应在海洋生物碱合成中的应用

在过去的十年里，大量新颖而复杂的胍类生物碱从海洋生物资源中分离提取出来(图 2-9)[123]。Batzelladine(例如 A、B 和 D)、Ptilomycalin A 和 Crambescidin A、800、816 是这些生物碱中具有显著活性的天然产物，具有抗病毒(HSV-1、HIV-1)、抗菌和抗肿瘤等活性。其中 Batzelladine A 和

Batzelladine B 是第一次报道能够抑制 HIV gp-120 与 CD4 细胞组合的小分子量天然产物，有望成为治疗 AIDS 的药物。它们独特的结构和在医疗方面所表现出的巨大潜力使其成为了很多研究小组的理想合成目标。2000 年 Murphy 研究小组对这些生物碱的生物和药理活性进行了全面的总结[124]。由美国加利福尼亚大学 Overman 与其同事发展的“内敛型 Biginelli 合成策略”已经被证明是目前行之有效的合成方法，他们通过 Biginelli 反应能够合成不同构型的立体异构体[125]。

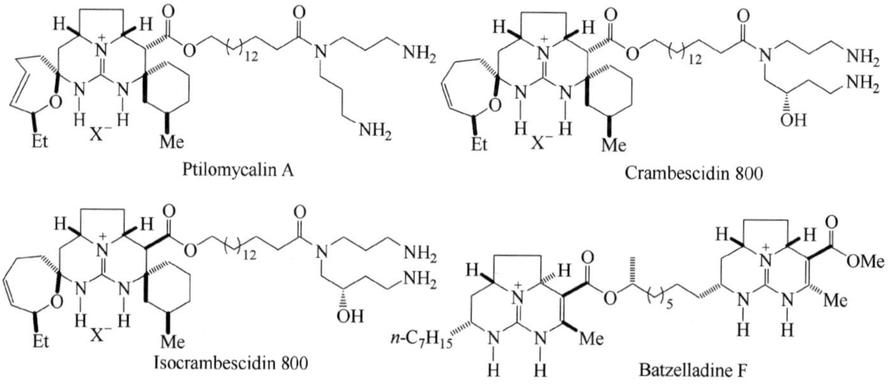

Ptilomycalin A

Crambescidin 800

Isocrambescidin 800

Batzelladine F

图 2-9　胍类生物碱

在 Overman 之前，还没有分子内 Biginelli 反应研究的报道，通过将尿素和醛两种反应物砌块聚集于同一分子中，然后再与含酸性 CH 的酮酯或酮缩合得到类 Biginelli 缩合产物。此外，将尿素和醛束缚于同一分子中，还有可能在 *C*4 位形成刚性的立体中心，从而起到控制 Biginelli 反应 *C*4 位立体化学选择性的作用。该方法被 Overman 称为“内敛型(束缚型)Biginelli 反应”(tethered Biginelli reaction)。实践证明，“内敛型 Biginelli 反应”是构筑 Batzelladine 生物碱结构单元的有效方法之一，已被成功用于此类生物碱的全合成中。

早在 1993 年，Overman 和 Rabinowitz 就报道了吡咯衍生物与乙酰乙酸甲酯在哌啶乙酸盐中的缩合反应，形成了 *cis* 和 *trans* 两种构型的四氢吡咯嘧啶酮的混合物(*cis* ∶ *trans* = 5 ∶ 1)[126,127]。反应的中间体——2-羟基取代 *N*-酰胺基吡咯是大极性的难溶物，会从反应液中析出，从而使得反应体系为非均相的，这可能是导致产率低下的原因。改变吡咯 2-位取代基和脲结构单元的结构和反应体系的性质，会对产物的立体选择性和产率均产生巨大影响[式(2-89)]。例如，将羟基换为氨基时，中间体溶解度增大，产物产率也提高了。替换为吗啉时，也能得到良好的产率（60%）和对映选择性（4∶1）。

O_3, −78℃ 或 1. O_3, −78℃ 2. R_3N

2-180 2-181 R=OH或$N(CH_2CH_2)_2O$

CO_2R^1 60～70℃ R^1=Me或Bn

2-182 2-183

哌啶/DCM:50%, *cis*:*trans*=5:1
吗啉/CF_3CH_2OH:80%, *cis*:*trans*=4:1

(2-89)

又如，将脲结构单元替换为三氰酮并不能提高产率和对映选择性。但是利用胍代替脲，例如用 *N*,*N*,*N*-三甲基-4-甲氧基苯磺酰基胍为底物，在 Knoevenagel 条件下（吗啉乙酸盐的三氟乙醇中）能以较理想的立体选择性给出产物（*cis*∶*trans*＝6∶1）。然而，在使用 PPE-DCM 体系时，得到产物的立体选择性发生了翻转，几乎定量地得到 *trans* 构型的产物（*cis*∶*trans*＝1∶20），而产率并不受影响，均为 61%［式(2-90)］。奇怪的是，使用 NH_2^+ 取代的胍时，在吗啉乙酸盐-三氟乙醇体系中只生成 *trans* 构型产物，但产率较低（42%），而在 PPE-DCM 体系中则不发生反应。

CO_2Bn 反应条件

2-184 2-185 2-186

吗啉/CF_3CH_2OH, 60℃:
X=O, 80%, *cis*:*trans*=4:1
X=NH_2^+, 42%, *cis*:*trans*=15:1
X=NSO_2Ar, 61%, *cis*:*trans*=6:1

PPE, DCM, 23℃:
X=O, 80%, *cis*:*trans*=1:4
X=NH_2^+, N/A
X=NSO_2Ar, 61%, *cis*:*trans*=1:20

(2-90)

为了进一步弄清楚反应机理，他们合成了 2-硫醚取代的胍，与乙酰乙酸丁酯杂铜盐［$Cu(OTf)_2$］发生内敛型 Biginelli 缩合反应，结果以 69%的产率和很高的选择性（*cis*∶*trans*＝9∶1）得到了两种异构体。利用亲核性的烯烃与胍在相同的铜盐催化下反应，同样也得到类似的 Biginelli 缩合产物。因此，Knoevenagel 类型的反应路径几乎是不可能的，而更可能的是形成了

N-酰胺基亚胺离子[式(2-91)]。他们将该方法应用于很多天然产物的全合成中，例如 Ptilomycalin A 及 Crambescidin 800、Isocrambescidin800 等[128]。

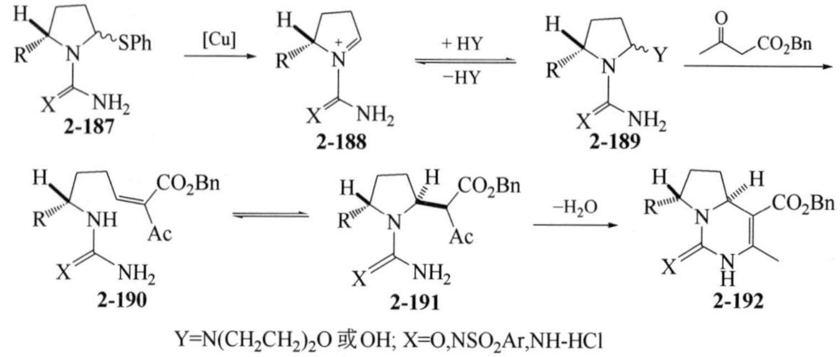

Y=N$(CH_2CH_2)_2$O 或 OH; X=O,NSO_2Ar,NH-HCl

(2-91)

1999 年，Overman 等首次通过内敛的 Biginelli 缩合反应合成了生物碱(－)-Batzelladine D。他们从(*R*)-*β*-羟基酮 **2-193** 出发，经过多步反应合成了缩醛保护的醛胍 **2-194**，再与 *β*-二羰基化合物在吗啉-乙酸体系、Na_2SO_4 存在下，CF_3CH_2OH 中 70℃发生分子内缩合反应，得到(－)-Batzelladine D 的前体 **2-196**，最后经脱保护、成胍反应得到目标产物(－)-Batzelladine D [式(2-92)][129]。

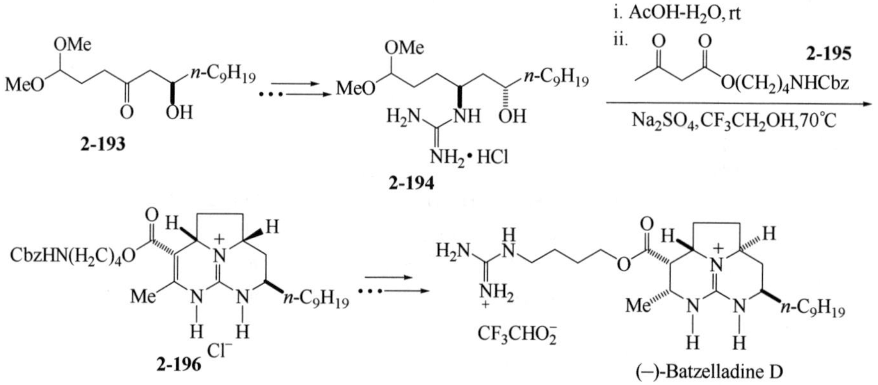

(2-92)

利用类似的内敛型 Biginelli 合成策略，他们以 2-壬酮为起始原料，经过 9 步反应，首先合成了中间体 **D**，再与 *β*-二羰基化合物在吗啉-乙酸体系、Na_2SO_4 存在下，CF_3CH_2OH 中 90℃发生分子内缩合反应，以 94%的产率和 ds = 10 ∶ 1 的选择性得到 Batzelladine B 的前体化合物 **2-199**[式(2-93)][130]。

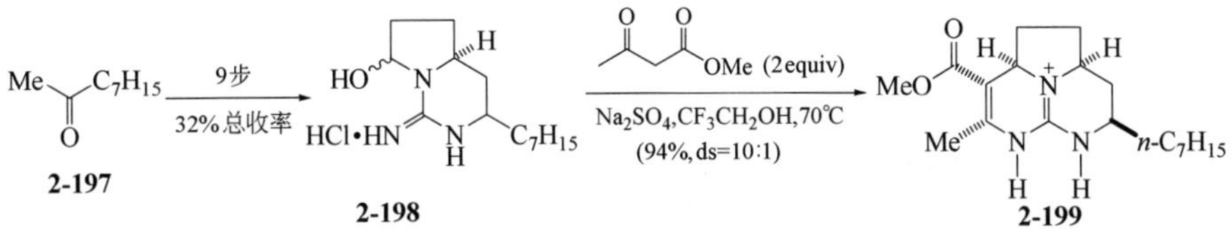

2-197　　2-198　　2-199

(2-93)

此后，他们将此内敛式 Biginelli 反应扩展至桥联的双胍或双脲的合成中。他们以二元 β-酮酯为原料，与胍发生 Biginelli 缩合反应得到二元生物碱 Batzelladine。多种二元 β-酮酯都能适用于该反应中[131]。所得双分子生物碱的代表结构及 β-双酮酸酯和胍的结构如图 2-10 所示。

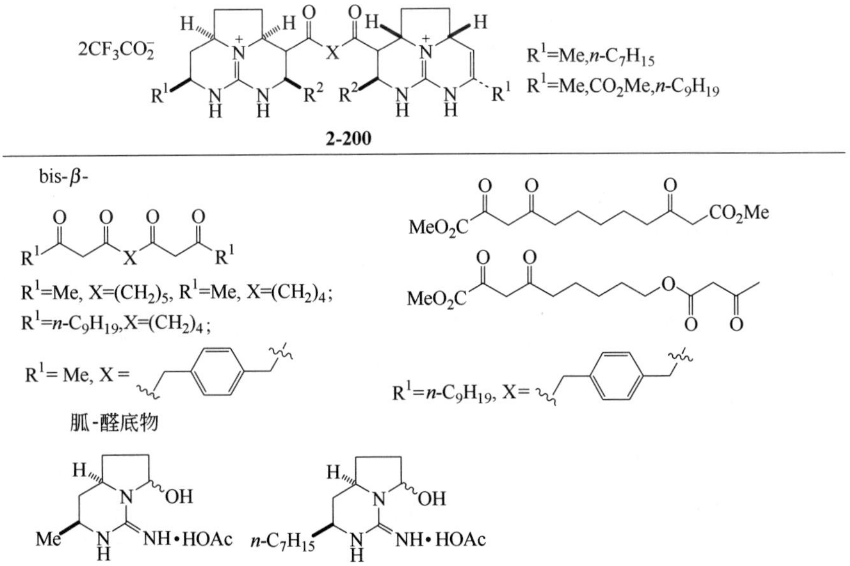

图 2-10　二元生物碱 Batzelladine 的合成

Overman 等还使用咪唑或三嗪取代的胍与 β-酮酸酯和醛的 Biginelli 反应合成了一系列嘧啶杂环衍生物[132]。2004 年，他们首先利用取代乙酰乙酸乙酯与取代胍的 Biginelli 缩合反应得到三环胍，再经氧化反应，得到两种高氧化态的生物碱 Batzelladine 和 Crambescidin，此类物质是全合成生物碱 Dehydrobatzelladine C 的关键中间体[式(2-94)][133]。

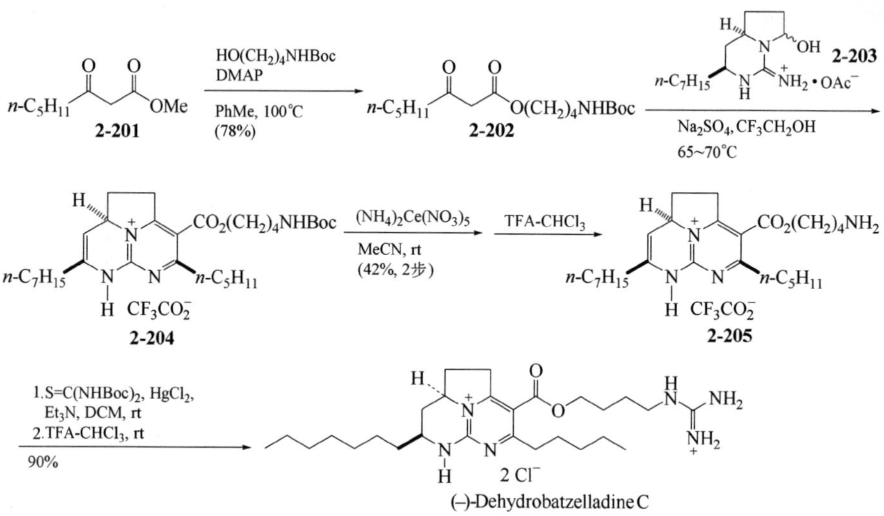

(2-94)

此后的 2006 年，他们通过两个内敛型 Biginelli 缩合反应，分别合成了 Batzelladine F 的两个关键片段三环胍 F 和三环胍 G[式(2-95)]。通过实验，他们认为文献中有关 Batzelladine F 绝对构型的报道有误，其左侧三环胍中两个 H 的构型应是 *syn* 关系，结构如下所示。同时他们还指出，该化合物结构中 *C*18 的绝对构型仍然未知，无法确定[134]。

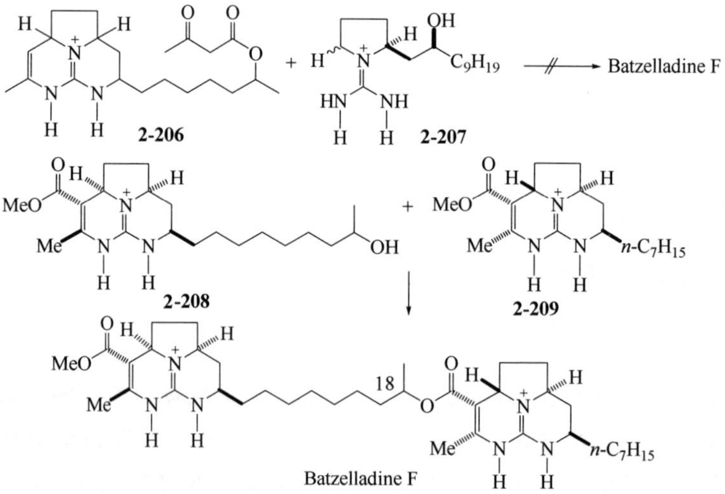

(2-95)

近二十年来，不对称催化 Biginelli 缩合反应合成手性 DHPMs 取得了重大进展，各种高活性、高立体选择性的手性配体和催化剂被设计并合成出来，各种新的不对称催化方法和策略被发展并得到成功应用。然而 DHPMs

的不对称催化合成反应依然存在着诸如反应活性低、底物范围窄、反应条件苛刻、催化剂不易回收等问题。因此，发展更加高效、高选择性、环境友好的不对称 Biginelli 反应的新方法，并进一步应用于天然产物、生物碱的合成中，是未来不对称催化 Biginelli 反应发展的主要方向。

参考文献

[1] Folkers K, Johnson T B. J. Am. Chem. Soc., 1933, 55: 3784.

[2] Cepanec I, Litvic M, Filipan-Litvic M, Grüngold I. Tetrahedron, 2007, 63: 11822.

[3] Litvic M, Vecenaj I, Ladisic Z M, Lovric M, Vinkovic V, Litvic M F. Tetrahedron, 2010, 66: 3463.

[4] Sweet F, Fissekis J D. J. Am. Chem. Soc., 1973, 95: 8741.

[5] Folkers K, Johnson T B. Ibid, 1933, 55: 3784.

[6] (a) O'Reilly B C, Atwal K S. Heterocycles, 1987, 26: 11858. (b) Atwal K S, O'Reilly B C, Gougoutas J Z, Malley M F. Heterocycles, 1987, 26: 1189.

[7] Kappe C O. J. Org. Chem., 1997, 62: 7201.

[8] Saloutina V I, Burgarta Y V, Kuzuevaa O G, Kappe C O, Chupakhin O N. J. Fluor. Chem., 2000, 103: 17.

[9] Saini A, Kumar S, Sandhu J S. Indian J. Chem., 2007, 46B: 1886.

[10] Ma Y, Qian C, Wang L, Yang M. J. Org. Chem., 2000, 65: 3864.

[11] Ryabukhin S V, Plaskon A S, Ostapchuk E N, Volochnyuk D M, Shishkin O V, Tolmachev A A. J. Fluor. Chem., 2008, 129: 625.

[12] Wu M, Yu J, Zhao W, Wu J, Cao S. J. Fluor. Chem., 2011, 132: 155.

[13] de Souza R O M A, da Penha E T, Milagre H M S, Garden S J, Esteves P M, Eberlin M N, Antunes O A C. Chem. Eur. J., 2009, 15: 9799.

[14] Ma J G, Zhang J M, Jiang H H, Ma W Y, Zhou J H. Chin. Chem. Lett., 2008, 19: 375.

[15] Lu J, Bai Y, Wang Z, Yang B, Ma H. Tetrahedron Lett., 2000, 41: 9075.

[16] Kumar K A, Kasthuraiah M, Reddy C S, Reddy C D. Tetrahedron Lett., 2001, 42: 7873.

[17] Bose D S, Fatima L, Mereyala H B. J. Org. Chem., 2003, 68: 587.

[18] (a) Ramos L M, Guido B C, Nobrega C C, Corr P a J, Silva R G, de Oliveira H C B, Gomes A F, Gozzo C, Neto B A D. Chem. Eur. J., 2013, 19: 4156. (b) Ramos L M, de Leony Tobio A Y P, dos Santos M R, de Oliveira H C B, Gomes A F, Gozzo F C, de Oliveira A L, Neto B A D. J. Org. Chem., 2012, 77: 10184. (c)

Alvim H G O, de Lima T B, de Oliveira H C B, Gozzo F C, de Macedo J L, Abdelnur P V, Silva W A, Neto B A D. ACS Catal., 2013, 3: 1420. (d) Alvim H G O, da Silva Júnior E N, Neto B A D. RSC Adv., 2014, 4: 54282.
[19] Puripat M, Ramozzi R, Hatanaka M, Parasuk W, Parasuk V, Morokuma K. J. Org. Chem., 2015, 80: 6959.
[20] (a) Debache A, Amimour M, Belfaitah A, Rhouati S, Carboni B. Tetrahedron Lett., 2008, 49: 6119. (b) Raj M K, Rao H S P, Manjunatha S G, Sridharan R, Nambiar S, Keshwan J, Rappai J, Bhagat S, Shwetha B S, Hegde D, Santhosh U. Tetrahedron Lett., 2011, 52: 3605. (c) Rostamnia S, Morsali A. RSC Adv., 2014, 4: 10514.
[21] Shen Z L, Xu X P, Ji S J. J. Org. Chem., 2010, 75: 1162.
[22] Kappe C O, Stadler A. Org. React., 2004, 63: 1.
[23] Clark J H, Macquarrie D J, Sherwood J. Chem. Eur. J., 2013, 19: 5174.
[24] Mills S G, Beak P J. J. Org. Chem., 1985, 50: 1216.
[25] Bose D S, Fatima L, Mereyala H B. J. Org. Chem., 2003, 68: 587.
[26] Gawande M B, Bonifacio V D B, Luque R, Branco P S, Varma R S. Chem. Soc. Rev., 2013, 42: 5522.
[27] (a) Takale S, Parab S, Phatangare K, Pisal R, Chaskar A. Catal. Sci. Technol., 2011, 1: 1128. (b) Sharma S D, Gogoi P, Konwar D. Green Chem., 2007, 9: 153.
[28] (a) Khunt R C, Akbari J D, Manvar A T, Tala S D, Dhaduk M F, Joshi H S, Shah A. Arkivoc, 2008: 277. (b) Dadhania A N, Patel V K, Raval D K. J. Braz. Chem. Soc., 2011, 22: 511. (c) Dallinger D, Kappe C O. Nat. Protoc, 2007, 2: 317. (d) Liu C J, Wang J D. Molecules, 2010, 15: 2087.
[29] Wang X, Quan Z, Wang F, Wang M, Zhang Z, Li Z. Synth. Commun, 2006, 36: 451.
[30] (a) Isambert N, Duque M D S, Plaquevent J C, Genisson Y, Rodriguez J, Constantieux T. Chem. Soc. Rev., 2011, 40: 1347. (b) Gholap A R, Venkatesan K, Daniel T, Lahoti R J, Srinivasan K V. Green Chem., 2004, 6: 147.
[31] (a) Pramanik M, Bhaumik A. ACS Appl. Mater. Interfaces, 2014, 6: 933. (b) Kolvari E, Zolfigol M A, Mirzaeean M. Helv. Chim. Aata, 2012, 95: 115. (c) Cheng Q, Wang Q, Xu X, Ruan M, Yao H, Yang X. J. Heterocyclic Chem., 2010, 47: 624. (d) Azizian J, Mohammadi M K, Firuzi O, Mirza B, Miri R. Chem. Biol. Drug Des., 2010: 75375. (e) Kathing C, Rani J S W S, Singh N G S, Tumtin S, Nongrum R, Nongkhlaw R. J. Chin. Chem. Soc., 2014, 61: 1254.
[32] Safari J, Gandomi-Ravandi S. RSC Adv., 2014, 4: 11486.
[33] Dewan M, Kumar A, Saxena A, De A, Mozumdar S. PLoS One, 2012, 7: No. e43078.
[34] Paraskar A S, Dewkar G K, Sudalai A. Tetrahedron Lett., 2003, 44: 3305.
[35] Gore S, Baskaran S, Koenig B. Green Chem., 2011, 13: 1009.
[36] Ranu B C, Hajra A, Dey S S. Org. Process Res. Dev., 2002, 6: 817.

[37] Tu S J, Shao Q Q, Zhou D X, Cao L J, Shi F, Li C M. J. Heterocycl. Chem., 2007, 44: 1401.

[38] (a) Jain S L, Singhal S, Sain B. Green Chem., 2007, 9: 740. (b) Wang R, Liu Z Q. J. Org. Chem., 2012, 77: 3952.

[39] Alvim H G, Lima T B, de Oliveira A L, de Oliveira H C, Silva F M, Gozzo F C, Souza R Y, da Silva W A, Neto B A. J. Org. Chem., 2014, 79: 3383.

[40] Singh K, Singh J, Deb P K, Singh H. Tetrahedron, 1999, 55: 12873.

[41] Dondoni A, Massi A, Minghini E, Sabbatini S, Bertolasi V. J. Org. Chem., 2003, 68: 6172.

[42] (a) Dondoni A, Massi A, Minghini E. Acc. Chem. Res., 2006, 39: 451. (b) Dondoni A, Massi A, Minghini E, Sabbatini S, Bertolasi V. J. Org. Chem., 2002, 67: 6979.

[43] Fu N Y, Yuan Y F, Cao Z, Wang S W, Wang J T, Peppe C. Tetrahedron, 2002, 58: 801.

[44] Srivastava G V P, Yadav L D S. Tetrahedron Lett., 2010, 51: 6436.

[45] Kolvari E, Zolfigol M A, Mirzaeean M. Helv. Chim. Acta, 2012, 95: 115.

[46] Khosropour A R, Khodaei M M, Beygzadeh M, Jokar M. Heterocycles, 2005, 65: 767.

[47] (a) Kappe C O. Liebigs Ann. Chem., 1990, 505. (b) Quan Z J, Wei Q B, Ma D D, Da Y X, Wang X C, Shen M S. Synth. Commun., 2009, 39: 2230.

[48] (a) Kappe C O, Falsone S F. Synlett, 1998: 718. (b) Kappe C O, Falsone S F, Fabian W M F, Belaj F. Heterocycles, 1999, 51: 77. (c) Reddy C V, Mahesh M, Raju P V K, Babu T R, Reddy V V N. Tetrahedron Lett., 2000, 43: 2657.

[49] Ahmed N, van Lier J E. Tetrahedron Lett., 2007, 48: 5407.

[50] (a) Byk G, Gottlieb H, Herscovici J, Mikrin F. J. Comb. Chem., 2000, 2: 732. (b) Shaabani A, Bazgir A, Tertahedron Lett., 2004, 45: 2575. (c) Yarim M, Sarac S, Kilic F S, Eorl K. Farmaco, 2003, 58: 17.

[51] Abelman M, Smith S, James D. Tertahedron Lett., 2003, 44: 4559.

[52] Zhu Y, Huang S, Pan Y. Eur. J. Org. Chem., 2005, 2005: 2354.

[53] Bailey C D, Houlden C E, Bar G L J, Lloyd-Jones G C, Booker-Milburn K I. Chem. Commun., 2007: 2932.

[54] (a) Byk G, Gottlieb H E, Herscovici J, Mirkin F. J. Comb. Chem., 2000, 2: 732. (b) Byk G, Kabha E. J. Comb. Chem., 2004, 6: 596.

[55] (a) Stadler A, Kappe C O. J. Comb. Chem., 2001, 3: 624. (b) Schmidt T J, Lombardo L J, Traeger S C, Williams D K. Tetrahedron Lett., 2008, 49: 3009. (c) Kumar B R P, Sankar G, Biag R B N, Chandrashekaran S. Eur. J. Med. Chem., 2009, 42: 4192.

[56] Savant M M, Pansuriya A M, Bhuva C V, Kapuriya N P, Naniapara Y T. Catal. Lett., 2009, 132: 281.

[57] Pisani L, Prokopcová H, Kremsner J M, Kappe C O. J. Comb. Chem., 2007, 9: 415.

[58] (a) Singh O M, Devi N S. J. Org. Chem., 2009, 74: 3141. (b) Nandi G C, Samai S, Singh M S. J. Org. Chem., 2010, 75: 7785.

[59] Kharchenko J V, Detistov O S, Orlov V D. J. Comb. Chem., 2009, 11: 216.

[60] Wan J P, Pan Y J. Chem. Commun., 2009: 2768.

[61] Darwish E S, Abdelhamid I A, Nasra M A, Abdel-Gallol F M, Fleita D H. Heleve Chim Act., 2010, 93: 1204.

[62] Chebanov V A, Muravyova E A, Desenko S M, Musatov V I, Knyazeva I V, Shishkina S V, Shishkin O V, Kappe C O. J. Comb. Chem., 2006, 8: 427.

[63] (a) Zhu Y, Huang S, Wan J, Yan L, Pan Y, Wu A. Org. Lett., 2006, 8: 2599. (b) Huang S, Pan Y, Zhu Y, Wu A. Org. Lett., 2005, 7: 3797. (c) Pandey J, Anand N, Tripathi R P. Tetrahedron, 2009, 65: 9350.

[64] (a) Raju C, Madhaiyan K, Uma R, Sridhar R, Ramakrishna S. RSC Adv., 2012, 2: 11657. (b) Chebanov V A, Saraev V E, Desenko S M, Chernenko N V, Knyazeva I V, Groth U, Glasnov T N, Kappe C O. J. Org. Chem., 2008, 73: 5110. (c) Sedash Y V, Gorobets N Y, Chebanov V A, Konovalova I S, Shishkin O V, Desenko S M. RSC Adv., 2012, 2: 6719.

[65] Arjun M, Sridhar D, Chari M A, Sarangapani M. J. Heterocycl. Chem., 2009, 46: 119.

[66] Atwal K S, Rovnyak G C, O'Reilly B C, Schwartz J. J. Org. Chem., 1989, 54: 5898.

[67] Radhakrishnan K, Sharma N, Kundu L M. RSC Adv., 2014, 4: 15087.

[68] Wipf P, Cunningham A. Tetrahedron Lett., 1995, 36: 7819.

[69] Studer A, Jeger P, Wipf P, Curran D P. J. Org. Chem., 1997, 62: 2917.

[70] Groß G A, Mayer G, Albert J, Riester D, Osterodt J, Wurziger H, Schober A. Angew. Chem. Int. Ed., 2006, 45: 3102.

[71] Robinett L D, Yager K M, Phelan J C. 211th National Meeting of the American Chemical Society New Orleans LA 1996 American Chemical Society Washington DC 1996 ORGN 122.

[72] Valverde M G, Dallinger D, Kappe C O. Synlett, 2001: 741.

[73] Legeay J C, Eynde J J V, Bazureau J P. Tetrahedron Lett., 2007, 48: 1063.

[74] Kappe C O. Bioorg. Med. Chem. Lett., 2000, 10: 49.

[75] Xia M, Wang Y G. Tetrahedron Lett., 2002, 43: 7703.

[76] Martinez S, Meseguer M, Casas L, Rodriguez E, Molins E, Moreno-Maas M, Roig A, Sebastian R M, Vallribera A. Tetrahedron, 2003, 59: 1553.

[77] Dondoni A, Massi A. Tetrahedron Lett., 2001, 42: 7975.

[78] Reddy K R, Reddy C V, Mahesh M, Raju P V K, Reddy V V N. Tetrahedron Lett., 2003, 44: 8173.

[79] Salehi P, Dabiri M, Zolfigol A M, Ali M, Fard B. Tetrahedron Lett., 2003, 44: 2889.
[80] Chari M A, Syamasundar K. J. Mole. Cata. A: Chem., 2004, 221: 137.
[81] Li W W, Lam Y L. J. Comb. Chem., 2005, 7: 721.
[82] Vugts D J, Jansen H, Schmitz R F, de Kanter F J J, Orru R V A. Chem. Commun., 2003: 2594.
[83] Pereshivko O P, Peshkov V A, Peshkov A A, Jacobs J, van Meervelt L, van der Eycken E V. Org. Biomol. Chem., 2014, 12: 1741.
[84] Rao G B D, Anjaneyulu B, Kaushik M P. RSC Adv., 2014, 4: 43321.
[85] Wang Z, Xu L, Xia C, Wang H. Tetrahedron Lett., 2004, 45: 7951.
[86] Liang B, Wang X T, Wang J X, Du Z Y. Tetrahedron, 2007, 63: 6981.
[87] (a) Rovnyak G C, Atwal K S, Hedberg A, Kimball S D, Moreland S, Gougoutas J Z, O'Reilly B C, Schwartz J, Malley M F. J. Med. Chem., 1992, 35: 3254. (b) Deres K, Schroder C H, Paessens A, Goldmann S, Hacker H J, Weber O, Kraemer T, Niewoehner U, Pleiss U, Stoltefuss J, Graef E, Koletzki D, Masantschek R N A, Reimann A, Jaeger R, GroâR, Beckermann B, Schlemmer K H, Haebich D, Rubsamen-Waigmann H. Science, 2003, 299: 893. (c) Kappe C O. Eur. J. Med. Chem., 2000, 35: 1043. (d) Lewis R W, Mabry J, Polisar J G, Eagen K P, Ganem B, Hess G P. Biochemistry, 2010, 49: 4841. (e) Wan J P, Pan Y. Mini-Rev. Med. Chem., 2012, 12: 337.
[88] Atwal K S, Swanson B N, Unger S E, Floyd D M, Moreland S, Hedberg A, O' Reilly B C. J. Med. Chem., 1991, 34: 806.
[89] Barrow J C, Nantermet P G, Selnick H G, Glass K L, Rittle K E, Gilbert K F, Steele T G, Homnick C F, Freidinger R M, Ransom R W, Kling P, Reiss D, Broten T P, Schorn T W, Chang R S L, O' Malley S S, Olah T V, Ellis J D, Barrish A, Kassahun K, Leppert P, Nagarathnam D, Forray C. J. Med. Chem., 2000, 43 : 2703.
[90] (a) Maliga Z, Kapoor T M, Mitchison T J. Chem. Biol., 2002, 9: 989. (b) Debonis S, Simorre J P, Crevel I, Lebeau L, Skoufias D A, Blangy A, Ebel C, Gans P, Cross R, Hackney D D, Wade R H, Kozielski F. Biochemistry, 2003, 42: 338.
[91] (a) Gong L Z, Chen X H, Xu X Y. Chem. Eur. J., 2007, 13: 8920. (b) Heravi M M, Asadi S, Lashkariani B M. Mol. Divers. 2013, 17: 389. (c) Wan J P, Lin F, Liu Y. Curr. Org. Chem., 2014, 18: 687. (d) Rao H, Quan Z, Bai L, Ye H. Chin. J. Org. Chem., 2016, 36: 283.
[92] Atwal K S, Rovnyak G C, Kimball S D, Floyd D M, Moreland S, Swanson B N, Gougoutas J Z, Schwartz J, Smillie K M, Malley M F. J. Med. Chem., 1990, 33: 2629.
[93] Dondoni A, Massi A, Sabbatini S. Tetrahedron Lett., 2002, 43: 5913.
[94] (a) Chartrain C M, Ikemoto N, Taylor C S. PCT Int. Appl. WO9907695 1999. (b) Sidler

D R, Barta N, Li W, Hu E, Matty L, Ikemoto N, Campbell J S, Chartrain M, Gbewonyo K, Boyd R, Corley E G, Ball R G, Larsen R D, Reider P J. Can. J. Chem., 2002, 80: 646.
[95] Prasad A K, Mukherjee C, Singh S K, Brahma R, Singh R, Saxena R K, Olsen C E, Parmar V S. J. Mol. Cata. B: Enzym., 2006, 40: 93.
[96] Dondoni A, Massi A, Minghini E, Sabbatini S, Bertolasi V. J. Org. Chem., 2003, 68: 6172.
[97] Dondoni A, Massi A. Acc. Chem. Res., 2006, 39: 451.
[98] Kappe C O, Uray G, Roschger P, Lindner W, Kratky C, Keller W. Tetrahedron, 1992, 48: 5473.
[99] Lou S, Taoka B M, Ting A, Schaus S E. J. Am. Chem. Soc., 2005, 127: 11256.
[100] Lou S, Dai P, Schaus S E. J. Org. Chem., 2007, 72: 9998.
[101] Goss J M, Schaus S E. J. Org. Chem., 2008, 73: 7651.
[102] Muñoz-Muñiz O, Juaristi E. ARKIVOC, 2003, xi: 16.
[103] Huang Y, Yang F, Zhu C. J. Am. Chem. Soc., 2005, 127: 16386.
[104] Cai Y F, Yang H M, Li L, Jiang K Z, Lai G Q, Jiang J X, Xu L W. Eur. J. Org. Chem., 2010, 2010: 4986.
[105] Karthikeyan P, Aswar S A, Muskawar P N, Bhagat P R, Kumar S S. J. Organometallic Chem., 2013, 723: 154.
[106] (a) Stephen J C. Chem. Eur. J., 2006, 12: 5418. (b) Phillips A M F. Eur. J. Org. Chem., 2014, 2014: 7291.
[107] Chen X H, Xu X Y, Liu H, Cun L F, Gong L Z. J. Am. Chem. Soc., 2006, 128: 14802.
[108] (a) Li N, Chen X H, Song J, Luo S W, Fan W, Gong L Z. J. Am. Chem. Soc., 2009, 131: 15301. (b) Yu J, Shi F, Gong L Z. Acc. Chem. Res., 2011, 44: 1156.
[109] Xu F, Huang D, Lin X, Wang Y. Org. Biomol. Chem., 2012, 10: 4467.
[110] González-Olvera R, Demare P, Regla I, Juaristi E. ARKIVOC, 2008, vi: 61.
[111] Xin J, Chang L, Hou Z, Shang D, Liu X, Feng X. Chem. Eur. J., 2008, 14: 3177.
[112] Li Z Y, Xing H J, Huang G L, Sun X Q, Jiang J L, Wang L Y. Sci. China Chem., 2011, 54: 1726.
[113] Saha S, Moorthy J N. J. Org. Chem., 2011, 76: 396.
[114] Wu Y Y, Chai Z, Liu X Y, Zhao G, Wang S W. Eur. J. Org. Chem., 2009, 2009: 904.
[115] Sohn J H, Choi H M, Lee S, Joung S, Lee H Y. Eur. J. Org. Chem., 2009, 2009: 3858.
[116] (a) List B, Lerner R A, Barbas C F. J. Am. Chem. Soc., 2000, 122: 2395. (b) Ahrendt K A, Borths C J, MacMillan D W C. J. Am. Chem. Soc., 2000, 122: 4243. (c) Yang D. Acc. Chem. Res., 2004, 37: 497. (d) Shi Y. Acc. Chem. Res., 2004, 37: 488. (e) Wang Y, Han R G, Zhao Y L, Yang S, Xu P F, Dixon D J. Angew. Chem. Int. Ed., 2009, 48: 9834.
[117] Wang Y, Yang H, Yu J, Miao Z, Chen R. Adv. Synth. Catal., 2009, 351: 3057.

[118] Wang Y, Yu J, Miao Z, Chen R. Org. Biomol. Chem., 2011, 9: 3050.
[119] Frings M, Thomé I, Bolm C. Beilstein J. Org. Chem., 2012, 8: 1443.
[120] Ding D, Zhao C G. Eur. J. Org. Chem., 2010, 2010: 3802.
[121] Xu D Z, Li H, Wang Y. Tetrahedron, 2012, 68: 7867.
[122] An D, Fan Y S, Gao Y, Zhu Z Q, Zheng L Y, Zhang S Q. Eur. J. Org. Chem., 2014, 2014: 301.
[123] Franklin A S, Ly S K, Mackin G H, Overman L E, Shaka A J. J. Org Chem., 1999, 64: 1512.
[124] Heys L, Moore C G, Murphy P J. Chem. Soc. Rev., 2000, 29: 57.
[125] Aron Z D, Overman L E. Chem. Commun., 2004: 253.
[126] Overman L E, Rabinowitz M H. J. Org. Chem., 1993, 58: 3235.
[127] McDonald A I, Overman L E. J. Org. Chem., 1999, 64: 1520.
[128] (a) Overman L E, Rabinowitz M H, Renhowe P A. J. Am. Chem. Soc., 1995, 117: 2657. (b) Coffey D S, McDonald A I, Overman L E, Rabinowitz M H, Renhowe P A. J. Am. Chem. Soc., 2000, 122: 4893. (c) Coffey D S, Overman L E, Stappenbeck F. J. Am. Chem. Soc., 2000, 122: 4904. (d) Coffey D S, McDonald A I, Overman L E, Stappenbeck F. J. Am. Chem. Soc., 1999, 121: 6944.
[129] Cohen F, Overman L E, Ly Sakata S K. Org. Lett., 1999, 1: 2169.
[130] Franklin A S, Ly S K, Mackin G H, Overman L E, Shaka A J. J. Org. Chem., 1999, 64: 1512.
[131] Cohen F, Collins S K, Overman L E. Org. Lett., 2003, 5: 4485.
[132] Nilsson B L, Overman L E. J. Org. Chem., 2006, 71: 7706.
[133] Collins S K, McDonald A I, Overman L E, Rhee Y H. Org. Lett., 2004, 6: 1253.
[134] Cohen F, Overman L E. J. Am. Chem. Soc., 2006, 128: 2594.

第3章

3,4-二氢嘧啶-2-(硫)酮的结构性质与理论计算研究

3.1 代表化合物的波谱性质

3,4-二氢嘧啶-2-(硫)酮及其重要的衍生物多数都是固体，它们易溶于DMF、乙腈、氯仿和乙醇等极性溶剂中，与水不互溶。由于嘧啶环上含有五个活性官能团，包括两个氨基(NH)基团，一个次甲基(CH)，一个不饱和碳碳双键(C═C)和一个羰基(C═O)或硫羰基(C═S)；嘧啶分子中还含有酯基、烷基、芳基等高反应活性基团[1~11]。因此，分子之间具有较强的相互作用力，分子具有一定的刚性和较稳定的构象。同时，分子中的苯环和酯基可以自由旋转，分子的构象是多样的。分子内芳基的C—H键与嘧啶杂环上C═C双键的π键之间存在较强的C—H…π相互作用力，该作用力对固体状态的分子构象的稳定起到了较大作用。分子之间还存在较强的C═O…H—N或C═S…H—N相互作用力，以及C—H…O与C—H…π之间的作用力。此外，不同的取代基对分子的几何构象和分子间(及分子内)的相互作用有不同程度的影响。

由经典Biginelli反应合成的DHPM类化合物的谱图特征较相似，几种典型3,4-二氢嘧啶-2-酮/硫酮的IR谱图数据和NMR谱图数据分别列于表3-1和表3-2中，以方便读者参阅。以表3-2中化合物**3**的^{1}H NMR谱图为例，δ1.10左右的一组三重峰归属为5-乙氧甲酰基中甲基氢的特征峰，2.30左右的单峰归属为6-甲基氢的特征峰，4.20处的一组四重峰归属为5-乙氧甲酰基中亚甲基氢的特征峰，7.00～7.60处的多重峰为苯环氢的特征峰，此外，处在8.0～9.0的单峰为氨基氢(N—H)的特征峰。而在嘧啶-2-硫酮结构中，两个氨基氢(N—H)的特征峰处于更低场9.0～10.5处(N—H峰的化学位移也会因所用溶剂的不同而略有变化)。

在化合物**3**的^{13}C NMR谱图中，嘧啶环上C═O的特征峰处于160左右，而5-乙氧甲酰基中C═O的特征峰处于较低场的165处，位于较高场

的50～55的特征峰为嘧啶环上CH的特征峰。而在3,4-二氢嘧啶-2-硫酮结构中，C═O处于165处，C═S的特征峰位于更低场的175左右。

在3,4-二氢嘧啶-2-酮类化合物的IR谱图中，于3340～3100 cm^{-1}出现N—H的伸缩振动吸收峰，1730～1700 cm^{-1}出现酯基C═O的吸收峰，1700～1660 cm^{-1}出现嘧啶环上C═O的吸收峰，1600 cm^{-1}左右出现苯环的吸收峰。在3,4-二氢嘧啶-2-硫酮衍生物中，N—H的伸缩振动吸收峰仍位于3340～3100cm^{-1}，而在1680～1660cm^{-1}呈现出嘧啶环上C═O的特征吸收峰，1520 cm^{-1}左右处呈现C═S的特征吸收峰。

表3-1 代表DHPMs的IR波谱数据[12]

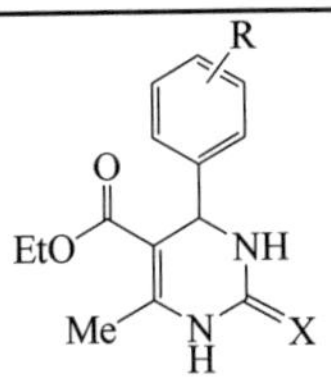 DHPM 3	R	X	m p/℃	ν/cm^{-1}
3-1	H	O	206～207	3320,3160,3100,1725,1701,1645,1570
3-2	*o*-F	O	258～260	3244,3116,1726,1701,1645.17,1461
3-3	*p*-F	O	178～182	3238,3113,1703,1650,1460.22,1379
3-4	*p*-Cl	O	210～212	3240,3116,1724,1703,1649,1490,1461
3-5	*p*-Br	O	231～233	3243,3116,1725,1706,1650,1486
3-6	*p*-Me	O	214～216	3245,3110,1722,1703,1643,1421
3-7	*p*-OMe	O	202～204	3228,3103,1724,1708,1656,1587,1463
3-8	*m*-OMe	O	222～224	3242,3115,1702,1650,1599,1455
3-9	*m*-(OMe)-*p*-OH	O	186～188	3350，3230，3112，2975，1691，1643，1589，1452
3-10	*m*-OH	O	163～164	3240，1723，1644
3-11	*p*-OH	O	225～226	3382，3271，3178，1705，1679，1470
3-12	*p*-NO_2	O	207～209	3238，3172，3119，2976，1728，1699，1645，1595，1520
3-13	*o*-Cl	O	222～224	3331，3112，2979，1723，1688，1524
3-14	*o*-Br	O	206～208	3344，1686，1635
3-15	*p*-CF_3	O	173～175	3237，1703，1647
3-16	H	S	208～210	3326，3173，3103，1670，1573，1464
3-17	*p*-F	S	252～254	3298，3105，1662，1588，1456，1327
3-18	*o*-Cl	S	212～214	3328，3105，1673，1574，1488，1464
3-19	*m*-Cl	S	180～182	3325，3107，1674，1575，1509，1463
3-20	*p*-Me	S	244～248	3324，3169，3108，3068，1669，1606，1526，1464
3-21	*p*-NMe_2	S	188～190	3327，3105，2889，1670，1577，1523，1463
3-22	*p*-OMe	S	150～152	3323，3171，3102，2985，1678，1575，1521，1467
3-23	*m*-OMe	S	144～146	3485，3084，2915，1667，1596，1493，1448

续表

DHPM 3	R	X	m p/℃	ν/cm^{-1}
3-24	*tris*-$(OMe)_3$	S	200～202	3434，3061，2918，1667，1596，1493，1448
3-25	*m*-OH	S	184～186	3300，3180，2900，1670，1655，1620，1575
3-26	*p*-OH	S	170～172	3355，3243，3125，1678，1601
3-27	*o*-MeO	S	190～192	3320，3172，3108，3068，1682，1606，1526
3-28	*m*-NO_2	S	208～209	3324，3177，3102，2988，1660，1594，1531，1475
3-29	*p*-NO_2	S	210～212	3323，3170，3102，2985，1678，1606，1521，1467
3-30	*p*-Cl	S	192～194	3327，3176，2982，1673，1614，1573，1464

表 3-2　代表 DHPMs 的 ^{1}H NMR 表征数据[12]

DHPM 3	R	X	^{1}H NMR($CDCl_3$)δ
3-1	H	O	1.14(t,J=7.2Hz,3H,CH_3)，2.34(s,3H,CH_3)，4.06(q,J=7.2Hz,2H,OCH_2)，5.37(s,1H,CH)，7.24～7.31(m,5H,ArH)，7.16(s,NH)，7.76(s,NH)
3-2	*o*-F	O	1.09(t,J=7.2Hz,3H,CH_3)，2.41(s,3H,CH_3)，4.05(q,J=7.2Hz,2H,OCH_2)，5.56(s,1H,CH)，5.74(br,1H,NH)，7.02～7.25(m,4H,ArH)，7.90(s,NH)
3-3	*p*-F	O	1.09(t,J=7.1Hz,3H,CH_3)，2.26(s,3H,CH_3)，3.99(q,J=7.1Hz,2H,OCH_2)，5.15(s,1H,CH)，7.21(m,4H,ArH)，7.77(s,1H,NH)，9.25(s,1H,NH)
3-4	*p*-Cl	O	1.17(t,J=7.2Hz,3H,CH_3)，2.33(s,3H,CH_3)，4.08(q,J=7.2Hz,2H,OCH_2)，5.36(s,1H,CH)，7.23～7.29(m,4H,ArH)，6.08(s,1H,NH)，8.39(s,1H,NH)
3-5	*p*-Br	O	1.18(t,J=7.2Hz,3H,CH_3)，2.34(s,3H,CH_3)，4.08(q,J=7.2Hz,2H,OCH_2)，5.37(s,1H,CH)，5.92(s,1H,NH)，7.18～7.45(m,4H,ArH)，8.21(s,1H,NH)
3-6	*p*-Me	O	1.17(t,J=7.2Hz,3H,CH_3)，2.32(s,6H,CH_3)，4.06(q,J=7.2Hz,2H,OCH_2)，5.35(s,1H,CH)，5.89(br,1H,NH)，7.09～7.26(m,4H,ArH)，8.42(br,1H,NH)
3-7	*p*-OMe	O	1.10(t,J=7.0Hz,3H,CH_3)，2.24(s,3H,CH)，3.71(s,3H,OCH_3)，3.98(q,J=7.0Hz,2H,OCH_2)，5.09(s,1H,CH)，6.88(d,J=8.5Hz,2H,ArH)，7.15(d,J=8.6Hz,2H,ArH)，7.66(s,1H,NH)，9.14(s,1H,NH)
3-8	*m*-OMe	O	1.09(t,J=6.9Hz,3H,CH_3)，2.22(s,3H,CH_3)，3.70(s,3H,OCH_3)，3.97(q,J=6.9Hz,2H,OCH_2)，5.09(d,J=2.7Hz,1H)，6.75～6.85(m,3H)，7.23(*t*,J=7.8Hz,1H)，7.70(s,1H)，9.17(s,1H)

续表

DHPM 3	R	X	^1H NMR($CDCl_3$)δ
3-9	*m*-(OMe)-*p*-OH	O	1.11(t,*J*=7.1Hz,3H,CH_3), 2.23(s,3H), 3.73(s,3H,OCH_3), 3.99(q,*J*=7.0Hz,2H,OCH_2), 5.05(d,*J*=3.14Hz,1H,CH), 6.61(dd,*J*=1.91Hz、8.13Hz,1H,ArH), 6.69(d,*J*=8.1Hz,1H,ArH), 6.80(d,*J*=1.9Hz,1H,ArH), 7.62(brs,1H,NH), 8.90(s,1H,OH), 9.11(brs,1H,NH)
3-10	*m*-OH	O	1.18(t,*J*=7.2Hz,3H,CH_3), 2,32(s,3H,OCH_3), 4.13(q,*J*=7.2Hz,2H,OCH_2), 5.16(s,1H,CH), 6.64(m,2H,ArH), 7.19(m,2H,ArH), 9.49(s,1H), 9.63(s,1H,OH), 10.35(s,1H,NH)
3-11	*p*-OH	O	1.16(t,*J*=7.2Hz,3H,CH_3), 2.25(s,3H,CH_3), 3.99(q,*J*=7.2Hz,2H,OCH_2), 5.08(s,1H,CH), 6.81(d,*J*=8.4Hz,2H,ArH), 7.15(d,*J*=8.4Hz,2H,ArH), 8.45(s,OH), 9.33(brs,1H,NH)
3-12	*p*-NO_2	O	1.10(t,*J*=7.2Hz,3H,CH_3), 2.28(s,3H,CH_3), 3.99(q,*J*=7.2Hz,2H,OCH_2), 5.29(s,1H,CH), 7.53(d,*J*=8.6Hz,2H,ArH), 7.91(s,1H,NH), 8.23(d,*J*=8.6Hz,2H,ArH), 9.37(s,1H,NH)
3-13	*o*-Cl	O	1.02(t,*J*=7.2Hz,3H,CH_3), 2.28(s,3H,CH_3), 3.89(q,*J*=7.2Hz,2H,OCH_2), 5.61(s,1H,CH), 7.29～7.38(m,4H,ArH), 7.71(s,1H,NH), 9.21(s,1H,NH)
3-14	*o*-Br	O	0.99(t,*J*=7.1Hz,3H,CH_3), 2.30(s,3H,CH_3), 3.89(q,*J*=7.1Hz,2H,OCH_2), 5.61(d,*J*=2.2Hz,1H,CH), 7.19(m,1H,Ar-H), 7.34(m,2H,ArH), 7.57(d,*J*=7.9Hz,1H,ArH), 7.71(s,1H,NH), 9.29(s,1H,NH)
3-15	*p*-CF3	O	1.12(t,*J*=7.1Hz,3H,CH_3), 2.27(s,3H,CH_3), 4.00(q,*J*=7.1Hz,2H,OCH_2), 5.25(d,*J*=2.8Hz,1H,CH), 9.33(s,1H,NH), 7.47(d,*J*=8.2Hz,2H,ArCH), 7.72(d,*J*=8.2Hz,2H;ArCH), 7.86(d,*J*=2.9Hz,1H,NH)
3-16	H	S	1.18(t,*J*=6.4Hz,3H,CH_3), 2.31(s,3H,CH_3), 4.10(*t*,*J*=6.4Hz,2H,OCH_2), 5.40(s,1H,CH), 7.50～754(m,5H,ArH), 9.07(s,1H,NH), 9.41(s,1H,NH)
3-17	*p*-F	S	1.16(t,*J*=7.2Hz,3H,CH_3), 2.46(s,3H,CH_3), 4.08(q,*J*=7.2Hz,2H,OCH_2), 5.39(s,1H,CH), 7.02(d,*J*=8.6Hz,2H,ArH), 7.17(s,1H,NH), 7.25(d,*J*=8.6Hz,2H,ArH), 7.72(s,1H,NH)
3-18	*o*-Cl	S	1.10(t,*J*=7.2Hz,3H,CH_3), 2.32(s,3H,CH_3), 3.91(q,*J*=7.2Hz,2H,OCH_2), 5.35(s,1H,CH), 7.28～7.34(m,4H,ArH), 7.20(s,1H,NH), 8.12(s,1H,NH)
3-19	*m*-Cl	S	1.20(t,*J*=7.2Hz,3H,CH_3), 2.38(s,3H,CH_3), 4.10(q,*J*=7.2Hz,2H,OCH_2), 5.38(s,1H,CH), 7.05(s,1H,NH), 7.18～7.27(m,4H,ArH), 7.60(s,1H,NH)

续表

DHPM 3	R	X	^{1}H NMR($CDCl_3$)δ
3-20	*p*-Me	S	1.17(t,*J*=7.2Hz,3H,CH_3), 2.22(s,3H,CH_3), 2.43(s,3H,CH_3), 4.09(q,*J*=7.2Hz,2H,OCH_2), 5.25(s,1H,CH), 7.00(d,*J*=8.6Hz, 2H,ArH), 7.20(d,*J*=8.6Hz,2H,ArH), 7.91(s,1H,NH), 8.45(s, 1H,NH)
3-22	*p*-OMe	S	1.17(t,*J*=7.2Hz,3H,CH_3), 2.42(s,3H,CH_3), 3.77(s,3H,CH_3O), 4.09(q,*J*=7.2Hz,2H,OCH_2), 5.35(s,1H,CH), 6.89(d,*J*=8.6Hz, 2H,ArH), 7.26(d,*J*=8.6Hz,2H,ArH), 7.96(s,1H,NH), 8.18(s, 1H,NH)
3-23	*m*-OMe	S	1.12(t,*J*=6.0Hz,3H,CH_3), 2.30(s,3H,CH_3), 3.73(s,3H,OCH_3), 4.03(q,*J*=6Hz,2H,OCH_2), 5.90(s,1H,CH), 6.82～6.95(m,3H, ArH), 7.27(*t*,*J*=9Hz,1H,ArH), 9.71(s,1H,NH), 10.37(s,1H, NH)
3-24	*tris*-$(OMe)_3$	S	1.10(t,*J*=7.2Hz,3H,CH_3), 2.43(s,3H,CH_3), 3.83(s,6H,CH_3O), 3.87(s,3H,CH_3O), 4.04(q,*J*=7.2Hz,2H,OCH_2), 5.63(s,1H, CH), 6.57(d,*J*=4.0Hz,1H,ArH), 6.74(d,*J*=8.0Hz,1H,ArH), 7.23(d,*J*=3.6Hz,1H,ArH), 7.72(s,1H,NH)
3-25	*m*-OH	S	1.14(t,*J*=7.5Hz,3H,CH_3), 2.30(s,3H,CH_3), 4.03(q,*J*=7.5Hz, 2H,OCH_2), 5.11(s,1H,CH), 6.61～6.69(m,3H,ArH), 7.10(s, NH), 7.06～7.17(m,1H,Ar-H), 9.45(s,1H,NH), 9.62(s,1H, NH), 10.31(brs,1H,OH)
3-26	*p*-OH	S	1.09(t,*J*=7.2Hz,3H,CH_3), 2.27(s,3H,CH_3), 4.03(q,*J*=7.2Hz, 2H,OCH_2), 5.62(s,1H,CH), 6.70(d,*J*=8.4Hz,2H,ArH), 6.99 (d,*J*=8.4Hz,2H,ArH), 7.10(s,NH), 8.02(s,NH), 9.41(br s,1H, OH)
3-27	*o*-MeO	S	1.07(t,*J*=7.2Hz,3H,CH_3), 2.42(s,3H,CH_3), 3.88(s,3H,CH_3O), 4.06(q,*J*=7.2Hz,2H,OCH_2), 5.75(d,*J*=3.2Hz,1H,CH), 6.87～7.28(m,4H,ArH), 7.37(s,1H,NH), 8.01(s,1H,NH)
3-28	*m*-NO_2	S	1.09(t,*J*=7.2Hz,3H,CH_3), 2.35(s,3H,CH_3), 4.01(q,*J*=7.2Hz, 2H,OCH_2), 5.32(s,1H,CH), 7.64～7.68(m,2H,ArH), 8.05～8.15 (m,2H,ArH), 7.21(s,1H,NH), 8.23(s,1H,NH)
3-29	*p*-NO_2	S	1.09(t,*J*=7.2Hz,3H,CH_3), 2.31(s,3H,CH_3), 4.02(q,*J*=7.2Hz, 2H,OCH_2), 5.30(s,1H,CH), 7.48(d,*J*=8.6Hz,2H,ArH), 8.24 (d,*J*=8.6Hz,2H,ArH), 7.20(s,1H,NH), 8.45(s,1H,NH)
3-30	*p*-Cl	S	1.10(t,*J*=7.2Hz,3H,CH_3), 2.30(s,3H,CH_3), 4.02(q,*J*=7.2Hz, 2H,OCH_2), 5.20(s,1H,CH), 7.23(d,*J*=8.6Hz,2H,ArH), 7.43 (d,*J*=8.6Hz,2H,ArH), 7.28(s,1H,NH), 7.80(s,1H,NH)

3.2 3,4-二氢嘧啶-2-(硫)酮的构型和构象

3.2.1 构型和构象概述

构效关系是药物化学的主要研究内容之一，是指药物或其他生理活性物质的化学结构与其生物(生理)活性之间的关系。人们通过理论计算，X射线单晶衍射和NMR等实验研究对DHPMs类化合物的结构进行了广泛而深入的研究[10]。总体而言，DHPMs类化合物的构象较灵活多样，其芳基和酯基均可旋转，构象具有一定的不确定性。如计算表明图3-1中化合物的构象就具有4种不同的局部极小值，其中两种极小值是酯基与嘧啶环上的双键成共平面结构，酯羰基与*C*5═*C*6双键呈现*cis*或*trans*两种构型。另外两种是*C*4芳环上的甲基取代基与*C*4-H成顺叠构象(*sp*)或反叠构象(*ap*)。在四种构象中，芳环都与半船式构型的嘧啶环呈轴向垂直构型(没有发现*C*4-芳环平伏键式构象的局部极小值)。虽然能量最低的是*cis*/*sp*构象，但这种构象的能量只比其他异构体低出约几个千卡/摩尔的能量。考虑到DHPM相对较低的旋转能垒，可以认为在生物环境中，四种异构体都可能同时存在，没有哪一种构象能成为优势构象。

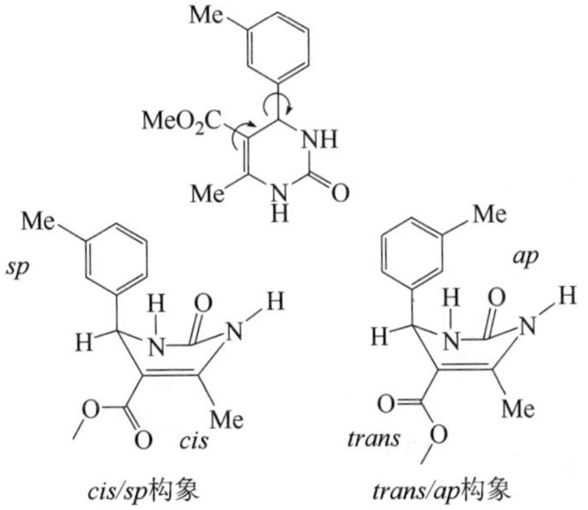

cis/*sp*构象　　*trans*/*ap*构象

图3-1　代表性DHPM分子的构象分析

不同取代基取代的DHPMs类衍生物也具有相似的构效关系。总体而言，*N*3-酯基取代的DHPMs衍生物的钙拮抗活性与结构的关系如图3-2所示。*C*4-芳基的取代基中，钙拮抗活性顺序依次是3-NO_2＞3-Cl＞3-CF_3，

$C5$-酯基的取代基中大体积的活性要优于小体积的，如 i-Pr＞Et＞Me；$N3$-酯基的取代基的影响结果则刚好相反，是 i-Pr＜Et＜Me。同样，$N3$-酰胺取代的 DHPM 类化合物，具有简单结构的甲酰胺的活性高于 N-甲基或 N，N-二甲基甲酰胺取代 DHPMs 的活性[R＝CONHMe(**a**)＜$CONMe_2$(**b**)＜$CONH_2$(**c**)]。例如化合物 **c**(SQ32926)(IC_{50} ＝ 12nmol/L)和 **a**(IC_{50} ＝ 16nmol/L)的活性是 **b**(IC_{50}＝3200nmol/L)的 200 倍之多。化合物 **a** 之所以具有和 **c** 近似的活性，被认为是其代谢产物之一就是化合物 **c** 的原因所致。

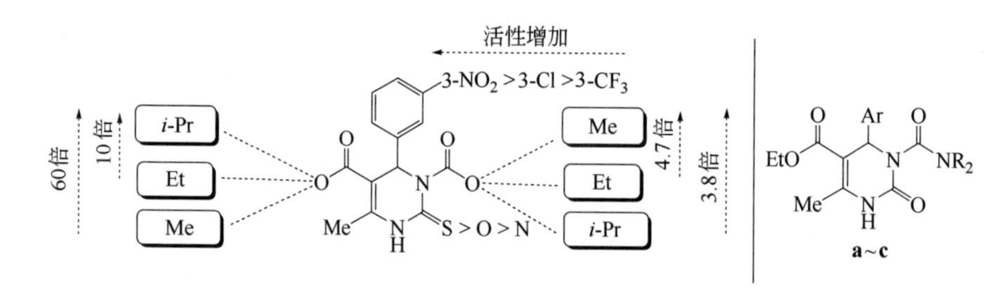

图 3-2　DHPMs 的钙拮抗构效关系图

3.2.2　代表化合物的构型和构象分析

基于 DFT 的计算表明：在 R- 和 S-对映体中，$C4$-芳基都处于假直立键(pseudo-axial)位置；$C4$-苯环呈假直立键构象[(R)-Ar-ax] 的能量比平伏键构象[(R)-Ar-eq] 低 9kJ/mol。可能是由于苯环和酯羰基之间的空间位阻效应所致(图 3-3)[13]。3,4-二氢嘧啶-2-酮的 X-ray 单晶结构中分子晶体属三斜晶系，空间群 $P\bar{1}$，晶胞中有两个分子(Z＝2)。晶体的实验数据列于表 3-3。

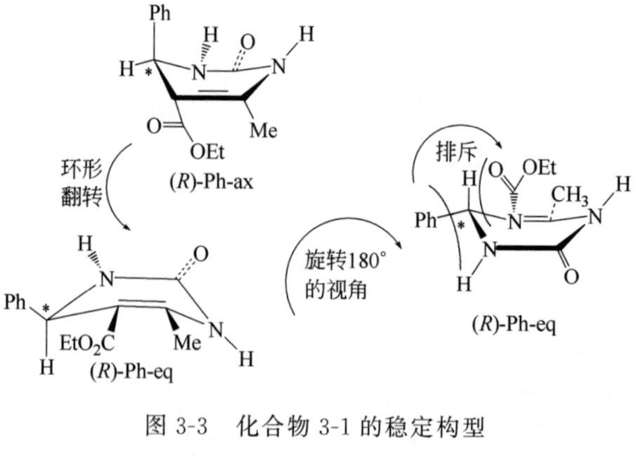

图 3-3　化合物 3-1 的稳定构型

嘧啶环呈扭船式构象(图 3-4)，折叠参数分别是：$q_2=0.257(1)$ Å 和 $\varphi=211.7(2)^\circ$，最低位置不对称参数为 $\Delta s(N1)=14.4(1)^\circ$，*O*1 原子偏离环平面－0.116(1)Å。嘧啶环与苯环之间的夹角为 86.5(1)°，与之相类似的 4-(4-羟基苯基)嘧啶酮的二面角为 82.8(1)°，被分子间较强的 N—H···O 氢键和较弱的 C—H···O 氢键共同作用所稳定，分子内也存在 C—H···O 氢键作用(表 3-4)[14]。

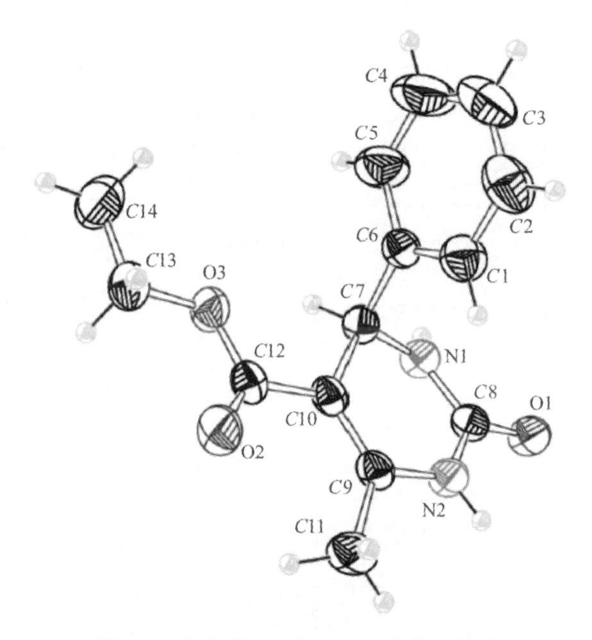

图 3-4 化合物 **3-1** 的 X-ray 单晶衍射图

表 3-3 化合物 3-1 的晶体结构数据

键长/Å		键长/Å	
*O*1—*C*8	1.2310(14)	*C*5—*C*6	1.3793(18)
*O*2—*C*12	1.2133(14)	*C*5—*H*5	0.9300
*O*3—*C*12	1.3359(15)	*C*6—*C*7	1.5176(16)
*O*3—*C*13	1.4481(15)	*C*7—*C*10	1.5168(14)
*N*1—*C*8	1.3398(15)	*C*7—*H*7	0.9800
*N*1—*C*7	1.4716(15)	*C*9—*C*10	1.3436(16)
N1—*H*1	0.8600	*C*9—*C*11	1.4950(15)
*N*2—*C*8	1.3684(14)	*C*10—*C*12	1.4673(15)
*N*2—*C*9	1.3788(14)	*C*11—*H*11a	0.9600
*N*2—*H*2	0.8600	*C*11—*H*11b	0.9600
*C*1—*C*6	1.3712(18)	*C*11—*H*11c	0.9600
*C*1—*C*2	1.393(2)	*C*12—*O*2	1.2133(14)

续表

键长/Å		键长/Å	
C1—H1a	0.9300	C13—C14	1.483(2)
C2—C3	1.357(3)	C13—H13a	0.9700
C2—H2a	0.9300	C13—H13b	0.9700
C3—C4	1.362(3)	C14—H14a	0.9600
C3—H3	0.9300	C14—H14b	0.9600
C4—C5	1.382(3)	C14—H14c	0.9600
C4—H4	0.9300		
键角/(°)			
C12—O3—C13	116.09(10)	O1—C8—N2	120.40(10)
C8—N1—C7	123.94(9)	N1—C8—N2	115.72(10)
C8—N2—C9	124.03(10)	C10—C9—N2	119.72(10)
C6—C1—C2	120.50(14)	C10—C9—C11	127.49(11)
C3—C2—C1	120.33(17)	N2—C9—C11	112.77(10)
C2—C3—C4	119.62(15)	C9—C10—C12	121.18(10)
C3—C4—C5	120.60(17)	C9—C10—C7	120.31(10)
C6—C5—C4	120.44(17)	C12—C10—C7	118.47(10)
C1—C6—C5	118.50(13)	O2—C12—O3	122.18(11)
C1—C6—C7	121.28(11)	O2—C12—O3	122.18(11)
C5—C6—C7	120.04(12)	O2—C12—C10	126.44(11)
N1—C7—C10	109.36(9)	O2—C12—C10	126.44(11)
N1—C7—C6	109.37(9)	O3—C12—C10	111.36(9)
C10—C7—C6	114.22(9)	O3—C13—C14	107.69(12)
O1—C8—N1	123.84(10)		
二面角/(°)			
C6—C1—C2—C3	1.3(3)	C8—N2—C9—C11	165.78(12)
C1—C2—C3—C4	−0.4(3)	N2—C9—C10—C12	−176.93(10)
C2—C3—C4—C5	−0.4(3)	C11—C9—C10—C12	4.52(19)
C3—C4—C5—C6	0.4(3)	N2—C9—C10—C7	0.98(17)
C2—C1—C6—C5	−1.3(2)	C11—C9—C10—C7	−177.57(12)
C2—C1—C6—C7	173.94(13)	N1—C7—C10—C9	18.31(14)
C4—C5—C6—C1	0.4(3)	C6—C7—C10—C9	−104.61(12)
C4—C5—C6—C7	−174.83(16)	N1—C7—C10—C12	−163.72(9)
C8—N1—C7—C10	−31.02(15)	C6—C7—C10—C12	73.35(12)
C8—N1—C7—C6	94.75(12)	C13—O3—C12—O2	0.36(18)
C1—C6—C7—N1	−75.26(14)	C13—O3—C12—O2	0.36(18)
C5—C6—C7—N1	99.89(14)	C13—O3—C12—C10	−178.13(10)
C1—C6—C7—C10	47.66(15)	C9—C10—C12—O2	10.07(19)
C5—C6—C7—C10	−137.19(13)	C7—C10—C12—O2	−167.88(12)
C7—N1—C8—O1	−160.27(11)	C9—C10—C12—O2	10.07(19)
C7—N1—C8—N2	22.03(16)	C7—C10—C12—O2	−167.88(12)
C9—N2—C8—O1	−175.96(11)	C9—C10—C12—O3	−171.52(10)
C9—N2—C8—N1	1.82(17)	C7—C10—C12—O3	10.53(14)
C8—N2—C9—C10	−12.97(18)	C12—O3—C13—C14	177.11(13)

表 3-4 化合物 3-1 的氢键几何数据

D—HA/Å	D—H/Å	H---A/Å	D---A/Å	D—H---A/(°)
N1—H1---O2①	0.86	2.37	3.1773(13)	156
N2—H2---O1②	0.86	2.00	2.8568(13)	178
C11—H11a ---O1③	0.96	2.58	3.1785(16)	121
C11—H11c---O2	0.96	2.44	2.8379(17)	105

①$x-1$，y，z；②$-x$，$-y+2$，$-z+1$；③$x+1$，y，z。

3,4-二氢嘧啶-2-硫酮与3,4-二氢嘧啶-2-酮的结构相类似。例如，化合物**3-16**的晶体也属三斜晶系，空间群 $P\bar{1}$，晶胞中有两个分子 $Z=2$(图 3-5)。六元嘧啶环呈扭船式构象，N1 和 C4 原子偏离环平面形成旗杆原子。而且以对

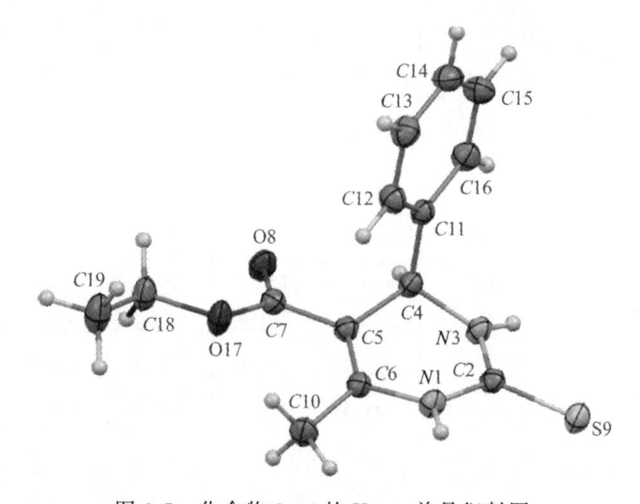

图 3-5 化合物 **3-16** 的 X-ray 单晶衍射图

映体混合物存在，C4-苯环处于杂环的假直立键位置，部分晶体的实验和理论计算数据列于表 3-5 中。现以化合物 **3-16** 为例来分析 DHPM 的晶体结构特征。由于分子中存在不同的氢供体和氢受体，所以分子间存在以下四种主要的相互作用力。①N3—H(H 供体)与 C═S(H 受体)通过氢键作用形成重要的分子间作用力。这种作用力使得 C4-苯环朝上或朝下于嘧啶环结构。②苯环相对于嘧啶杂环的准垂直构象形成的二面角分别为 $\beta=-104.3°$ 和 $\gamma=17.5°$，从而导致 H12 与 C5═C6 双键之间形成分子内的 C—H---π 相互作用，N3—C2 键具有部分双键的特征。③C5-位 C═O 双键与嘧啶环上 C═C 双键之间呈反式或顺式互变构象，分别形成 $-160.4°$ 和 $17.4°$ 的二面角。④其中，顺式构型中 N1-H 与 C5-位 C═O 双键之间存在分子间作用力，这

使得在 *S*-异构体中的苯基向上，*R*-异构体中则向下。

表 3-5　化合物 3-16 晶体结构数据

项目	*R* 或 *S* 构型		理论值		实验值	
	R	*S*	*R*	*S*	*R*	*S*
键长/Å						
*N*1-*C*2	1.382	1.382	1.383	1.382	1.360	1.360
*C*2-*N*3	1.348	1.348	1.333	1.332	1.326	1.326
*N*3-*C*4	1.479	1.479	1.480	1.479	1.474	1.473
*C*4-*C*5	1.521	1.521	1.519	1.520	1.511	1.511
*C*5-*C*6	1.364	1.364	1.363	1.363	1.349	1.349
*C*2-*S*9	1.675	1.675	1.691	1.693	1.685	1.685
*C*5-*C*7	1.469	1.469	1.470	1.470	1.472	1.472
*N*1-*H*	1.011	1.010	1.011	1.011	0.880	0.880
*N*3-*H*	1.012	1.012	1.025	1.025	0.880	0.880
*C*7-*O*8	1.224	1.224	1.224	1.224	1.214	1.214
键角/(°)						
*N*1—*C*2—*N*3	114.4	114.4	115.2	115.4	116.4	116.4
*N*1—*C*2—*S*9	121.0	121.0	119.3	119.2	120.0	120.0
*C*2—*N*3—*C*4	125.7	125.7	124.9	125.4	124.5	124.5
*N*3—*C*4—*C*5	109.1	109.1	109.2	109.5	108.6	108.6
*C*4—*C*5—*C*6	120.2	120.2	119.6	119.9	120.2	120.2
*N*1—*C*6—*C*5	119.1	119.1	118.7	118.8	118.9	118.9
*C*6—*N*1—*C*2	125.2	125.2	124.4	124.4	123.5	123.5
二面角/(°)						
(*C*12—*C*11—*C*4—*N*3)	−78.1	78.0	−86.7	79.0	−104.3	−104.3
(*C*12—*C*11—*C*4—*C*5)	45.6	−45.7	37.2	−44.9	17.5	17.5
(*O*8—*C*7—*C*5—*C*6)	3.4	−3.4	2.0	−3.2	−160.4	−160.4

2010 年，印度学者 D. Chopra 及其合作者对八种具有代表性的嘧啶硫酮类化合物的取代基与构象关系做了较详细的研究(**3-17**～**3-24**)[15]。这八种化合物的结构和物理数据如表 3-6 所示，键长、键角和二面角数据见表 3-7～3-11。

表 3-6　化合物 3-17～3-24 的物理参数

化合物编号	R	分子式	分子量	MP/℃
3-17	4-F	$C_{14}H_{15}FN_2O_2S$	294	252～254
3-18	2-Cl	$C_{14}H_{15}ClN_2O_2S$	310	212～214

续表

化合物编号	R	分子式	分子量	MP/℃
3-19	3-Cl	$C_{14}H_{15}ClN_2O_2S$	310	180～182
3-20	4-Me	$C_{15}H_{18}N_2O_2S$	290	244～248
3-21	4-NMe_2	$C_{16}H_{21}N_3O_2S$	319	188～190
3-22	4-OMe	$C_{15}H_{18}N_2O_3S$	306	150～152
3-23	3-OMe	$C_{15}H_{18}N_2O_3S$	306	144～146
3-24	*tris*-$(OMe)_3$	$C_{17}H_{22}N_2O_5S$	366	200～202

表 3-7 化合物 3～17～3-24 的键长和键角数据

化合物	**3-17**/Å	**3-18**/Å	**3-19**/Å	**3-20**/Å
*C*1—*S*1	1.684(3)	1.679(3), 1.678(3)	1.676(3)	1.680(2)
*C*1—*N*1	1.355(2)	1.355(3), 1.351(3)	1.363(4)	1.361(2)
*C*1—*N*2	1.329(3)	1.325(3), 1.325(3)	1.324(4)	1.327(2)
*C*5—*O*1	1.208(4)	1.204(3), 1.194(3)	1.208(4)	1.206(2)
*O*2—*C*6	1.451(3)	1.450(3), 1.454(3)	1.447(4)	1.451(2)
*C*3—*C*2	1.347(3)	1.344(3), 1.346(3)	1.348(4)	1.348(2)
*C*2—N1	1.395(2)	1.381(3), 1.395(3)	1.386(4)	1.392(2)
*N*2—*C*1—*S*1	123.4(3)°	123.1(2), 122.7(2)°	124.2(2)°	123.7(2)°
N1—*C*2—*C*8	112.95(2)°	113.3(2), 113.6(2)°	112.8(2)°	112.9(1)°
*C*4—*C*3—*C*5	114.6(2)°	116.9(2), 117.5(2)°	114.3(2)°	114.1(1)°
化合物	**3-21**/Å	**3-22**/Å	**3-23**/Å	**3-24**/Å
*C*1—*S*1	1.683(2)	1.682(2)	1.678(2)	1.684(2)
*C*1—*N*1	1.363(2)	1.328(2)	1.354(3)	1.364(2)
*C*1—*N*2	1.322(3)	1.361(2)	1.318(3)	1.321(2)
*C*5—*O*1	1.206(2)	1.211(2)	1.206(3)	1.346(2)
*O*2—*C*6	1.455(3)	1.455(2)	1.450(3)	1.450(2)
*C*3—*C*2	1.351(3)	1.352(2)	1.341(3)	1.341(2)
*C*2—*N*1	1.390(2)	1.397(2)	1.393(3)	1.394(2)
*N*2—*C*1—*S*1	124.2(2)°	120.2(1)°	122.4(2)°	124.0(1)°
*N*1—*C*2—*C*8	112.7(2)°	112.8(1)°	113.3(2)°	113.0(2)°
*C*4—*C*3—*C*5	114.8(2)°	114.7(1)°	118.7(2)°	116.9(1)°

表 3-8 化合物 3-12～3-24 中嘧啶环的 Cremer 和 Pople 环折叠参数[N1—*N*2/*C*1—*C*4]

化合物	皱褶幅度 *Q*/Å	扭转角 Thetha/(°)	相位角 Phi/(°)
3-17	0.293(2)	106.6(7)	347.7(2)
3-18	—	—	—
3-19	0.295(2)	108.7(2)	348.8(3)
3-20	0.299(3)	107.1(2)	347.7(4)
3-21	0.288(2)	72.1(4)	167.6(4)

续表

化合物	皱褶幅度 Q/Å	扭转角 Thetha/(°)	相位角 Phi/(°)
3-22	0.302(2)	110.3(4)	346.5(4)
3-23	0.332(2)	105.3(3)	352.5(4)
3-24	0.165(2)	114.1(6)	345.3(2)

表 3-9　化合物 3-17～3-24 中的二面角数据 *C*9/*C*14(面 1:芳环)，*C*1—*C*4/*N*1—*N*2 (面 2:嘧啶)和 *C*5—*O*2—*C*6—*C*7(面 3:酯基)

化合物	面 1 和 2/(°)	面 1 和 3/(°)	面 2 和 3/(°)
3-17	80.36(2)	86.05(2)	26.10(2)
3-18 分子 A	84.44(1)	84.07(1)	12.52(2)
3-18 分子 B	82.68(1)	88.00(1)	10.13(2)
3-19	80.23(2)	89.67(2)	14.71(2)
3-20	80.93(2)	89.30(2)	19.84(2)
3-21	82.67(2)	85.93(2)	20.89(2)
3-22	87.61(2)	85.39(2)	12.97(2)
3-23	82.94(2)	89.96(2)	10.10(12)
3-24	83.87(2)	49.32(7)	42.34(2)

表 3-10　化合物 3-17～3-24 中的 *N*1 和 *C*4 对环(*N*2/*C*1/*C*2/*C*3)平面的偏离数据

化合物	*N*1/Å	*C*4/Å
3-17	−0.138(3)	−0.346(3)
3-18 分子 A	+0.03479(3)	+0.0116(3)
3-18 分子 B	+0.0890(3)	+0.0787(3)
3-19	+0.1246(3)	+0.3600(3)
3-20	−0.1311(3)	−0.3473(3)
3-21	0.1232(2)	0.3557(2)
3-22	−0.1051(2)	−0.3839(2)
3-23	−0.1681(2)	−0.3937(2)
3-24	0.0434(2)	0.2198(2)

表 3-11　化合物 3-17～3-24 扭角值

化合物	Torsion	**3-17**/Å	**3-18**/Å	**3-19**/Å
理论值	*C*9—*C*4—*C*3—*C*5	83.8	79.1	87.0
计算值		79.3(2)	59.5(3)，65.8(3)	79.2(3)
理论值	*C*4—*C*3—*C*5—*O*2	−178.2	2.31	−178.8
计算值		−152.2(2)	6.0(4)，16.3(3)	−161.5(3)
理论值	*C*9—*C*4—*N*2—*C*1	91.5	93.3	89.4
计算值		93.1(2)	131.8(3)，118.2(3)	91.2(3)
理论值	*C*14—*C*9—*C*4—*C*3	92.5	21.3	97.9
计算值		16.7(2)	−134.9(3)，−141.3(3)	12.7(4)
理论值	*C*4—*N*2—*C*1—*N*1	16.6	17.7	17.1
计算值		16.1(2)	−4.2(4)，2.8(4)	17.0(4)

续表

化合物	**3-20**/Å	**3-21**/Å	**3-22**	**3-23**/Å	**3-24**/Å
理论值	83.7	87.0	82.4	74.3	80.2
计算值	77.5(2)	79.0(2)	80.0(2)	83.5(2)	69.8(2)
理论值	−177.4	−158.2	−176.6	6.02	2.3
计算值	−156.0(2)	−158.2(2)	−160.3(2)	4.2(3)	7.4(2)
理论值	91.7	92.0	92.9	99.3	92.2
计算值	92.8(2)	92.1(2)	89.4(2)	90.8(2)	103.5(2)
理论值	91.3	22.0	89.3	48.2	12.3
计算值	20.6(2)	22.0(2)	25.6(3)	13.0(3)	−139.0(1)
理论值	16.5	16.9	16.4	15.2	18.8
计算值	−165.4(1)	16.9(3)	19.4(3)	15.1(3)	12.3(2)

对系列嘧啶硫酮(变换苯环上的取代基)的X-ray单晶衍射结构分析表明，该类化合物大多数具有船式构象，还存在一个较短的分子间C—H…π作用力，这种作用力存在于芳环上氢原子与嘧啶环上碳碳双键之间。酯基结构单元既可以是*s-cis*也可以是*s-trans*构型，后者是优势构象。这取决于电子和空间效应的相互作用。当苯环的4-位含有F、Cl、Me和NO_2等取代基时，DHPM的构型相类似，并对苯环上取代基的影响不敏感。

化合物**3-17**(R=F)的分子晶体属三斜晶系，空间群$P\bar{1}$，晶胞中有两个分子$Z=2$。存在扭船式构象，*C*4和*N*1原子形成旗杆原子(图3-6)。酯羰基的C═O与杂环上C═C双键之间存在一种*s-trans*构象，嘧啶环呈非平面结构，二面角的扭曲度为26.10(2)°。值得注意的是在苯环H和六元杂环的C═C双键之间存在C—H…π相互作用力，而这种作用力广泛存在于DHPM分子中。分子中存在两种潜在的氢键供体——*H*1n和*H*2n，两种潜在的氢键受体是硫羰基的硫原子和羰基氧原子。在DHPM分子间普遍存在着N—H…O═C相互作用力，其距离约为3.758Å，苯环H和六元杂环的C═C之间也存在相互作用力，其距离约为3.510Å。

化合物**3-18**的分子晶体属三斜晶系，空间群$P\bar{1}$，晶胞中有四个分子$Z=4$($Z'=2$,分子A和B)。与其他DHPM不同的是，苯环的2-位被氯原子取代时，该化合物几乎呈平面结构(图3-7)。由于分子中酯羰基的C═O与C—Cl键之间的偶极排斥力使得酯C═O键与C═C双键呈*s-cis*结构，而且酯羰基与嘧啶环几乎在同一平面，其二面角仅为12.52(2)°(分子**A**)和10.13(2)°(分子**B**)。这种平面结构还被分子内的甲基C—H…O═C氢键所稳定。此外，苯环C—H与嘧啶环上C═C双键之间的C—H…π键作用力

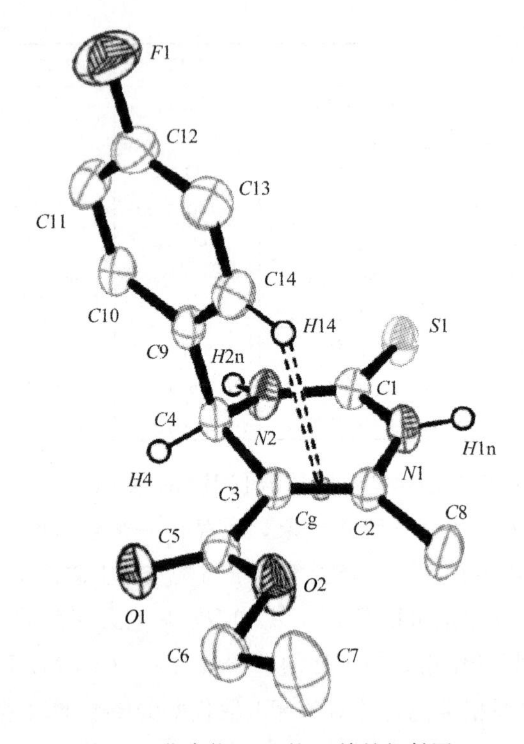

图 3-6　化合物 **3-17** 的 X 单晶衍射图

进一步稳定了该平面结构。在分子 **A** 和 **B** 的晶体结构中，每种分子都通过 *N*1—H…S ═C 氢键形成中心对称二聚体结构。值得一提的是，B 分子中还存在 Cl…C ═O 与 Cl…OC_2H_5 两种作用力，这从另一侧面表明 Cl 原子具有较强的亲核性。

当氯原子在苯环间位时，DHPM 的构型呈扭船式，**3-19** 分子晶体属三斜晶系，空间群 $P\bar{1}$，晶胞中有四个分子 $Z=4$。此时分子结构与 **3-17** 的相类似。与此类似的是，4-Cl 取代苯基 DHPM 的晶体结构也具有相同的空间群和堆积方式。酯基与嘧啶环中 C ═C 双键呈 *s-trans* 构型，二面扭角为 14.71(2)°。同样，4-位含有 Me 或 NMe_2 取代基时，DHPM 分子的晶体结构和堆积方式都与**3-17**的基本相同。

与化合物 **3-19** 相反，苯环的间位是 MeO 基时，酯基 C ═O 基团与双键呈 *s-cis* 构型，分子内甲基 C—H 和 O ═C 之间(C—H…O ═C)的相互作用和分子内苯环 C—H 与双键 π(C—H…π)的相互作用力稳定了该构型的存在。晶胞数据显示，两分子的 DHPM 通过 N—H…S ═C 分子间氢键形成了八元环状结构。此外，*H*12 参与形成的 C—H…O ═C 作用力形成了晶体

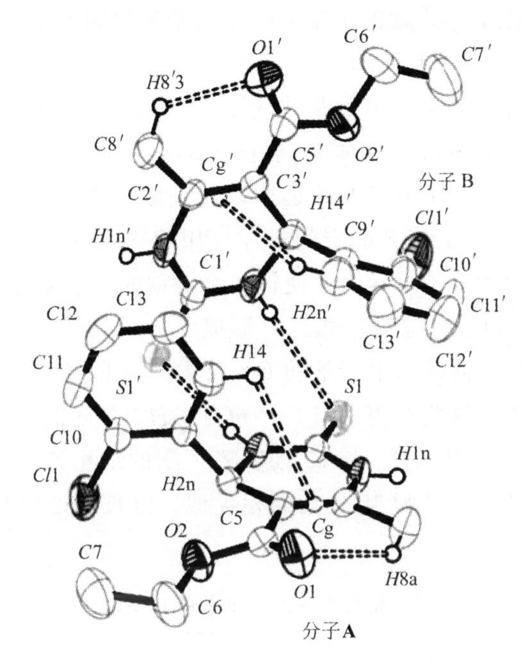

图 3-7 化合物 **3-18** 的 X 单晶衍射图

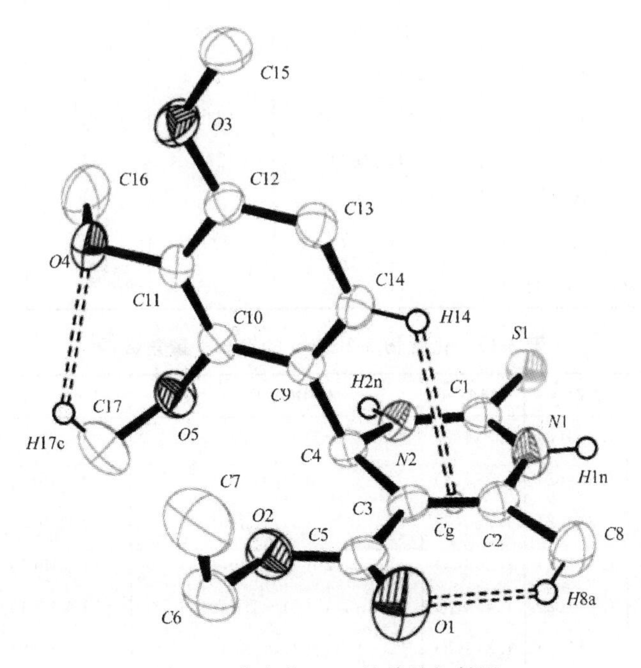

图 3-8 化合物 **3-24** 的单晶衍射图

2_1 螺旋轴，以及乙氧基末端的甲基 C—H 与苯环之间形成 C—H…π 相互作用使得 DHPM 形成了链状结构。

当苯环上含有 2,3,4-三甲氧基取代基时，化合物 **3-24** 晶体结构的空间群系和堆积方式仍与 **3-17** 的基本相同(图 3-8)。不同之处是，嘧啶环变成了扁平式船式构型。三个甲氧基彼此远离以使氢原子之间的空间效应最小化。由于 *C*17 甲基 H 与 *C*6—*C*7 的空间排斥作用使得 *C*6—*C*7 键发生旋转，从而增加了空间阻力和电子排斥力，使得两个对称的分子无法彼此接近，进而无法形成 N—H…O ═C 氢键。相反，形成了分子间的 N—H…S ═C 氢键作用得到二聚结构。此外，甲氧基的 C—H 与苯环间还存在着 C—H…π 作用力，形成二聚体。这些作用力与 *C*5 ═*O*1…*H*8 之间的作用力一起形成了晶格中的三聚结构。对八种 3,4-二氢嘧啶-2-酮的结构的实验和理论计算研究结果与前述的 3,4-二氢嘧啶-2-硫酮相类似，键长、键角和二面角数据见表 3-12 表 3-17[16]。

表 3-12 化合物 3-2～3-9 的基本物理数据

化合物	R	分子式	分子量	产率/%	MP/℃
3-2	2-F	$C_{14}H_{15}FN_2O_3$	278	58	258～260
3-3	4-F	$C_{14}H_{15}FN_2O_3$	278	57	178～182
3-4	4-Cl	$C_{14}H_{15}ClN_2O_3$	294	68	210～212
3-5	4-Br	$C_{14}H_{15}BrN_2O_3$	338	62	231～233
3-6	4-Me	$C_{15}H_{18}N_2O_3$	274	60	214～216
3-7	4-OMe	$C_{15}H_{18}N_2O_4$	290	59	202～204
3-8	3-OMe	$C_{15}H_{18}N_2O_4$	290	60	222～224
3-9	3-OMe,4-OH	$C_{15}H_{18}N_2O_5$	306	54	186～188

表 3-13 化合物 3-2～3-9 的键长、键角数据

几何参数	**3-2**/Å	**3-3A**/Å	**3-3B(A/B)**/Å	**3-4(A/B)**/Å
*C*1—*O*1	1.230(3)	1.244(2)	1.237(3)/1.236(3)	1.232(2)/1.234(2)
*C*1—*N*1	1.367(2)	1.379(3)	1.375(3)/1.382(4)	1.340(2)/1.337(2)
*C*1—*N*2	1.339(2)	1.330(3)	1.333(5)/1.340(4)	1.370(2)/1.373(2)
*C*5—*O*2	1.211(2)	1.206(3)	1.220(4)/1.207(4)	1.215(1)/1.208(1)
*O*3—*C*6	1.447(2)	1.455(3)	1.511 (2) /1.449(2)	1.457(1)/1.456(3)
*C*3—*C*2	1.345(2)	1.346(3)	1.342(2)/1.344(2)	1.345(2)/1.347(3)
*C*2—*N*1	1.380(2)	1.390(2)	1.390(3)/1.393(3)	1.395(2)1.391(2)
*N*2—*C*1—*O*1	123.5(1)°	124.1(2)°	123.7(2)°/124.4(3)°	123.2(1)°/123.9(1)°

续表

几何参数	3-2/Å	3-3A/Å	3-3B(A/B)/Å	3-4(A/B)/Å
*N*1—*C*2—*C*8	112.8(1)°	114.4(2)°	112.0(2)°/112.8(2)°	112.9(2)°/112.9(1)°
*C*4—*C*3—*C*5	117.9(1)°	119.9(1)°	119.0(2)°/119.69(2)°	118.8(2)°/119.5(2)°

几何参数	3-5/Å	3-6(A/B)/Å	3-7(A/B)/Å	3-8/Å	3-9/Å
*C*1—*O*1	1.232(4)	1.243(2)/1.241(2)	1.243(2)/1.245(2)	1.243(2)	1.240(2)
*C*1—*N*1	1.363(6)	1.374(2)/1.370(3)	1.370(2)/1.376(2)	1.373(1)	1.374(3)
*C*1—*N*2	1.340(4)	1.337(2)/1.334(3)	1.339(2)/1.325(2)	1.326(2)	1.335(3)
*C*5—*O*2	1.198(6)	1.213(2)/1.207(3)	1.206(2)/1.209(3)	1.203(2)	1.204(2)
*O*3—*C*6	1.448(5)	1.4621(2)/1.451(3)	1.455(3)/1.475(3)	1.453(2)	1.462(2)
*C*3—*C*2	1.3404(7)	1.348(2)/1.351(3)	1.346(2)/1.345(2)	1.342(2)	1.338(3)
*C*2—*N*1	1.391(6)	1.395(2)/1.309(2)	1.393(2)/1.401(2)	1.391(2)	1.398(2)
*N*2—*C*1—*O*1	123.8(3)°	123.3(2)°/124.2(3)°	124.0(2)°/123.4(2)°	123.4(1)°	123.2(3)°
*N*1—*C*2—*C*8	113.05(5)°	112.5(2)°/113.3(2)°	113.2(2)°/113.5(2)°	113.7(2)°	113.7(2)°
*C*4—*C*3—*C*5	117.8(5)°	118.9(2)°/119.7(3)°	119.4(2)°/119.6(2)°	118.9(1)°	118.9(2)°

表 3-14 Cremer 和 Pople 参数[*N*1—*N*2/*C*1—*C*4]

化合物	皱褶幅度 *Q*/Å	扭转角 Thetha/(°)	相位角 Phi/(°)
3-2	0.430(2)	74.0(3)	171.2(3)
3-3A	0.430(2)	74.0(3)	171.2(3)
3-3B（分子 **A/B**）	0.355(2)/0.364(3)	72.7(5)/71.2(5)	169.1(5)/169.5(4)
3-4(分子 **A/B**)	0.343(2)/0.380(2)	108.4(3)/110.0(3)	131.4(3)/132.3(3)
3-5	0.213(5)	71.0(13)	155.2(14)
3-6(分子 **A/B**)	0.349(2)/0.380(2)	71.4(3)/70.2(3)	167.5(4)/166.8(4)
3-7(分子 **A/B**)	0.364(2)/0.359(2)	70.6(3)/72.8(3)	162.1(3)/175.6(4)
3-8	0.354(2)	105.9(3)	353.3(3)
3-9	0.377(2)	72.1(3)	172.7(4)

表 3-15 *C*9/*C*14(面 1:芳基)，*C*1—*C*4/*N*1—*N*2(面 2:嘧啶环)和 *C*5—*O*2—*O*3(酯基)之间的二面角

化合物	面 1 和 2/(°)	面 1 和 3/(°)	面 2 和 3/(°)
3-2	89.3(1)	89.9(1)	5.1(1)
3-3A	81.7(1)	86.7(1)	18.5(2)
3-3B(分子 **A/B**)	76.3(1)/76.7(1)	81.9(2)/78.1(2)	12.3(3)/13.1(3)

续表

化合物	面1和2/(°)	面1和3/(°)	面2和3/(°)
3-4(分子 **A/B**)	73.8(1)/79.8(1)	79.2(1)/80.0(1)	11.4(2)/15.7(2)
3-5	86.4(2)	88.4(4)	6.2(4)
3-6(分子 **A/B**)	75.0(1)/79.9(1)	81.0(2)/83.3(1)	11.8(3)/12.7(3)
3-7(分子 **A/B**)	79.9(1)/88.7(1)	82.2(2)/81.7(1)	9.2(2)/14.4(2)
3-8	83.2(1)	89.0(1)	7.99(1)
3-9	84.1(1)	85.6(2)	10.7(2)

表3-16 Cremer和Pople参数［*N*1—*N*2/*C*1—*C*4］

化合物	皱褶幅度 *Q*/Å	扭转角 Thetha/(°)	相位角 Phi/(°)
3-2	0.430(2)	74.0(3)	171.2(3)
3-3A	0.430(2)	74.0(3)	171.2(3)
3-3B(分子 **A/B**)	0.355(2)/0.364(3)	72.7(5)/71.2(5)	169.1(5)/169.5(4)
3-4(分子 **A/B**)	0.343(2)/0.380(2)	108.4(3)/110.0(3)	131.4(3)/132.3(3)
3-5	0.213(5)	71.0(13)	155.2(14)
3-6(分子 **A/B**)	0.349(2)/0.380(2)	71.4(3)/70.2(3)	167.5(4)/166.8(4)
3-7(分子 **A/B**)	0.364(2)/0.359(2)	70.6(3)/72.8(3)	162.1(3)/175.6(4)

表3-17 扭角值

扭角	**3-2**/Å	**3-3**/Å	**3-3***/Å	**3-4***/Å
*C*9—*C*4—*C*3—*C*5	71.52	−118.50	75.09	74.87
*C*4—*C*3—*C*5—*O*2	−171.24	176.08	−174.90	−174.93
*C*9—*C*4—*N*2—*C*1	99.22	−97.14	95.83	96.44
*C*14—*C*9—*C*4—*C*3	62.32	−60.66	55.83	58.31
*C*4—*N*2—*C*1—*N*1	18.04	−16.61	17.49	16.77
*C*5—*O*3—*C*6—*C*7	−172.87	85.28	−177.58	−85.54

扭角	**3-5**/Å	**3-6***/Å	**3-7***/Å	**3-8**/Å	**3-9**/Å
*C*9—*C*4—*C*3—*C*5	−74.43	74.71	73.67	74.24	74.13
*C*4—*C*3—*C*5—*O*2	176.46	−174.45	−174.77	−178.07	−178.07
*C*9—*C*4—*N*2—*C*1	−97.38	95.88	97.62	97.22	97.22
*C*14—*C*9—*C*4—*C*3	−55.55	52.23	56.24	51.24	51.24
*C*4—*N*2—*C*1—*N*1	−16.90	18.09	17.43	18.04	18.04
*C*5—*O*3—*C*6—*C*7	−178.74	177.72	85.68	178.75	−178.87

当4-位苯环的邻位含有F原子时，F原子无序地分布于苯环的两侧，主要的异构体占0.842(4)(图3-9)。电子密度为+0.34eÅ^{-3}，该数值与很多邻位或间位含有F原子的有机化合物的性质相一致[17]。化合物**3-3**具有扭船式构象，其中*C*4和*N*1形成旗杆原子。羰基*C*5═*O*2与共轭的双键*C*2═*C*3呈*s-cis*构型。嘧啶环与苯环之间的二面角为89.3(1)°。分子中存在两种潜在的氢键供体——*H*1n和*H*2n，两种潜在的氢键受体——两个羰基氧原子*O*1和*O*2。晶体结构通过N—H┄O═C作用力而稳定。在DHPM分子间普遍存在着N—*H*2┄O═C相互作用力，其间距约为3.342Å。晶胞中存在通过由N—H┄O氢键键合在一起的二聚体。分子间还存在较强的苯环C—H┄F氢键以及范德华作用力(图3-10)。

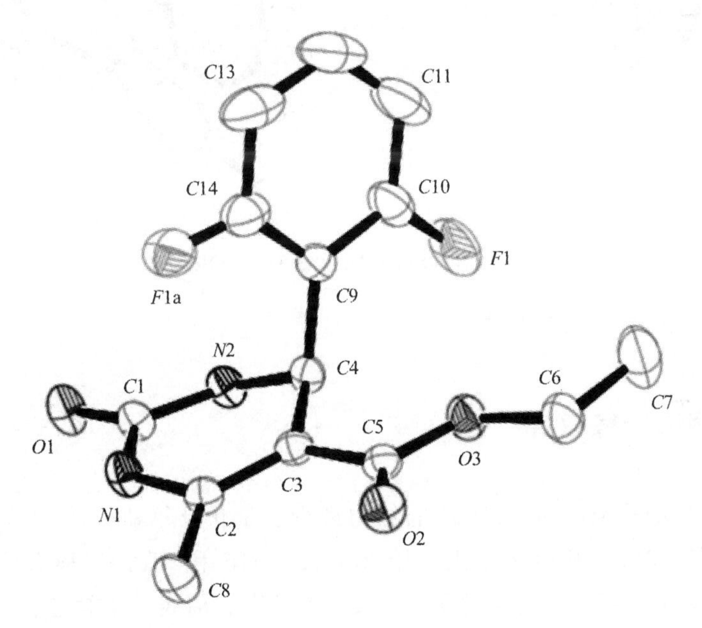

图3-9 化合物**3-2**的ORTEP

该分子的晶体中同时含有板状和棒状形貌，两者都结晶形成单斜晶系，分别具有中心对称空间群$C2/c$和$P2_{1/n}$。分子**A**中*C*5-酯基的乙基是有序的，在分子**B**中则是无序的。分子A中OEt基团的取向与羰基相垂直，扭曲角*C*5—*O*3—*C*6—*C*7=86.8(3)°；然而，分子B中OEt基团的取向与羰基共平面，扭曲角*C*5—*O*3—*C*6—*C*7=−176.3(3)°。这就导致形成了两种构象异构体，DSC实验也证实了此推测，两者的熔点相差4.2℃。其中，分子**A**为主要化合物，占有率可达0.640(6)。分子**A**和**B**中，酯基和

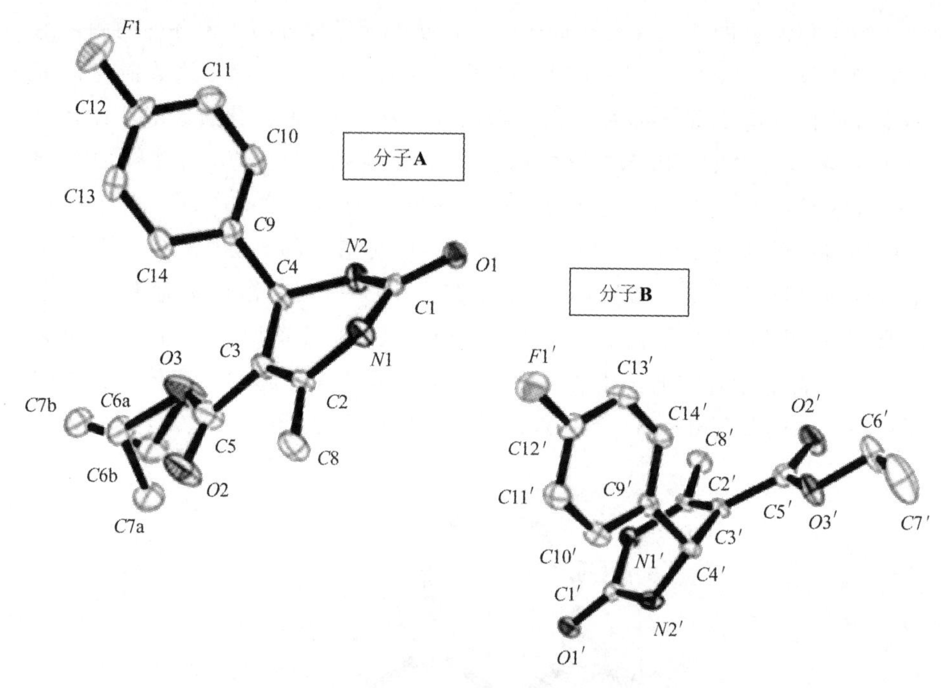

图 3-10 化合物 **3-3A** 和 **3-3B** 的 ORTEP

*C*2 ═*C*3双键均呈 *s-cis* 构象。

3.3 理论计算研究

周建华和马金广对 DHPM 的结构进行了量化计算研究[18]。他们在 6-31G(d)或 6-311G 基组水平上，用 B3LYP、HF 和 MP2 三种方法对四种 DHPMs 分子进行了几何全优化，对其电荷分布、前线分子轨道、成键情况以及自然键轨道(NBO)进行了分析。DHPMs 的氮原子和氧原子以及与氢原子相连的碳原子，带负电荷；而非氢原子中正电荷主要分布在与氮原子和氧原子相连的碳原子上；DHPMs 中嘧啶环为船式构象；DHPMs 的前线轨道能级差较小，表明它们的稳定性较差，可能具有很好的生物活性；在 DHPMs 中，嘧啶环上两个氮原子的孤对电子都与相邻键有较强的相互作用。下面以 4-(4-氯苯基)取代 DHPM**3-4** 和 4-(2-氯苯基)取代 DHPM**3-13** 为例加以简单说明。

3.3.1 几何结构优化及自然原子电荷分析

对化合物**3-4**几何结构优化及自然原子电荷分析表明，三种优化结果与实验值均较接近，其中B3LYP方法得到的分子构型与实验值最为接近。**3-4**中嘧啶环为船式构象，$N6—C5$的键长为典型的N-C单键，$N2—C1$、$N6—C1$的键长介于单、双键键长(0.1471nm、0.1273nm)之间，显示出部分双键性质。表3-18给出了化合物**3-4**的部分原子的自然原子电荷数。从表3-18中可看到：Cl原子、N原子和O原子以及与H原子相连的C原子，如$C5$、$C11$、$C16$、$C21$、$C22$、$C23$、$C24$带负电荷，这是因为它们较强烈地吸引相连的碳原子或氢原子上的电荷，使其自身带上较大负电荷，$N2$为分子中负电荷最大的原子。而非氢原子中正电荷主要分布在与N原子和O原子相连的C原子上，如$C1$、$C3$和$C9$。其中，原子$C1$为分子中正电荷最大的原子，这是因为$C1$原子将电子供给与其相连的$N2$、$N6$和$O15$原子，因而自身带有较大正电荷。在由电荷控制的反应中，原子的负电荷越多，其受亲电试剂进攻的可能性越大；反之，原子的正电荷越多，则受亲核试剂进攻的可能性也越大。因此**3-4**分子中$N2$原子很有可能是亲电反应的作用点，而带有正电荷最多的$C1$原子则有可能是亲核试剂的作用点。

表3-18 化合物3-4的部分原子的自然原子电荷数

原子	B3LYP	MP2	原子	B3LYP	MP2
$C1$	0.742	1.001	$C23$	−0.080	−0.182
$C3$	0.366	0.435	$C24$	−0.129	−0.181
$C4$	−0.050	−0.264	$C26$	−0.066	−0.139
$C5$	−0.118	−0.008	$Cl31$	−0.023	−0.001
$C9$	0.610	0.081	$N2$	−0.691	−0.895
$C11$	−0.212	−0.178	$N6$	−0.612	−0.800
$C16$	−0.555	−0.562	$O10$	−0.478	−0.660
$C20$	0.204	0.059	$O14$	−0.514	−0.631
$C21$	−0.184	−0.208	$O15$	−0.515	−0.635
$C22$	−0.179	−0.213			

在化合物**3-13**的分子结构中，$N6—C5$的键长为典型的N—C单键，

*N*2—*C*1、*N*6—*C*1 的键长介于单、双键键长(0.1471nm、0.1273nm)之间，也显示出部分双键性质。根据优化结果可知，**3-13** 中嘧啶环为船式构象，这与实验符合较好。表 3-19 给出了 **3-13** 部分原子的自然原子电荷数，HF 和 MP2 两种计算方法得到较一致的电荷分布，仅数值上略有差别。

表 3-19 化合物 3-13 部分原子的自然原子电荷数

原子	HF	MP2	原子	HF	MP2
*C*1	0.93522	0.94224	*C*26	−0.14355	−0.11987
*C*3	0.62188	0.5529	*C*27	−0.05726	−0.07218
*C*4	−0.30074	−0.22413	*C*28	−0.14962	−0.1599
*C*5	−0.13767	−0.17643	*C*30	−0.14433	−0.14785
*C*9	0.7711	0.76606	*Cl*35	−0.05619	−0.05904
*C*11	0.00694	0.00661	*N*2	−0.96389	−0.94493
*C*16	−0.62047	−0.53727	*N*6	−0.81968	−0.81224
*C*20	−0.50479	−0.50297	*O*10	−0.68928	−0.70565
*C*24	0.29454	0.2641	*O*14	−0.56049	−0.57424
*C*25	−0.36218	−0.3173	*O*15	−0.55791	−0.56549

从表 3-19 可知，化合物 **3-13** 与 **3-4** 的性质非常相近，Cl 原子、N 原子和 O 原子以及与 H 原子相连的 C 原子，如 *C*16、*C*20、*C*26、*C*27、*C*28、*C*30 带负电荷，*N*2 为分子中负电荷最大的原子。而非氢原子中正电荷主要分布在与 N 原子和 O 原子相连的 C 原子上，如 *C*1、*C*3、*C*9 和 *C*11。同样，**3-13** 分子中原子 *C*1 为分子中正电荷最大的原子，*N*2 原子很有可能是亲电反应的作用点，而 *C*1 原子则有可能是亲核试剂的作用点。这些理论计算结果较好地解释了第 4 章中所述的实验结果[19]。

3.3.2 分子总能量及前线轨道能量分析

根据所选基组及分子构成，化合物 **3-4** 分子体系共有 315 个分子轨道(MO)，其中 73 个为占据轨道。量子化学的前线轨道理论认为，分子参与反应时分子轨道要发生变化，优先起作用的是前线轨道，即分子中的最高被电子占有分子轨道(HOMO)和最低空分子轨道(LUMO)[20]。分子的最高占据轨道能量 E_{HOMO} 是分子给出电子能力的量度，E_{HOMO} 越低则该轨道中的电子越稳定，分子给电子的能力越小；

反之，若分子的 E_{HOMO} 越高，则该分子越易提供电子参与亲核反应。分子的最低空轨道的能量 E_{LUMO} 与分子的电子亲和能有关，其值越低，该分子接受电子的能力越强。最低空轨道与最高占据轨道的能量差 $\Delta E(E_{LUMO}-E_{HOMO})$ 是分子稳定性的重要指标，其差值越大，分子稳定性越强；反之，分子越不稳定，越易参与化学反应，因此研究前线轨道的性质可以为确定活性部位以及探讨作用机制等提供重要信息。化合物 **3-4** 的分子总能量、前线轨道能量及轨道能级差列于表 3-20。前线轨道能级差 $\Delta E_{L\text{-}H}$ 均较小，表明 **3-4** 的稳定性较差，可能具有很好的生物活性。**3-4** 最高占据轨道和最低未占据轨道主要位于嘧啶环和苯环上。

表 3-20　化合物 3-4 和 3-13 分子总能量、前线轨道能量及轨道能级差

项目	3-4			3-13		
	B3LYP	HF	MP2	B3LYP	HF	MP2
E_{total}	−1298.62	−1292.85	−1292.86	−1337.90878	−1331.72462	−1331.70522
E_{HOMO}	−0.23187	−0.32988	−0.32597	−0.24458	−0.34758	−0.34758
E_{LUMO}	−0.04610	0.10367	0.09217	−0.05959	0.0886	0.0788
$\Delta E_{L\text{-}H}$	0.18577	0.43355	0.41814	0.18499	0.43618	0.42638

注：$\Delta E_{L\text{-}H}=E_{LUMO}-E_{HOMO}$。

3-13 分子体系共有 313 个分子轨道(MO)，其中 77 个为占据轨道。HF 和 MF2 的计算结果较为接近，B3LYP 计算的能级差低于前两者，三种结果的前线轨道能级差 $\Delta E_{L\text{-}H}$ 均较小，表明 **3-13** 的稳定性较差，可能具有很好的生物活性。**3-13** 最高占据轨道和最低未占据轨道主要位于嘧啶环和苯环上。

3.3.3　自然键轨道分析

在 HF/6-31G* 水平下对 **3-4** 进行了自然键轨道(nature bond orbital)分析，自然键轨道占据数列于表 3-21。$C1—O15$、$C9—O14$、$C3—C4$、$C20—C21$、$C22—C24$、$C23—C26$ 之间为双键，它们的占据数包含 σ 键与 π 键之和，故明显大于其他单键，其中 $C9—O14$ 的占据数(3.98852)最大，与其键长(0.1209nm)是 DHPM**3-4** 所有键中最短的相对应。从表 3-21 还可以看到 $N2—C1$ 的占据数大于 $N2—C3$，与 $N2—C1$ 的实测键长小于 $N2—C3$ 的键长值相一致。

表 3-21　化合物 3-4 的自然键轨道占据数

键	占据数	键	占据数
*C*1—*N*2	1.98644	*C*22—*C*24	3.64547
*C*1—*N*6	1.98838	*C*23—*C*26	3.67232
*C*3—*N*2	1.98473	LP(1)N(2)	1.76103
*C*5—*N*6	1.98304	LP(1)N(6)	1.79419
*C*5—*C*20	1.97291	LP(1)O(10)	1.96847
*C*1—*O*15	3.98132	LP(2)O(10)	1.84957
*C*9—*O*10	1.99308	LP(1)O(14)	1.97413
*C*9—*O*14	3.98852	LP(2)O(14)	1.88074
*C*11—*O*10	1.99205	LP(1)O(15)	1.97562
*C*3—*C*4	3.86235	LP(2)O(15)	1.87963
*C*3—*C*16	1.98024	LP(1)Cl(31)	1.99399
*C*4—*C*5	1.96776	LP(2)Cl(31)	1.97677
*C*4—*C*9	1.97248	LP(3)Cl(31)	1.95101
*C*20—*C*21	3.64130		

注：LP（1）、LP（2）和 LP（3）分别表示第一至第三对孤电子对。

自然键轨道能较好地对分子的成键情况和键键相互作用进行分析。表 3-22 列出了 **3-4** 部分电子供体(Donor)轨道 i 和电子受体(Acceptor)轨道 j 之间的相互作用稳定化能 *E*。稳定化能 *E* 越大，表明 i 与 j 轨道相互作用越强，即 i 向 j 提供电子的倾向越大，电子的离域化程度越大[21]。由分析结果可知，在 **3-4** 嘧啶环中，2 个氮原子的孤对电子都与相邻键有强的相互作用，如 *N*2 原子的孤对电子与其相邻键 *C*3—*C*4 反键轨道的稳定化能为 248.03kJ/mol，*N*6 原子的孤对电子与其相邻键 *C*1—*O*15 反键轨道的稳定化能为 255.31kJ/mol。乙氧羰基上的 2 个氧原子和与嘧啶环连接的氧原子均对其相邻键有较强的相互作用，如 *O*10 原子上的孤对电子对 *C*9—*O*14 反键轨道的稳定化能为 278.88kJ/mol，*O*14 原子上的孤对电子对 *C*9—*O*10 反键轨道的稳定化能为 189.54kJ/mol，*O*15 原子上的孤对电子对 *C*1—*N*2 反键轨道的稳定化能为 158.76kJ/mol。

表 3-22　化合物 3-4 的 HF/6-31G(d) 自然轨道分析的部分结果

Donor(i)	Acceptor(j)	*E*/(kJ/mol)
BD(2)*C*3—*C*4	BD* (2)*C*9—*O*14	137.33
BD(2)*C*20—*C*21	BD* (2)*C*22—*C*24	170.95
BD(2)*C*20—*C*21	BD* (2)*C*23—*C*26	184.76
BD(2)*C*22—*C*24	BD* (2)*C*20—*C*21	170.86
BD(2)*C*22—*C*24	BD* (2)*C*23—*C*26	178.94

续表

Donor(i)	Acceptor(j)	E/(kJ/mol)
BD(2)C23—C26	BD* (2)C20—C21	159.52
BD(2)C23—C26	BD* (2)C22—C24	163.29
LP(1)N(2)	BD* (1)C1—O15	210.85
LP(1)N(2)	BD* (2)C3—C4	240.03
LP(1)N(6)	BD* (1)C1—O15	255.31
LP(2)O(10)	BD* (2)C9—O14	278.88
LP(2)O(14)	BD* (1)C4—C9	105.05
LP(2)O(14)	BD* (1)C9—O10	189.54
LP(2)O(15)	BD* (1)C1—N2	158.76
LP(2)O(15)	BD* (1)C1—N6	144.78
LP(3)Cl(31)	BD* (2)C23—C26	67.07
BD*	(2)C1—O15	BD* (1)C1—O15
BD*	(2)C9—O14	BD* (2)C3—C4
BD*	(2)C23—C26	BD* (2)C20—C21
BD*	(2)C23—C26	BD* (2)C22—C34

与化合物**3-4**相类似，化合物**3-13**中C9—O14的占据数(3.98507)最大，键长(0.1212nm)最短。在**3-13**嘧啶环中，2个氮原子的孤对电子都与相邻键有强的相互作用，如N2原子的孤对电子与其相邻键C3—C4反键轨道的稳定化能为248.11kJ/mol，N6原子的孤对电子与其相邻键C1—O15反键轨道的稳定化能为298.98kJ/mol。乙氧羰基上的2个氧原子和与嘧啶环连接的氧原子均对其相邻键有较强的相互作用，如O10原子上的孤对电子对C9—O14反键轨道的稳定化能为276.16kJ/mol，O14原子上的孤对电子对C9—O10反键轨道的稳定化能为168.52kJ/mol，O15原子上的孤对电子对C1—N2反键轨道的稳定化能为134.44kJ/mol。

参考文献

[1] Kappe C O. Eur. J. Med. Chem., 2000, 35: 1043.
[2] Hurst E W, Hull R. J. Med. Chem., 1961, 3: 2159.

[3] Mayer T U, Kapoor T M, Haggarty S J, King R W, Schreiber S I, Mitchison T J. Science, 1999, 286: 971.
[4] Kato T. Chem. Abstr., 1984, 102: 132067.
[5] Atwal K S, Swanson B N, Unger S E, Floyd D M, Moreland S, Hedberg A, O'Reilly B C. J. Med. Chem., 1991, 34: 806.
[6] Jauk B, Pernat T, Kappe C O. Molecules, 2000, 5: 227.
[7] (a) Rovnyak G C, Kimball S D, Beyer B, Cucinotta G, DiMarco J D, Gougoutas J, Hedberg A, Malley M, McMarthy J P, Zhang R, Moreland S. J. Med. Chem., 1995, 38: 119. (b) Kappe C O. Molecules, 1998, 3: 1.
[8] Singh K, Arora D, Singh K, Singh S. Mini-Rev. Med. Chem., 2009, 9: 9.
[9] (a) Kappe C O. Tetrahedron, 1993, 49: 6937. (b) Kappe C O. Acc. Chem. Res., 2000, 33 : 879. (c) Kappe C O. QSAR Comb. Sci., 2003, 22: 630.
[10] Kappe C O, Fabian W M F, Semones M A. Tetrahedron, 1997, 53: 2803.
[11] Shishkin O V, Solomovich E V, Vakula V M, Yaremenko F G. Russ. Chem. Bull., 1997, 46: 1838.
[12] (a) 权正军, 王喜存. [博士毕业论文]. 兰州: 西北师范大学, 2007. (b) Ma Y, Qian C, Wang L, Yang M. J. Org. Chem., 2000, 65: 3864.
[13] Memarian H R, Ranjbar M, Sabzyan H, Habibi M H, Suzuki T. J. Mol. Struc., 2013, 1048: 196.
[14] Nizam M M, Rasheeth A, Huq C A M A, Syed N S. Acta Cryst., 2008, E64: 01752.
[15] Nayak S K, Venugopala K N, Chopra D, Row T N G. Cryst Eng Comm., 2010, 12: 1205.
[16] Nayak S K, Venugopala K N, Chopra D, Row T N G. Cryst Eng Comm., 2011, 13: 591.
[17] (a) Chopra D, Row T N G. Cryst. Growth Des., 2006, 6 : 1267. (b) Chopra D, Thiruvenkatam V, Row T N G. Cryst. Growth Des., 2006, 6: 843. (c) Chopra D, Row T N G. Cryst. Growth Des., 2008, 8: 848.
[18] 马金广, 周建华. [硕士毕业论文]. 济南: 山东轻工业学院, 2008.
[19] 屠树江, 房芳, 高原, 蒋虹, 缪春宝, 史达清. 结构化学, 2003, 22: 617.
[20] 杨频, 高孝恢. 性能-结构-化学键. 北京: 高等教育出版社, 1987.
[21] 肖鹤鸣, 居学海. 高能体系中的分子间相互作用. 北京: 科学出版社, 2004.

第4章

Biginelli反应产物化学

Biginelli 反应的缩合产物 3,4 二氢嘧啶-2-(硫)酮(DHPMs,或 Biginelli 化合物)结构中含有 *N*1-H、*N*3-H 两个氮氢，*C*2-硫羰基/羰基，*C*4-次甲基，*C*5-酯基/酰基和 *C*6-甲基等活性基团，容易发生各种化学反应[1]。DHPMs 参与的主要反应有氧化反应、还原反应、烷基化、酰基化、*C*5 功能化反应、*C*6 功能化反应、*C*5/*C*6 成环反应、*C*5/*N*3 成环反应等[2,3]。利用这些反应可以合成很多有价值的新型嘧啶杂环化合物，特别是其他方法难以合成的天然有机分子，也可以提高合成效率。本章介绍近年来 DHPM 衍生化反应的研究进展，包括本书作者所在课题组对此类化合物的研究结果。

4.1 Biginelli 反应产物的 *N*-烷基化/酰基化反应

DHPM 类衍生物具有重要的生物活性，譬如具有钙拮抗、抗压、α_{1a}拮抗和抗癌等活性[4]。在这些 DHPMs 的衍生物中，*N*-烷基化和 *N*-酰基化的 DHPMs 类化合物通常具有更广泛、更好的药理活性。

4.1.1 N1-取代反应

通常，*N*-取代脲或硫脲与 *β*-酮酸酯和醛在 Biginelli 条件下缩合，可高选择性地生成 *N*1-取代 DHPM **4-2**。在 DHPM 结构中，由于酯-烯胺(ROOC—C═C—NH)形成共轭结构使得其 *N*1-H 显弱酸性，碱处理时可以发生去质子化反应。此类化合物也可通过碱催化下 3,4-二氢嘧啶酮与卤代烃的区域选择性 *N*1-烷基化反应来合成[2,3]。与 *N*3-取代产物相比，*N*1-取代产物的合成则要容易一些，并且化学选择性也较容易控制。在 NaH 等强碱的作用下，*N*1-烷基化的产物还可进一步发生 *N*3-烷基化得到双烷基化

产物 **4-3**［式(4-1)］[5]。

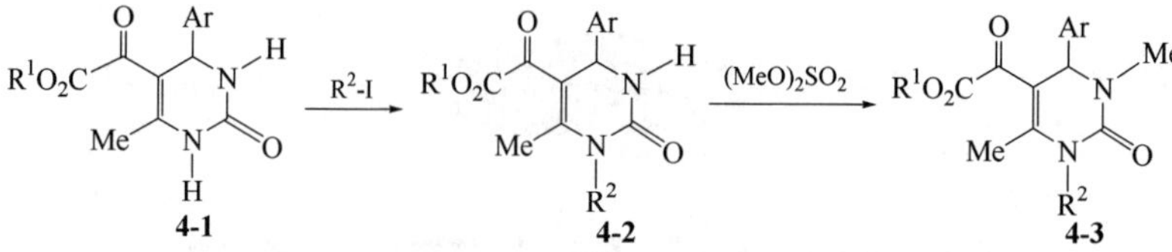

(4-1)

在 NaH 存在下，**4-1** 与甲氧甲基氯 **4-4**(MOM-Cl)选择性地发生 *N*1-烷基化反应得到 *N*1-取代衍生物 **4-5**，该产物可进一步与氯甲酸酯在 NaH 作用下反应得到 *N*1-甲氧甲基保护的 *N*3-酰基化产物 **4-6**，在酸催化下去保护得到 *N*3-酰基化 DHPM **4-7**［式(4-2)］[6]。

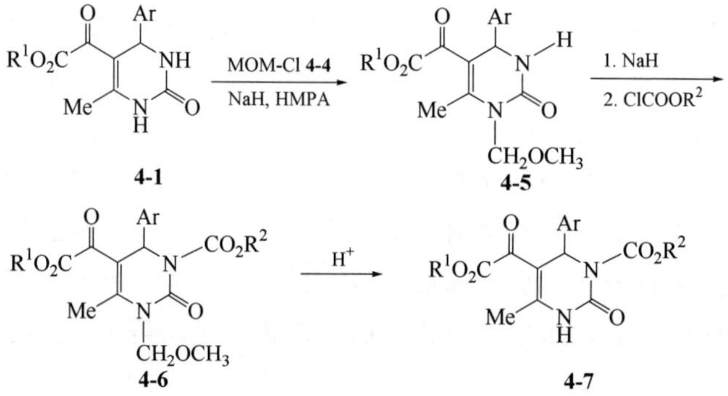

(4-2)

与卤代烃的反应不同的是，酰氯与 DHPM 反应时的区域选择性与碱的强弱密切相关。例如，在 NaH 存在下，DHPM 与氯甲酸酯选择性地发生 *N*3-烷氧甲酰化反应。但是，在较弱碱 Et_3N 存在下，DHPM 与三氯乙酰氯及醇反应则选择性地生成了 *N*1-甲酰化衍生物 **4-8**。在 NaH-Et_3N 混合碱的存在下，反应选择性地得到 *N*3-酰化产物 **4-7**。此外，DHPM 结构中 *C*4-苯环上的取代基对反应的选择性也有较大的影响，含邻位取代基的底物通常给出 *N*1-取代产物［式(4-3)］。

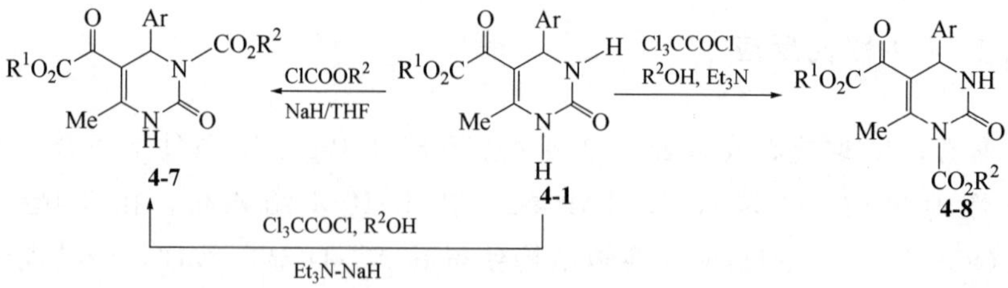

(4-3)

在 Mitsunobu 反应条件下，使用 *N*,*N*,*N*′,*N*′-四甲基偶氮二甲酰胺与三丁基膦(TMAD/TBP)为偶联试剂，DHPMs 能与脂肪醇反应高选择地得到 *N*1-烷基化产物 **4-2**［式(4-4)］。此法中反应产率主要受醇的影响，例如，使用甲醇既作溶剂又作反应物，产率可达89%；使用苄醇时，产率在45%～61%之间；而使用正己醇时，产率只有35%[7]。Singh等发展了一种有效的*N*1-烷基化DHPM的合成方法。他们在四丁基硫酸氢铵和50% NaOH溶液体系中实现了卤代烃对DHPM的烷基化，高产率、高选择性地生成*N*1-烷基化产物[8]。

如第3章所述，固相合成技术也是制备*N*1-取代DHPMs的有效方法，将*N*-取代脲衍生物接枝在高分子或载体上再与醛和*β*-酮酯发生Biginelli反应，得到支载的Biginelli化合物，切割后高产率、高选择地得到*N*1-取代DHPMs。

R^4OH, TMAD, TBP, 二噁烷, rt: **4-1** → **4-2**

(4-4)

4.1.2 N3-酰基化反应

在奥地利学者Kappe发展的微波辅助选择性地实现DHPM的*N*3-酰基化方法之前，*N*3-取代的DHPM衍生物既不能通过未取代DHPMs的酰基化/烷基化来制备，也无法用*N*-取代的脲(或硫脲)的Biginelli反应制备。因为在这些条件下所得产物以*N*1-取代产物为主，还伴随生成*N*1，*N*3-双烷基化产物[2]。*N*3-烷基化/酰基化DHPM类化合物的制备，主要采用改进后的Biginelli法(或Atwal改进法)。硫烷基化的异脲(硫脲)盐和醛、*β*-酮酸酯反应首先制得*C*2-取代DHPM **4-8**，**4-8**再与亲电试剂通过亲核加成、还原脱保护得到*N*3-取代DHPM衍生物**4-10**[式(4-5)]，亲电试剂包括卤代烃、酰氯、磺酰氯、碳酰氯、硫代碳酰氯等。

4-8 —亲核试剂E→ **4-9** —去保护→ **4-10**

X=O,S;E=COEt,CO_2Et,$CONMe_2$,$CSMe_2$,SO_2Me等

(4-5)

在某些条件下，无需*N*1保护步骤，直接实现*N*3-酰基化也是可能的。利用DMF/$POCl_3$处理DHPM得到专一选择性的*N*3-甲酰化产物**4-11**。利用类似的方法，乙酸酐也可以实现DHPM的*N*3-乙酰化，得到化合物**4-12**。但该法所得产物单一，底物范围有限。*C*4-位无取代的嘧啶酮还能实现1,3-双乙酰化反应。Kappe等先后利用DHPMs与氯甲酸乙酯[9]、*N*,*N*-二

甲基氨基甲酰氯[10]和乙酸酐[11]在碱性条件下的酰基化反应来制备 $N3$-酰基化 DHPMs[式(4-6)]。

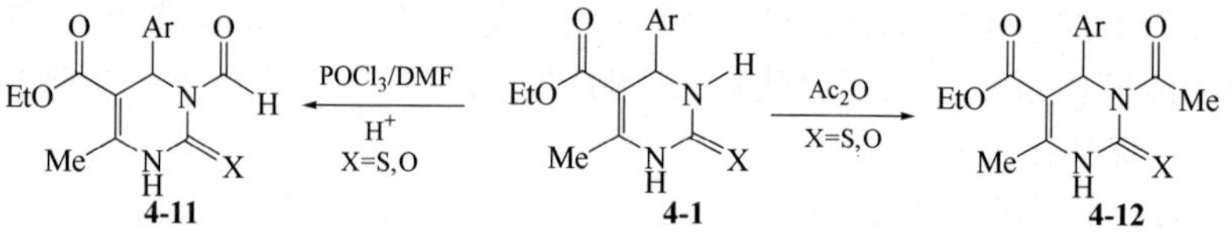

(4-6)

与乙酰化反应相比，嘧啶酮的乙氧基甲酰化反应则要复杂得多。当使用(3-NO_2 苯基)取代的嘧啶酮时，与氯甲酸乙酯发生 $N3$-酰化反应，产率高达 99%。然而，当使用(2-NO_2 苯基)取代的嘧啶酮时，产率却非常低[式(4-7)]。在 Et_3N 存在下，DHPM 与三氯乙酰氯反应则选择性地生成了 $N1$-酰化产物，而非 $N3$-酰化产物，产率适中。若使用 $N1$-MOM 保护的嘧啶酮，则可以得到 $N3$-酰化产物。此外，DHPM 结构中 $C4$-苯环上的取代基对反应的选择性也有较大的影响，邻位取代基通常给出 $N1$-取代的产物。使用嘧啶硫酮为底物时，反应结果与嘧啶酮的相类似，不同之处是，除了得到 $N3$-取代的产物外，通常伴随有较多 $N1$，$N3$-双酰化产物的生成。

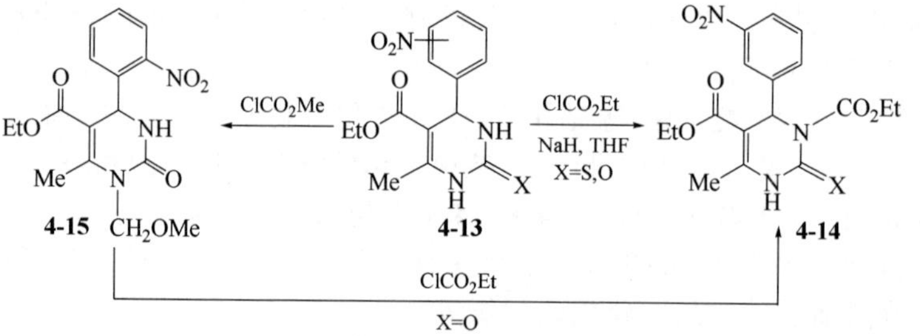

(4-7)

2000 年，Kappe[9]利用固相合成技术，采用聚合物支载的硫烷基化异硫脲盐酸盐 **4-16** 的 Biginelli 缩合反应得到 $C2$-硫醚取代的 1,4-二氢嘧啶 **4-17**，在碱性条件下，DHPMs 与氯甲酸酯反应，再经去除载体得到 $N3$-酰化产物 **4-10**[式(4-8)]。

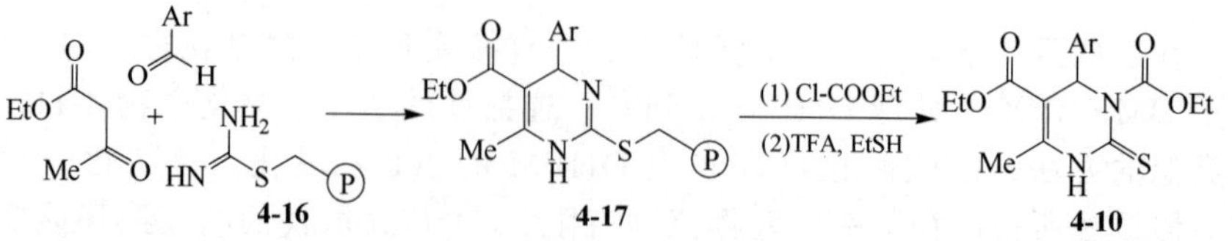

(4-8)

自从 2003 年 Kappe 等[11]将微波辐射技术应用于 DHPM 的选择性 *N*3-酰基化反应以来，DHPM 的 *N*3-直接酰基化成为了可能，反应范围有了很大的扩展，多种嘧啶酮、嘧啶硫酮、*C*5-酯基、酰胺基和酰基取代的 DHPM 都能适用于该方法。酰化试剂包括脂肪族和芳香族的酰氯、酸酐等。他们首次将聚合物支载清除剂和固相萃取技术(SPE)相结合应用于 DHPMs 与酸酐的反应中，快速高效、高纯度、高选择地合成了 20 个 *N*3-酰基取代的 DH-PMs **4-18**[式(4-9)]，得到 *N*3-乙酰基或苯甲酰基、丙烯酰基等取代的 DHPM 衍生物。但是，*C*4-芳基上的邻位取代基会降低产物产率，反应中会有少量的 *N*1,*N*3-二酰基化产物，经过简单的水解反应，即可获得单一的 *N*3-酰化产物[12]。

4-2 → **4-18**

1. $(R^4CO)_2O$,TEA,DMAP MW, 2~20 min,100~180℃
2. 清除剂 MW,5min,80~100℃
3. SPE

R^1,R^3=H,烷基; R^2=烷基,芳基;R^4=Me,Ph
E=酯,酰基,酰胺;X=O,S

(4-9)

Kappe 等[12]还发展了微波辅助下过渡金属催化 DHPM 的 *N*-烷基化/酰基化。他们在 CuI 催化下，实现了 DHPM 与碘苯的 Goldberg 芳基化反应，选择性地得到了 *N*3-芳基化产物 **4-19**。通过 Et_3N 促进的酰基化反应得到 *N*3-丙烯基酰基取代 4-(2-溴代苯基) DHPM **4-20**，该产物最后在 ($Pd(OAc)_2[P(o\text{-}toly)_3]_2$)催化、DIPEA 存在下于 DMF/$H_2O$ 或 MeCN/H_2O 体系中发生 Heck 反应生成三环产物 **4-21**[式(4-10)]。

4-1 —PhI,CuI / MW→ **4-19**；**4-1** —(丙烯酰氯) / Et_3N,MW→ **4-20** —Pd / DIPEA / MW→ **4-21**（Ar=2-BrPh）

(4-10)

于－78℃下，DHPMs 与 *n*-BuLi 作用得到 DHPMs 的锂盐，再与酰氯等亲电试剂反应，在室温下用饱和 NH_4Cl 溶液处理，得到单一的 *N*3-酰基化衍生物[13]。实验结果表明，当使用脂肪酰氯和取代苯甲酰氯为亲电试剂时，均可高产率地得到相应 *N*3-酰基取代产物，产率为 61%～92%，而当使用卤代酰氯和苯磺酰氯时，反应产率适中或较低，为 30%～62%，而嘧啶环上 *C*5-取代基对反应产率的影响并不明显。二氢嘧啶-2-硫酮与二氢嘧啶-2-酮类似，也可高产率得到 *N*3-取代物[式(4-11)]。体系中也会生成 *N*1,*N*3-双酰基取代的混合物 **4-10** 和 **4-22**。**4-22** 与等量 DHPM 的锂盐作用，发生酰基转移高产率地得到 **4-10**，分离产率高达 96%～98%。因此，二酰基 DHPM 很有可能作为良好的酰基转移试剂应用于酰化反应中。

1. *n*-BuLi/THF, N_2, −78℃ 2. 亲电试剂; **4-1** → **4-10** + **4-22**; 室温搅拌反应

R^1=芳基,H,Et; R^2=COEt,COPh,$COCH_2Cl$,CHO,CH_2COOEt,$SO_2C_6H_4$-*p*Me等

(4-11)

利用 **4-2** 为原料，NaH 做碱，过氧苯甲酰氯为酰基化试剂，首先制得 *N*1-甲基-*N*3-苯氧甲酰基 DHPM **4-18**，**4-18** 再与胺 **4-23** 发生氨酯交换反应得到具有抗疟活性的药物分子 **4-24**(n=1～2)[式(4-12)][14]。

4-2 —NaH, PhCOOCl→ **4-18**; **4-18** + **4-23** —K_2CO_3, THF→ **4-24**

(4-12)

4.1.3 N3-烷基化反应

Bazureau 等[15]用离子液体为支撑试剂和溶剂，分别制备了 *N*3-1,2,4-

噁二唑、四氮唑和1,3-噻唑等功能化的嘧啶酮衍生物。该法采用离子液体支载的β-酮酯**4-25**与取代脲和醛缩合得到支载的嘧啶酮**4-26**,**4-26**与氯乙腈反应得到*N*3-氰基DHPMs **4-27**,经三步反应成环,最后用甲醇钠切割得到目标产物**4-28**[式(4-13)]。

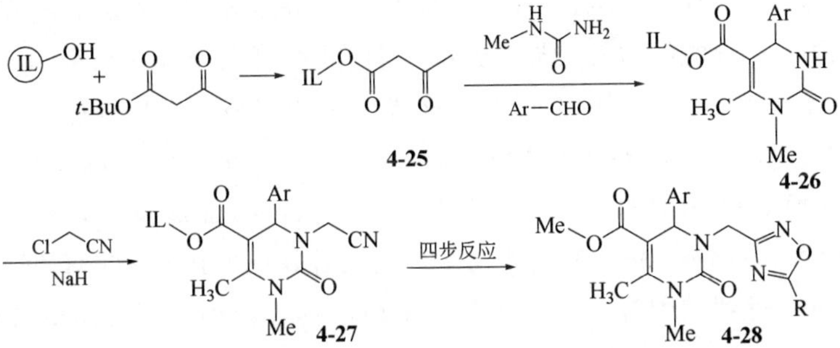

(4-13)

2008年，Bazureau等[16]利用**4-27**为中间体，氰基经$(NH_4)_2S$硫化，加入α-卤代酮成环，再经酯交换得*N*3-噻唑取代的DHPMs **4-30**。若将**4-27**与NaN_3成环，切割后得到*N*3-四唑基亚甲基DHPMs **4-31**[式(4-14)]。

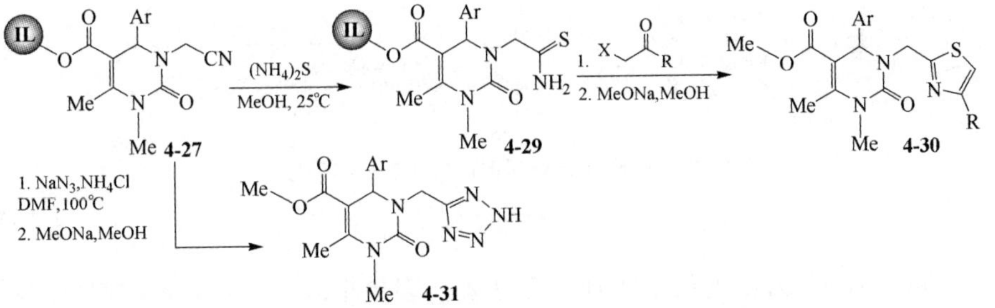

(4-14)

Kappe等还在微波辅助下通过2-氨基-1,3-噻唑**4-32**的Dimorth重排反应得到了*N*3-取代嘧啶硫酮类衍生物**4-33**。当*C*5上不含取代基团时(R^3 = H)，反应能在甲苯溶液和较低的温度下完成。当*C*5含有取代基(R^3 = CO_2Et)时，反应需要在NMP中和较高的反应温度下(R^1 =烷基、芳基)完成[式(4-15)][17]。

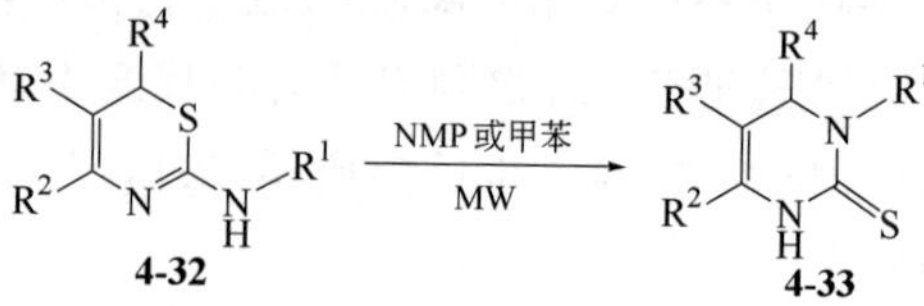

(4-15)

Wang 等[18]研究了 KF/Al_2O_3 催化下，DHPMs 与 α,β-不饱和羰基化合物的 Michael 加成反应。结果表明，利用此法可以合成一系列 N3-功能化的 DHPM 衍生物 **4-34**[式(4-16)]。该法反应产率高、选择性好，没有 N1-取代产物生成。在 PEG-400/K_2CO_3 体系中[19]，此反应也可以顺利进行。以喹唑啉酮 **4-35** 为原料，亦能发生类似的 Michael 加成反应，多数反应得到 N3-位取代产物 **4-36**。但当使用苯环上具有邻位取代基(如 MeO、NO_2)的 DHPM 时，得到的则是 N1-加成产物 **4-37**，具有较小空间位阻的 2-Cl 主要得到 N3-加成产物 **4-36**[式(4-16)][20]。

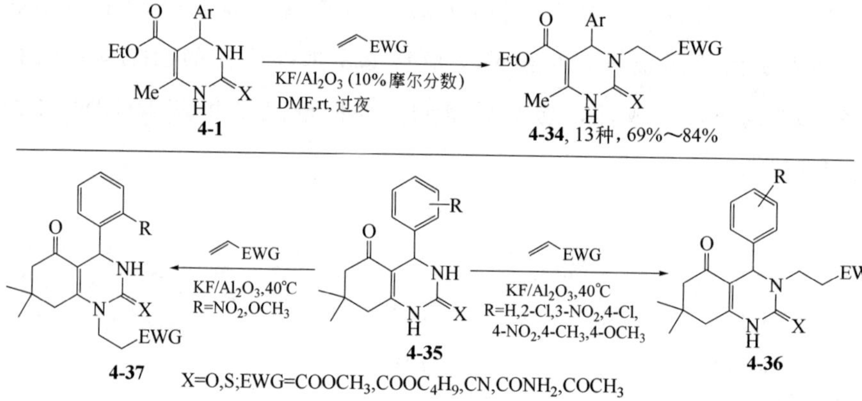

(4-16)

以 TMSCl 为促进剂，DHPM 衍生物与多聚甲醛、各种亲核试剂(如醇、吗啉、苯亚磺酸钠、叠氮、苯酚)的一锅两步反应，得到了多种 N3-烷氧亚甲基、氨甲基、砜甲基、酰氧亚甲基等修饰的 DHPM 衍生物[式(4-17)]。总体而言，反应产率高，选择性好。与前述嘧啶酮和 Cl-MOM 的反应相比，利用嘧啶酮与多聚甲醛及甲醇的三组分一锅法反应具有以下优点：该反应无需使用含氯的烷基化试剂(Cl-MOM)；反应选择性地发生在 N3 位。而且，该方法中的甲醇试剂可以被其他伯醇、仲醇、叔醇及苯酚、苯硫酚等亲核试剂所取代(R＝Me, Et, iPr, tBu, Ar)，得到多官能化的嘧啶酮衍生物，为 N3-取代嘧啶酮的合成提供了新方法[21]。

C_2H_5O　O　Ar^1　N　$OOCR^2$　Me　N H　O　**4-40**　11种，80%～92%

C_2H_5O　O　Ar^1　N　N_3　H_3C　N H　O　5种，70%～75%　**4-41**

C_2H_5O　O　Ar^1　N　N　O　Me　N H　O　5种，85%～92%　**4-39**

NaN_3　R^2COOH　R^1R^2NH

C_2H_5O　O　Ar^1　N　SO_2Ar^2　H_3C　N H　O　**4-42**　8种，70%～85%

Ar^2SO_2Na

C_2H_5O　O　Ar^1　NH　H_3C　N H　O　$(CH_2O)_n$ + TMSCl　DCM，35～40℃

R^1OH

C_2H_5O　O　Ar^1　N　OR^1　H_3C　N H　O　**4-38**　8种，65%～90%

4-38: Ar^1=C_6H_5, *p*-CH_3O-C_6H_4, *p*-Cl-C_6H_4; R^1=Me, Et, *i*Pr, *t*Bu, C_6H_5, *p*-CH_3-C_6H_4, *p*-CH_3O-C_6H_4, *p*-NO_2-C_6H_4, *p*-Cl-C_6H_4, *p*-Br-C_6H_4

4-39: Ar^1=C_6H_5, *p*-CH_3-C_6H_4, *p*-CH_3O-C_6H_4, *p*-Cl-C_6H_4, *p*-Br-C_6H_4

4-40: Ar^1=C_6H_5, *p*-CH_3-C_6H_4, *p*-NO_2-C_6H_4; R^2=Me, C_6H_5, *o*-CH_3-C_6H_4, *m*-CH_3-C_6H_4, *p*-CH_3O-C_6H_4, *p*-NO_2-C_6H_4, *m*-NO_2-C_6H_4, *p*-Cl-C_6H_4, *p*-Br-C_6H_4

4-41: Ar^1=C_6H_5, *p*-CH_3-C_6H_4, *p*-CH_3O-C_6H_4, *p*-Cl-C_6H_4

4-42: Ar^1=C_6H_5, *p*-CH_3-C_6H_4, *p*-NO_2-C_6H_4, *p*-CH_3O-C_6H_4, *p*-NO_2-C_6H_4; Ar^2=$C_6H_5SO_2$, *p*-Me-$C_6H_4SO_2$

(4-17)

根据实验结果和产物的结构，对 TMSCl 存在下 DHPM 与多聚甲醛及亲核试剂的三组分反应提出了以下可能的反应历程[式(4-18)]。首先，多聚甲醛和 TMSCl 反应形成中间体 **4-43**。其次，**4-1** 与 **4-43** 作用生成 **4-44**，同时脱去一分子的 TMSOH，生成亚胺正离子 **4-45**，此中间体与 Cl^- 加成，生成 **4-46**，进而与各种亲核试剂发生亲核取代反应得到 *N*-甲基化产物 **4-38**～**4-42**。另外一种可能是，**4-45** 直接与亲核试剂发生加成反应得到 **4-38**。

EtO　O　Ar　NH　Me　N H　O　**4-1**　$CH_2=\overset{+}{O}TMSCl^-$　**4-43**　$(CH_2O)_n$+TMSCl

EtO　O　Ar　N^+　Cl^-　H_2　C　OTMS　H　Me　N H　O　**4-44**　$-$TMSOH

EtO　O　Ar　N　Cl　Me　N H　O　**4-46**　Nu

EtO　O　Ar　N^+　Me　N H　O　**4-45**　Cl^-　Nu

EtO　O　Ar　N　Nu　Me　N H　O　**4-38**

(4-18)

使用亚磷酸二乙酯替代乙醇与DHPM和多聚甲醛三组分在四氯乙烯中加热反应，意外得到了*N*3-乙氧甲基取代的DHPM衍生物，反应底物适用范围较广泛，产率理想，达76%～90%[式(4-19)][21d]。

$\mathrm{HP(O)(OEt)_2,\ (CH_2O)_n}$; TCE,110℃,7～9h

4-1 → **4-38**,13种 76%～90%　　(4-19)

利用嘧啶酮与多聚甲醛和NaN_3的三组分一锅反应，在DHPM的*N*3-位成功地引入了N_3CH_2-官能团，为合成其他具有生物活性的DHPM分子提供了有力的根据。以此产物为反应底物，与端炔通过"点击"化学反应合成了1,2,3-三唑类衍生物**4-47**，该法避免了有机叠氮化合物(有机叠氮化合物遇热易发生爆炸)的使用，简化了操作过程，提高了反应操作的安全性。也可在三甲基氯硅烷(TMSCl)存在下，DHPM、多聚甲醛和叠氮化钠反应，得到关键中间体叠氮化合物，后者不经分离在$Cu(OAc)_2$/NaAsc催化下直接与末端炔反应，高产率、高选择性地合成了目标化合物[式(4-20)]。不论嘧啶芳环上是供电子还是吸电子取代基，还是脂肪族和芳香族炔烃，反应进行得很顺利，产率适中。但是，芳环上含有邻位取代基的嘧啶酮的反应活性欠佳，产率有所下降。由于嘧啶硫酮的反应活性低，其反应产率也明显下降[22]。

1.$(CH_2O)_n$,TMSCl; DCM, 35℃, 12h
2.NaN_3, ≡—R, Et_3N; $Cu(OAc)_2\cdot H_2O$/NaAsc; 35℃, 8h

4-1 → **4-47** 15种,56%～76%　　(4-20)

进一步拓展反应的底物范围，利用喹唑啉酮**4-35**与多聚甲醛、NaN_3和炔的多组分反应，也得到了预期产物**4-48**，产率较高，达70%～73%[式(4-21)]。通过"一锅"三步法也可以实现*N*3-三唑修饰DHPM衍生物的合成，三步反应的总收率达到67%～72%。

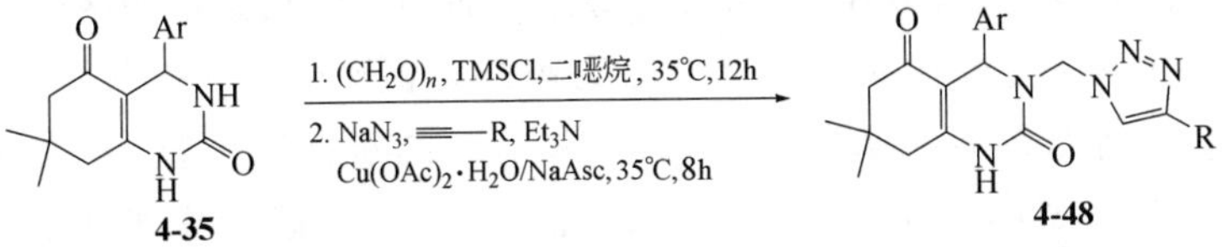

1. $(CH_2O)_n$, TMSCl, 二噁烷, 35℃, 12h

2. NaN_3, ≡—R, Et_3N, $Cu(OAc)_2 \cdot H_2O$/NaAsc, 35℃, 8h

4-35 → **4-48** (4-21)

Ar=Ph	R=Ph	**4-48a**: 73%
Ar=Ph	R=4-$NO_2C_6H_4OCH_2$	**4-48b**: 70%
Ar=4-MeC_6H_4	R=4-$NO_2C_6H_4OCH_2$	**4-48c**: 71%

4.1.4 N3-烯丙基化反应

我们探索了DHPM、醛与取代烯烃**4-49**合成烯丙基胺类化合物的方法[式(4-22)]。I_2(20%摩尔分数)与$FeCl_3$(20%摩尔分数)或TfOH(20%摩尔分数)组成的联合催化剂能以76%和72%的产率得到**4-50**。只使用I_2(20%摩尔分数)作催化剂，以75%的产率得到了**4-50**[23]。

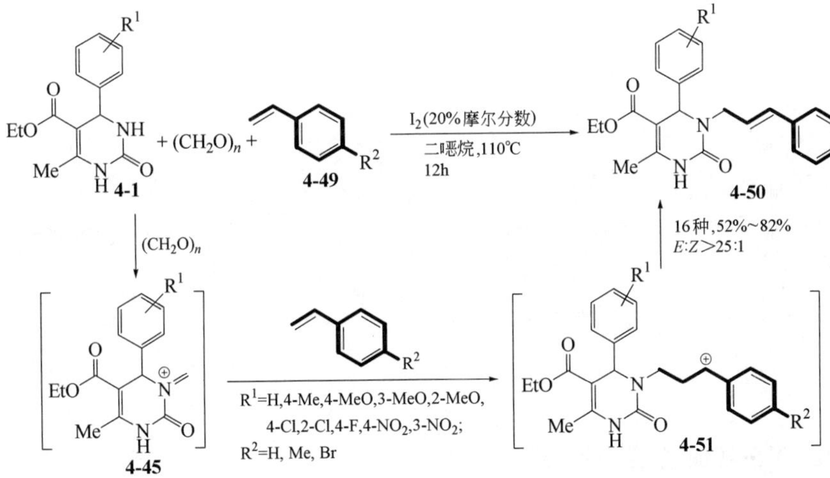

4-1 + $(CH_2O)_n$ + **4-49** —— I_2(20%摩尔分数), 二噁烷, 110℃, 12h → **4-50**

4-1 —— $(CH_2O)_n$ → [**4-45**] —— 取代苯乙烯; R^1=H,4-Me,4-MeO,3-MeO,2-MeO, 4-Cl,2-Cl,4-F,4-NO_2,3-NO_2; R^2=H, Me, Br → [**4-51**] → **4-50** (16种, 52%~82%, E:Z>25:1)

(4-22)

DHPM具有两类活泼NH，具有两个活性中心，理论上可能得到两种产物。在化合物**4-50**的IR光谱中，其中一个NH的吸收峰消失；在^1H NMR的谱中，DHPMs化合物的N3-H的吸收峰消失，N1-H的吸收峰仍然存在，这表明此反应发生在DHPMs的N3-位上，得到N3-功能化的DHPMs；代表化合物的X射线单晶衍射确证了产物结构。通过^1H NMR检测到以(E)-构型产物为主产物，同时还有少量的(Z)-构型的产物

（E：Z>25：1），用 EtOH 重结晶可得到纯的（E）-构型产物 **4-50**。

含有不同取代基的喹唑啉-2,5-二酮 **4-35**、多聚甲醛和取代苯乙烯的三组分反应得到 N3-烯丙基取代的喹唑啉-2,5-二酮类衍生物（**4-52**，R＝H）（39%～70%）[式(4-23)]。用乙醛酸乙酯代替多聚甲醛与喹唑啉-2,5-二酮、苯乙烯进行三组分反应，也得到了含有不同取代基的烯丙基化衍生物（**4-52**，R＝CO_2Et）[24]。

I_2, 40%摩尔分数；二噁烷，110℃，36h；R=H, CO_2Et

4-35 + R—CHO + ═╱Ar² → **4-52** (4-23)

然而，当用丙酮醛 **4-53** 代替甲醛时，得到了产率相对较低的脱酰化产物——N3-位烯丙基取代的喹唑啉-2,5-二酮类衍生物（**4-54**）[式(4-24)]。

4-35 + **4-53** + **4-49** → **4-54**（I_2(40%摩尔分数)；二噁烷110℃，36h）

4-54a, 28%　**4-54b**, 23%　**4-54c**, 31%　**4-54d**, 19%

(4-24)

4.1.5 N3-其他功能化反应

将 DHPM 在 NO 气氛和微量 O_2 存在下进行硝化处理，选择性地得到了 N3-NO 化的 DHPM **4-55**。反应通过 O_2 氧化 NO 得到的 N_2O_3 原位对 N-H 的亲核进攻而进行[式(4-25)][25]。

4-1 → **4-55**（NO，微量 O_2） (4-25)

通过合成的*N*3-取代DHPM为原料还可以制备嘧啶并[4,5-*d*]-嘧啶-2,5-二酮类化合物。DHPM **4-1**与新制备的4-氯苯基重氮盐在浓盐酸中冰浴下作用得到*N*3-重氮化衍生物**4-56**，其再与芳基硫脲经回流反应，甲醇钠处理得到稠环产物**4-57**[式(4-26)][26]。

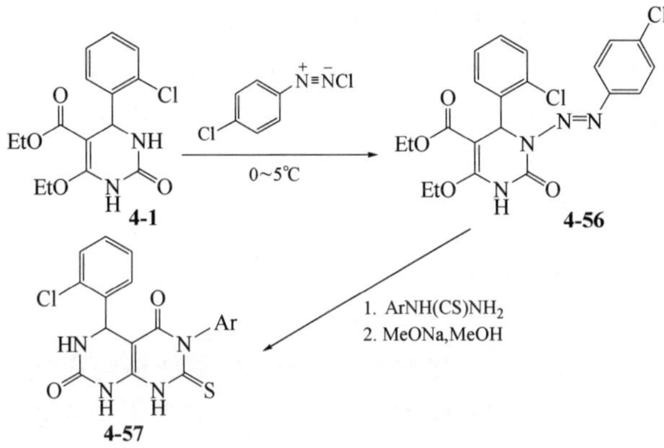

(4-26)

4-(2-N_3基苯基)取代DHPM与PPh_3的Staudinger反应得到亚胺**4-59**，其与异氰酸酯作用生成稠环**4-60**(**A**)。**4-58**与CS_2(**B**)作用得到**4-61**，与酰氯在三乙胺存在下反应得到**4-60**(**C**)[式(4-27)][27]。

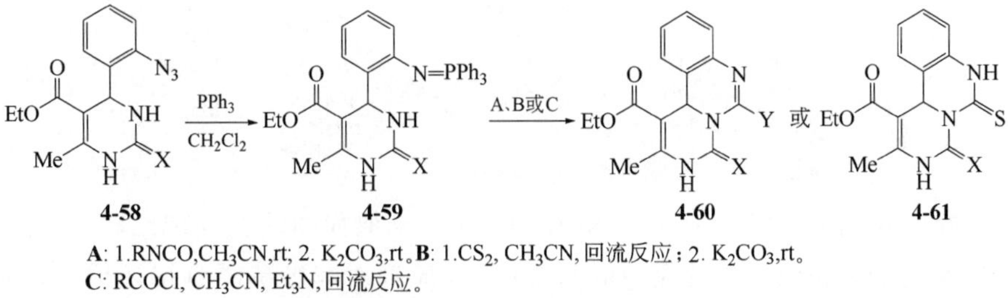

A: 1.RNCO,CH_3CN,rt; 2. K_2CO_3,rt。**B**: 1.CS_2, CH_3CN, 回流反应; 2. K_2CO_3,rt。
C: RCOCl, CH_3CN, Et_3N, 回流反应。

(4-27)

4.2 C2-衍生化反应

3,4-二氢嘧啶-2(1*H*)-酮是合成多功能化嘧啶的重要中间体，3,4-二氢嘧啶-2(1*H*)-硫酮含有反应活性较高的硫羰基(C=S)，而拥有与3,4-二氢嘧啶-2(1*H*)-酮不同的反应特性，发生在C=S双键上的重要反应有亲电加成反应、还原脱硫反应等，可分别得到结构独特的嘧啶杂环衍生物。通常，*C*2-取代的嘧啶衍生物是以DHPMs为原料，经氧化脱氢—异构化—活化，然后和亲核试剂偶联共四步反应制得。然而，DHPMs类化合物的氧化脱氢并不容易实现，这主要是由于 *C*6-取代基团对氧化剂比较敏感，而 DHPM 环又比较稳定所致。活化一般包括氯化或硫氧化，用 $POCl_3$ 高温下进行氯化处理时，对含有敏感基团的底物是不利的[28]；而要把硫酮氧化成砜时，必须先进行硫烷基化预处理[7]。2005 年，Kang 等[29]以 DHPMs 为原料，HNO_3 为脱氢试剂，首先制得脱氢嘧啶酮，然后在 PyBroP 催化下与各种亲核试剂室温下反应得到一系列 *C*2-取代的嘧啶衍生物，同年，Yamamoto 等[30]以过氧叔丁醇（TBHP）作氧化剂，实现了 DHPMs 类化合物的氧化脱氢。

4.2.1 C2-醚化/氨化反应

在中强碱存在下，3,4-二氢嘧啶-2(1*H*)-硫酮能够与卤代烃反应生成 *S*-烷基化-1,4-二氢嘧啶衍生物 **4-62**[式(4-28)]，通常产率很高，反应过程中会生成少量二烷基化产物，可分离除去。得到的 *S*-烷基化产物在 Raney-Ni 还原下转化为 *C*2-未取代的嘧啶衍生物 **4-63**。将 *N*1-取代的嘧啶-2-硫酮[31]和 *N*1-取代-2-甲硫基嘧啶[32]用 Raney-Ni 处理，能发生还原脱硫得到 **4-63**。

(4-28)

嘧啶硫酮也可以被 Raney-Ni 还原为 *C*2-未取代的嘧啶 **4-63**[式(4-29)]。溶剂效应研究表明，在使用 Raney-Ni 为还原剂对嘧啶硫酮直接还原时，不同溶剂对还原产物的结构起决定作用，在丙酮中回流 *N*1-取代的嘧啶硫酮 **4-2** 与 Raney-Ni 的混合物，得到 1,4-二氢嘧啶衍生物 **4-64**。在甲醇中回流反应时，除得到嘧啶衍生物 **4-64** 外，还得到一个副产物 **4-65**。Kappe 等还利用连续流动还原反应[Raney-Ni,H_2(1～2bar)，MeCN，40℃] 实现了嘧啶硫酮的脱硫过程得到产物 **4-64**。

(4-29)

嘧啶硫酮在 Al_2O_3 支载 Oxone（3.2～3.7equiv）(A) 或 H_2O_2（3.7equiv）/$VOSO_4$（0.002equiv）(B)的存在下，分别于氯仿或乙醇-水体系中发生脱硫反应，得到 1,4-二氢嘧啶产物 **4-66**[式(4-30)]。反应条件温和(rt 或 50℃)，选择性较好。**4-66** 用 $KMnO_4$ 处理，发生进一步的脱氢反应，得到芳构化的 *C*2-未取代嘧啶 **4-67**。若直接将嘧啶硫酮或嘧啶酮用 $KMnO_4$ 处理，生成的则是芳构化的 *C*2-羟基嘧啶 **4-68**。先利用金属试剂如烷基锂/格氏试剂处理产物 **4-66**，再与氯甲酸乙酯反应，可获得 *C*2-烷基-*N*3-乙氧甲酰基取代的二氢嘧啶 **4-69**。

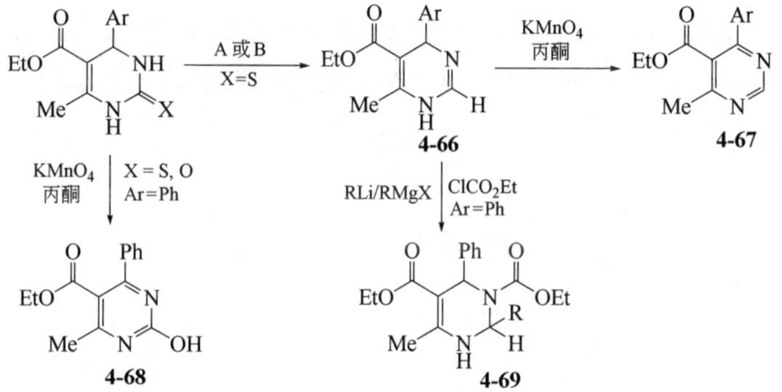

(4-30)

S-烷基化的 1,4-二氢嘧啶还能通过 *S*-烷基化硫脲衍生物与 α,β-不饱和酮酯的缩合反应来获得，即 Atwal 法或改进的 Biginelli 反应。Robinett 等[33]将 β-酮酯接枝到聚合物载体上与醛进行 Knoevenagel 缩合，然后与异硫脲发生缩合反应后再切割得到硫醚 **4-74**[式(4-31)]。通过嘧啶硫酮与卤代烃反应得到的 *S*-烷基化产物具有较高的反应活性，可以进一步发生还原脱硫化、氧化芳构化为亚砜或砜以及与亲核试剂的亲核取代反应等，因此其是合成嘧啶衍生物非常重要的合成中间体。

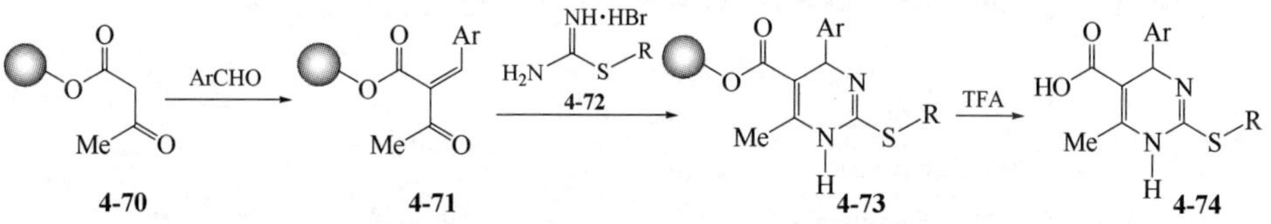

(4-31)

我们[34]在微波辐射下，利用氧化镁(MgO)作碱，四丁基溴化铵(TBAB)为催化剂，无毒的碳酸二甲酯替代碘甲烷或硫酸二甲酯为甲基化试剂，完成 3,4-二氢嘧啶-2-硫酮的甲基化反应，合成了二甲基化的嘧啶衍生

物 **4-75**[式(4-32)]。

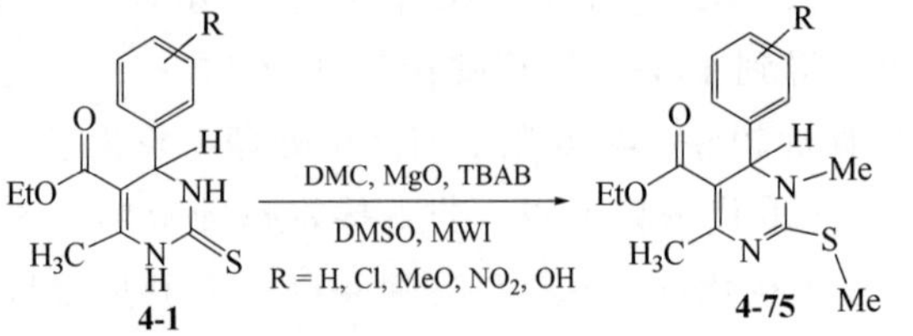

(4-32)

2-硫醚基-1，2-二氢嘧啶是合成 2-取代嘧啶的重要中间体。例如在微波辐射(MWI)下，**4-76** 经 TFA 处理、与苄胺发生亲核取代反应生成 2-苄氨基-1,4-二氢嘧啶 **4-77**[式(4-33)]。支载的硫醚产物 **4-78** 与乙酸铵作用得到 2-亚氨基嘧啶衍生物 **4-79**，该产物是非常重要的生物碱骨架结构，水合肼也是优良的亲核试剂。

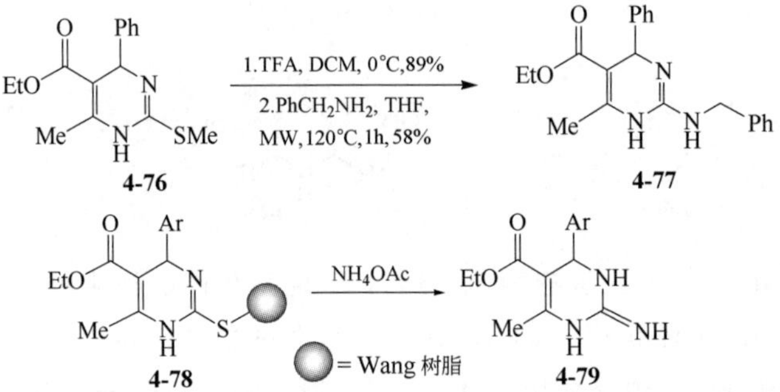

(4-33)

2004 年，Kappe 等[35]利用微波辐射，在 $Cu(OAc)_2$ 催化下，3,4-二氢嘧啶-2(1*H*)-硫酮与芳基硼酸 **4-80** 发生碳-硫偶联反应合成了(2-苯基硫代)-1,4-二氢嘧啶衍生物 **4-81**[式(4-34)]。与之相反，在 $Pd(PPh_3)_4$ 催化 CuTC **4-82**(2-噻吩甲酸亚铜盐)存在下，3,4-二氢嘧啶-2(1*H*)-硫酮与苯硼酸发生脱硫/碳-碳偶联反应，得到(2-芳基)-1,4-二氢嘧啶衍生物 **4-83**。

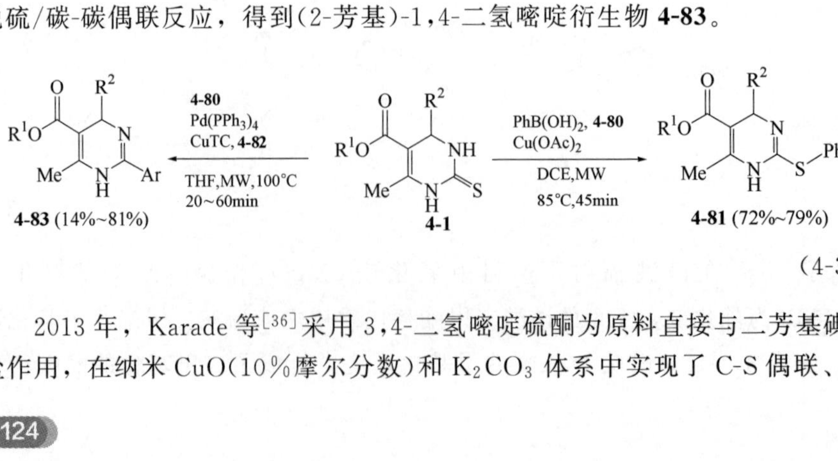

(4-34)

2013 年，Karade 等[36]采用 3,4-二氢嘧啶硫酮为原料直接与二芳基碘鎓盐作用，在纳米 CuO(10%摩尔分数)和 K_2CO_3 体系中实现了 C-S 偶联、脱氢芳构化反应合成2-芳硫醚基嘧啶**4-84**[式(4-35)，$R^1=Ar$，$R^2=EtO$、Me]。该反应可能是经历硫醚化和脱氢芳构化两步串联反应实现的，从反应体系中分离出2-硫醚二氢嘧啶和2-芳基硫醚基嘧啶两种产物，有力地支持了该机理。该反应具有较好的官能团兼容性，嘧啶环上含有的4-乙氧甲酰基和乙酰基均能适用于此反应，4-位芳环上的硝基、甲基、甲氧基、卤素等对反应产率也没有明显的影响，反应产率良好或适中(64%～84%)。此外，催化剂CuO还可以实现回收循环使用三次，催化效果无明显失活现象。以此为基础，他们还发展了无金属催化碳酸钾存在下二氢嘧啶酮与二芳基碘鎓盐的C-O偶联反应，得到了一系列2-芳氧基取代嘧啶化合物**4-85**[式(4-35)，$R^1=Ar$，$R^2=EtO$、Me][37]。上述两种方法无需合成2-Cl或2-TsO取代嘧啶等活化中间体，直接以3,4-二氢嘧啶硫酮或3,4-二氢嘧啶酮为原料，一锅反应得到2-硫醚或2-芳氧基取代的嘧啶产物，无疑为此类化合物的合成提供了一种新的方法，具有较重要的合成价值。

4-1 —— $Ar_2I^{\oplus}\ {}^{\ominus}OTf$，$K_2CO_3$ (2equiv)，DMF, 回流反应12h，X=S,O → **4-84** (X=S) 或 **4-85** (X=O)

(4-35)

2015年，Shin和Sohn[38]分别发展了CuI催化，空气氧化下3,4-二氢嘧啶硫酮与碘苯的一锅法C-S偶联、氧化芳构化反应，实现了**4-84**的合成。该反应具有更广泛的底物适用范围，多种取代的碘苯以及嘧啶硫酮都能应用于此反应中，产率50%～99%。2-吡啶碘的活性较低，只得到了50%产率的产物。此外，当嘧啶硫酮的4-位被叔丁基取代时，产物以叔丁基消除的C-S偶联、芳构化产物为主(67%)，目标产物只有9%的产率。有趣的是，当使用Ph_2IOTf替代碘苯时，5,6-无取代-4-苯基嘧啶硫酮的反应产率明显降低，低至54%。该方法也适用于4,5,6-三取代嘧啶酮($Ar=Ph$，$R^1=O^tBu$，$R^2=Me$)与碘苯的反应，得到**4-85**类化合物，产率可达86%。以$Cu(OAc)_2$为催化剂，空气气氛也能实现2-硫醚-1,4-二氢嘧啶**4-81**的氧化脱氢反应，得到**4-84**。该反应可能经历了自由基中间体和超氧自由基参与实现的脱氢芳构化过程。控制实验为此提供了佐证：在Ar气氛中，转化率几乎为零，且没有目标产物生成；而在纯氧气气氛中，反应在3h内产率可达到65%[39]。

4.2.2 C2-烷基化/芳基化反应

1997 年，Watanabe 等[40]利用改进的 Atwal 法合成的 *C*2-甲基硫代-1,4-二氢嘧啶 **4-81** 为原料，经 DDQ 脱氢，*m*-CPBA 氧化合成了活泼中间体 *C*2-甲基砜取代嘧啶 **4-87**，后者与胺发生亲核取代反应合成了一系列 *C*2-氨基取代嘧啶 **4-88**。2007 年，Kappe 等[41]在微波辐射下，利用 Biginelli 缩合反应合成 3,4-二氢嘧啶-2(1*H*)-硫酮，后者经碘甲烷甲基化、MnO_2 脱氢、Oxone 氧化、与亲核试剂发生取代共计五步反应，合成了 **4-88**[式(4-36)]。微波辐射和固相合成技术的使用缩短了反应时间、简化了后处理操作。

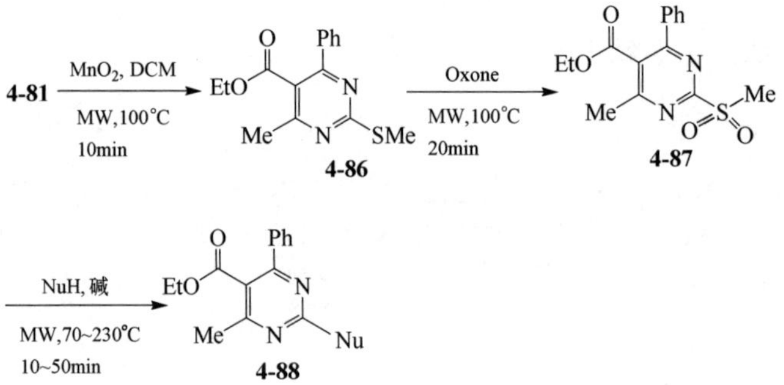

4-81 —(MnO_2, DCM; MW,100°C, 10min)→ 4-86 —(Oxone; MW,100°C, 20min)→ 4-87 —(NuH, 碱; MW,70~230°C, 10~50min)→ 4-88

(4-36)

2009 年，Singh 等[42]采用两步一锅法，通过 Eschenmoser 偶联反应将 3,4-二氢嘧啶-2(1*H*)-硫酮转换成 *C*2-取代的二氢嘧啶衍生物 **4-89**[式(4-40)]，该反应可能是经历如 **A** 所示的环状中间过程，再经脱硫异构后得到产物的。

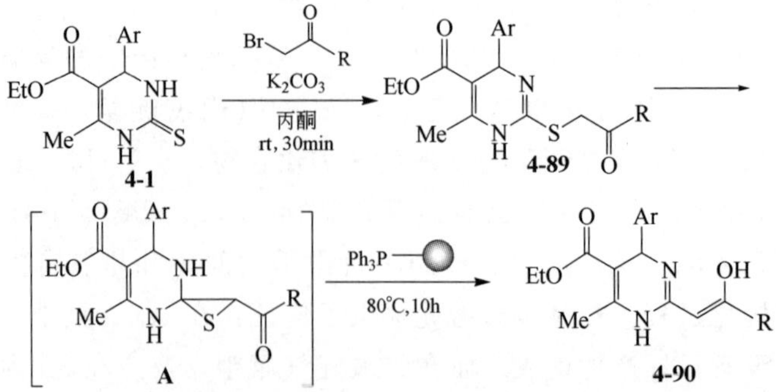

4-1 —(BrCH₂COR, K_2CO_3; 丙酮, rt, 30min)→ 4-89 → [A] —(Ph_3P-树脂; 80°C,10h)→ 4-90

(4-37)

2005年，Kang等[29]以DHPMs为原料，首先在HNO_3作用下发生氧化脱氢反应得到芳构化的嘧啶杂环——2-羟基嘧啶**4-68**，然后再与PyBroP试剂作用形成活化的中间体**B**，中间体**B**经过与亲核试剂的脱氧取代反应得到相应偶联产物**4-91**[式(4-38)]。不同的亲核试剂由于其反应活性的差异，需要在不同的反应条件下完成反应。例如，在三乙胺作碱，二氧六环（二噁烷）溶剂中，2-羟基嘧啶能与苄基胺、*N*-甲基苄基胺、四氢吡咯、吗啉、氨基醇和氨基乙酸酯等胺发生C-N偶联反应，在此条件下，苯硫酚也能实现C-S偶联反应。当使用活性较低的磺酰胺、咪唑、吲哚等NH亲核试剂时，反应需在Et_3N/$NaOBu^t$/二氧六环体系中进行，以78%～92%的产率得到目标产物。但是，在Et_3N/二氧六环、Et_3N/DBU/二氧六环和Et_3N/DMAP/二氧六环等体系中，均无C-N偶联反应发生。同样，在Et_3N/$NaOBu^t$/二氧六环体系中，丙二酸二乙酯和苯酚均能发生C-C和C-O偶联反应，产率分别为72%和88%。3,4-二甲氧基苯胺的活性则更低，反应需要72h才能得到26%产率的产物。

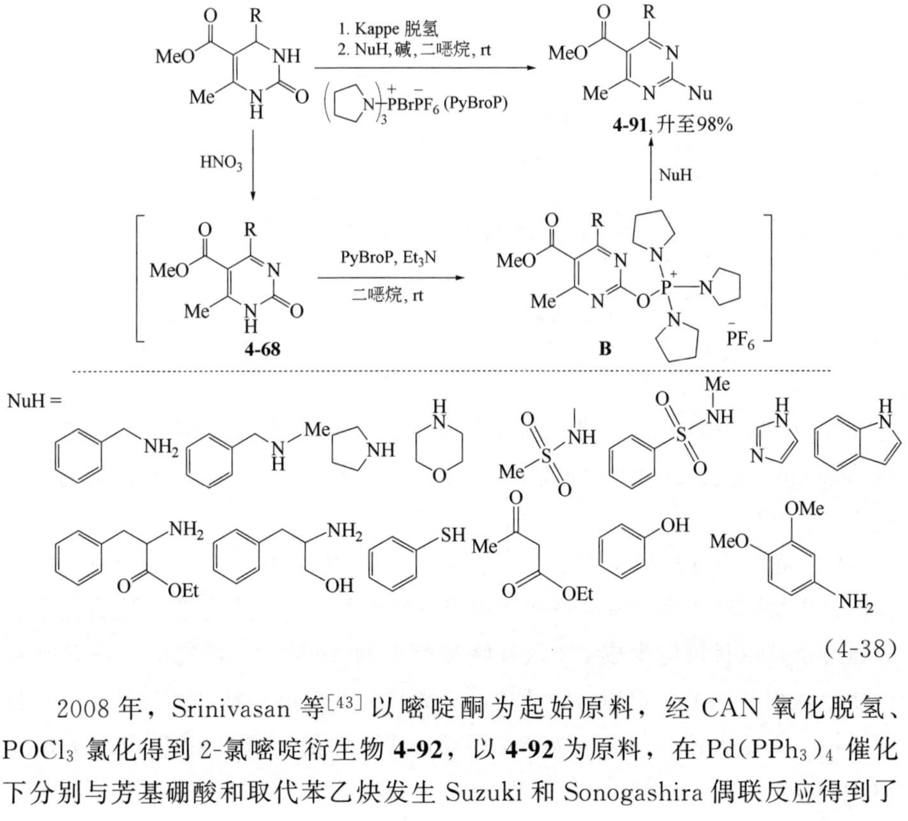

(4-38)

2008年，Srinivasan等[43]以嘧啶酮为起始原料，经CAN氧化脱氢、$POCl_3$氯化得到2-氯嘧啶衍生物**4-92**，以**4-92**为原料，在$Pd(PPh_3)_4$催化下分别与芳基硼酸和取代苯乙炔发生Suzuki和Sonogashira偶联反应得到了

$C2$-芳基和$C2$-炔基嘧啶衍生物[式(4-39)]。这是首例由2-氯嘧啶合成此类化合物的文献报道。然而，作者只报道了两种取代硼酸和两种取代苯乙炔，得到8种$C2$-芳基-4-芳基取代的嘧啶衍生物**4-93**以及2种$C2$-炔基-4-芳基嘧啶衍生物**4-94**。所合成化合物具有优异的抗菌和抗真菌活性。与标准药物相比，所合成的化合物的活性均优于或相当于氟康唑。该文作者还观察到显著的构效关系，例如，$C2$-芳环上的强供电子基团(MeO)或吸电子基团(NO_2)对嘧啶化合物的抗真菌活性起决定性的作用。

4-92 —— $R^3B(OH)_2$，二噁烷-H_2O, 110℃, 3~5h → **4-93**，8种 78%~95%

R^1	R^2	R^3
C_6H_5	OEt	C_6H_5-4-NMe_2
4-MeC_6H_4	OEt	C_6H_5-4-NMe_2
3-$NO_2C_6H_4$	OEt	C_6H_5-4-NMe_2
3-ClC_6H_4	OEt	C_6H_5-4-NMe_2
2,5-$(MeO)_2C_6H_3$	OEt	C_6H_5-4-NMe_2
3,4,5-$(MeO)_3C_6H_2$	OEt	C_6H_5-4-NMe_2
4-$MeOC_6H_4$	OEt	C_6H_5-4-NMe_2
2,5-$(MeO)_2C_6H_3$	C_6H_5	1-$C_{10}H_7$

4-92 —— ≡—R^3，$Pd(PPh_3)_4$, CuI, Et_3N, MeCN, 110℃, 4h → **4-94a**, 90% 或 **4-94b**, 85%

(4-39)

2014年，Shah等[44]进一步拓展了$Pd(OAc)_2$催化2-氯嘧啶与芳基硼酸的Suzuki偶联反应的底物范围，得到20种2-芳基取代的嘧啶衍生物，产率73%～92%。

2-氯嘧啶不仅被用于C-C偶联反应中，还被应用于C-N成键反应。例如，在碳酸钾作用下，2-氯嘧啶能与喹啉修饰的伯胺或苄基胺、脂肪族伯胺等通过亲核取代反应生成$C2$-氨基嘧啶衍生物**4-95**[45]，所得的2-氨基嘧啶类化合物均显示了一定的药物活性，例如体外抗疟原虫活性和抗结核分枝杆菌活性，细胞生长抑制活性调节作用等，代表性化合物如**4-95a**和**4-95b**[式(4-40)]。

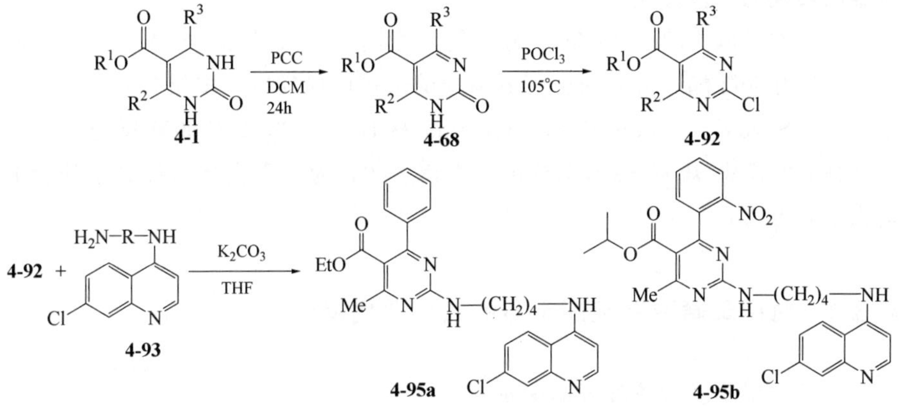

(4-40)

在 2013 年，Knochel 等[46]采用 2-氯嘧啶与格氏试剂的 Kumada 偶联反应，合成了一系列 *C*2-取代嘧啶衍生物[式(4-41)]。该法以廉价的 $FeBr_3$ 为催化剂，以^{t}BuOMe-THF 作为溶剂，室温下 2-氯嘧啶 **4-96** 与格氏试剂反应就可得到目标产物 **4-97**。向该反应体系中加入喹啉或异喹啉，反应速率明显提高，产率也会显著提高。如 2-溴嘧啶为反应物时(R^1＝2-F-4-ClC_6H_4，R^2＝R^3＝H，Ar＝3-$CF_3C_6H_4$)，反应由 2h 缩短至 5min，产率由 43%提高至 70%。

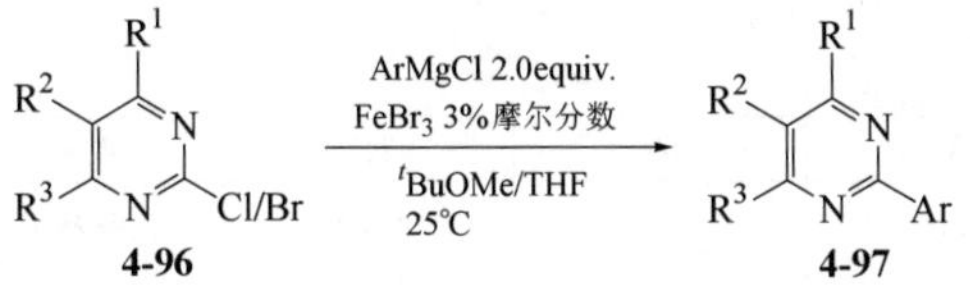

(4-41)

4.3 对甲苯磺酸嘧啶酯参与的偶联反应

形成 C-C 键、C-N 键和 C-O 键等化学键的反应无疑是化学变化中最重要的过程之一。利用这些反应可以将简单的反应前体转变为更加复杂的分子，偶联反应是最为有用和强大的手段之一[47]。芳基磺酸酯作为亲电试剂参与偶联反应已被广泛应用于 C-C、C-N、C-O 等偶联反应中。与芳基卤化物/三氟甲磺酸酯相比，磺酸酯有着自身的优点：原料廉价易得，而且稳定性好，可以由工业级醇/酚和相应的磺酰氯反应制得。发展磺酸酯偶联反应不仅能够补充现有的以卤代物为底物的偶联体系，而且可以完成其他偶联反应难以实现的一些反应。

本书作者以3,4-二氢嘧啶酮为起始原料，经氧化-酯化得到关键中间体——磺酸嘧啶酯，分别研究了其参与的亲核取代反应，多组分一锅点击化学反应，Suzuki、Sonogashira、Hiyama及Buchwald交叉偶联反应，合成了多种*C*2-芳基/炔基/氨基取代的嘧啶衍生物，为该类生物活性分子的合成提供了新方法。

4.3.1 对甲苯磺酸嘧啶酯参与的亲核取代反应

（1）对甲苯磺酸嘧啶酯的制备

于0℃下，将Et_3N(3equiv)加入2-羟基嘧啶**4-68**(1equiv)和对甲基苯磺酰氯**4-98**(1.5equiv)的二氯甲烷溶液中，然后室温下搅拌反应30min，加入乙醚沉淀出三乙胺的盐酸盐，过滤，除去溶剂得白色固体，用乙醇重结晶得磺酸嘧啶酯**4-99**，产率均在80%以上(表4-1)[48]。

表4-1 嘧啶磺酸酯4-99的制备

$$\mathbf{4\text{-}68} + Cl\text{-}SO_2\text{-}C_6H_4\text{-}CH_3\ (\mathbf{4\text{-}98}) \xrightarrow[\text{0℃~rt}]{Et_3N,\ CH_2Cl_2} \mathbf{4\text{-}99}\ (\text{OTs})$$

序号	Ar	R^1	R^2	**4-99**	产率/%
1	Ph	Me	OEt	**4-99a**	84
2	4-MeOPh	Me	OEt	**4-99b**	83
3	4-MePh	Me	OEt	**4-99c**	80
4	4-ClPh	Me	OEt	**4-99d**	86
5	4-BrPh	Me	OEt	**4-99e**	83
6	4-FPh	Me	OEt	**4-99f**	84
7	4-FPh	*i*-Pr	OCH_3	**4-99g**	85
8	Ph	Me	OEt	**4-99h**	82

（2）对甲苯磺酸嘧啶酯参与的亲核取代反应

以**4-99**为起始原料，可以实现多种功能化反应，得到一系列嘧啶衍生物[式(4-42)]。例如，室温下磺酸嘧啶酯与胺反应生成*C*2-氨基取代的嘧啶衍生物。环状的二级胺、脂肪族一级胺效果很好，嘧啶环上的取代基对反应基本没有影响，无论是吸电子基还是供电子基，都在30～50min内完成反应。而对于芳香族胺，延长反应时间和提高反应温度都没有产物生成。当使用硫酚或醇等试剂时，反应体系需调整为NaO^t-Bu和1,4-二氧六环（二噁烷），与醇的反应也高产率得到相应的目标化合物**4-100**。

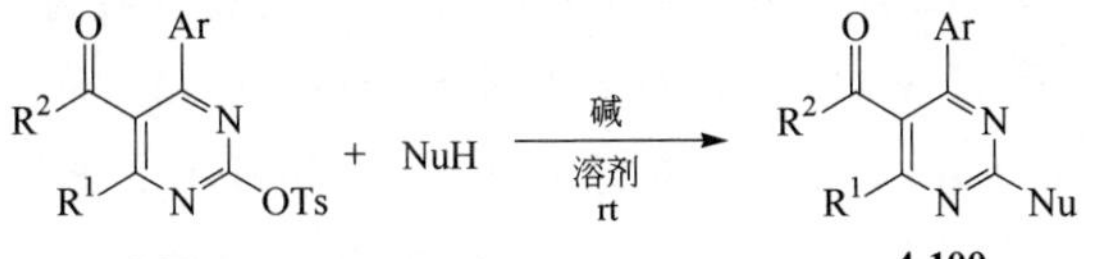

(4-42)

条件A: Et_3N, CH_2Cl_2, NuH = 哌啶, 吗啉, $CH_3CH_2NH_2$, $HOCH_2CH_2NH_2$

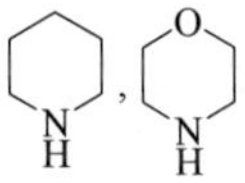

条件B: *t*-BuONa, 二噁烷

NuH=*p*-$CH_3C_6H_4SH$, CH_3CH_2OH, $(CH_3)_2CHOH$, $PhCH_2OH$

出乎意料的是，酚和磺酸嘧啶酯反应得到的是O-S键断裂的产物。分离得到了磺酸苯酯**4-101**和2-羟基嘧啶**4-68**[式(4-43)]。

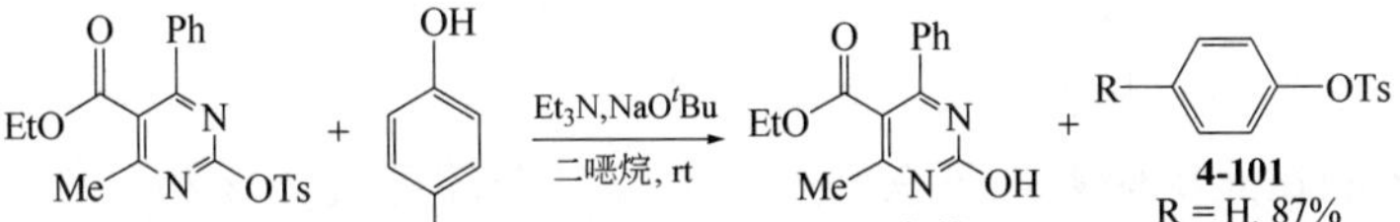

4-101: R = H, 87%; R = Cl, 84%

(4-43)

磺酸嘧啶酯在此可能经历两种不同反应途径，即C-O键断裂和O-S键断裂。一般的，亲核试剂的极化程度较大，亲核性较强时，易发生C-O键断裂反应，例如，胺和硫酚；亲核试剂的极化性比较小时，发生O-S键断裂反应，如$C_6H_5O^-$。磺酸嘧啶酯和$CH_3CH_2O^-$、$(CH_3)_2CHO^-$、$PhCH_2O^-$反应，C-O键断裂，高产率得到了*C*2位取代的嘧啶衍生物**4-100**，这主要是因为烷氧负离子具有强亲核性所致[式(4-44)]。

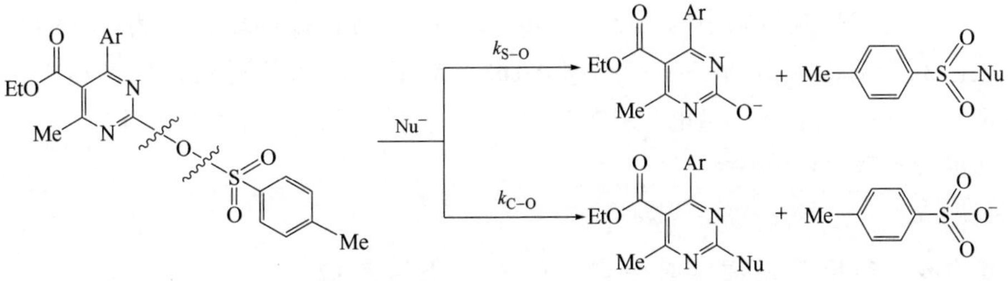

(4-44)

随后的研究表明，用中强碱 K_3PO_4 催化，丙酮中 **4-99** 与苯酚回流反应 7h 可得到芳氧基取代的嘧啶 **4-85**，多种对甲苯磺酸嘧啶酯和不同的酚都适用于此反应[49]。

氨水与对甲苯磺酸嘧啶酯在温和反应条件下的伯胺化反应[式(4-45)]得到了发展。反应使用 PEG-400 为溶剂，对甲苯磺酸嘧啶酯与过量氨水溶液于室温下反应，高产率(87%)获得 2-氨基嘧啶 **4-102**。底物的适用范围较广[50]。2018 年，Yadav 等在乙酸钯催化，1,10-邻菲罗啉和 CuTC 存在下，以嘧啶硫酮为起始原料直接与 NH_3 溶液在甲苯中加热反应，一步得到 **4-102**[式(4-45)][49b]。

$NH_2 \cdot H_2O$, PEG-400, rt, 81%~92%: **4-99** → **4-102** (4-45)

以 2-氨基嘧啶 **4-102** 为起始原料，邻氯苯甲酸亚铜 **4-103**(CuCBC)催化，与溴苯或碘苯经 C-N 偶联反应生成 *N*-芳基化产物 **4-104**。含有不同取代基的 2-氨基嘧啶都能与各种卤代芳烃反应，产物产率很高，带有较大位阻的溴化物也能在此反应条件下获得好的收率，杂环的溴代物如 2-溴吡啶或 3-溴噻吩是很好的反应底物，分别获得了 90%和 84%的产率[式(4-46)][51]。

4-102 + R^2X → (**4-103**, 1,10-邻菲罗啉, K_3PO_4 (1.5 equiv), 甲苯, 110℃, 24h, X=Br, I) **4-104**; → (**4-103**, 1,10-邻菲罗啉, *t*-BuONa (3.0 equiv), 甲苯, 110℃, 48h) **4-105** (4-46)

当前述反应体系中的碱为 *t*-BuONa，胺与卤代烃的摩尔比为 1∶4 时，发生双芳基化，得到三级胺产物 **4-105**。对反应底物的适用范围的研究表明，带有吸电子基、供电子基的芳基溴化物都能以较高的产率获得 *N*,*N*-二芳基化产物[式(4-46)]。

4.3.2 对甲苯磺酸嘧啶酯参与的 C-N 偶联反应

C-N 键的构筑是现代有机合成的基本手段之一，借此人们可以将简单的小分子串联合成结构复杂具有一定生物活性的大分子化合物。而实现此类合成最有效的途径之一就是 Buchwald - Hartwig C-N 交叉偶联，它已成为偶联反应的经典类型，一直受到化学工作者的广泛关注。故而，通过 $PdCl_2$ 催化对甲苯磺酸嘧啶酯 **4-99** 和芳胺在的 C-N 偶联反应高产率得到 2-氨基取代嘧啶衍生物 **4-104**[49]。值得注意的是，碱对该反应起着重要作用，若以 Na_2CO_3、NaAc 或 DBU 为碱，均没有得到 **4-104**。该反应体系对各种官能团具有较好的兼容性，但当芳胺苯环上含有 2-或 4-硝基取代基时，C-N 偶联产率降低至 78%或 55%。

在 Ni(Ⅱ)催化剂作用下对甲苯磺酸嘧啶酯与吲哚、苯并咪唑、三氮唑发生 C-N 偶联反应，得到 *C*2-杂环取代嘧啶 **4-106**[式(4-47)][52]。通过对催化剂及配体的筛选发现，$Ni(dppp)Cl_2$ 的催化活性明显优于 $Ni(acac)_2$、$Ni(PPh_3)_2Cl_2$ 和 $Ni(dppb)Cl_2$。碱在整个偶联过程中也发挥着重要的作用，在反应进行至还原消除步骤时，碱可能会与生成的对甲苯磺酸结合，促使 Ni(Ⅱ)顺利转化为 Ni(0)。相比于 K_2CO_3 和 Cs_2CO_3，K_3PO_4 无疑是最适于该反应的无机碱。使用的溶剂中，甲苯的效果最好，二氧六环、DMF 及二甲苯的产率适中，而四氢呋喃的效果最差。

4-99 + NH-het —[$Ni(dppp)Cl_2$(5%摩尔分数)；K_3PO_4 (2.0equiv)，甲苯，110℃]→ **4-106** (4-47)

R^1=Me, MeO, F, Cl, Br, NO_2; R^2=Me, Et; R^3=Me, *i*Pr

NH-het = 吲哚, 2-甲基吲哚, 苯并咪唑, 1,2,4-三氮唑

磺酸嘧啶酯与含氮杂环的 Buchwald 偶联反应的可能机理推测如式（4-48）所示：首先零价镍活性催化剂 LNi(0)(L 为配体)经配体交换被释放出来，并与磺酸嘧啶酯 **4-99** 发生氧化加成反应，形成二价镍的过渡态 **A**，接着 **A** 与氮杂环发生配合作用，形成二价镍-磺酸嘧啶酯-氮杂环的配合物过渡态 **B**，**B** 在 K_3PO_4 的作用下脱去质子，形成中间体 **C**，**C** 经还原消去生成

C-N 偶联产物，完成一个催化循环。

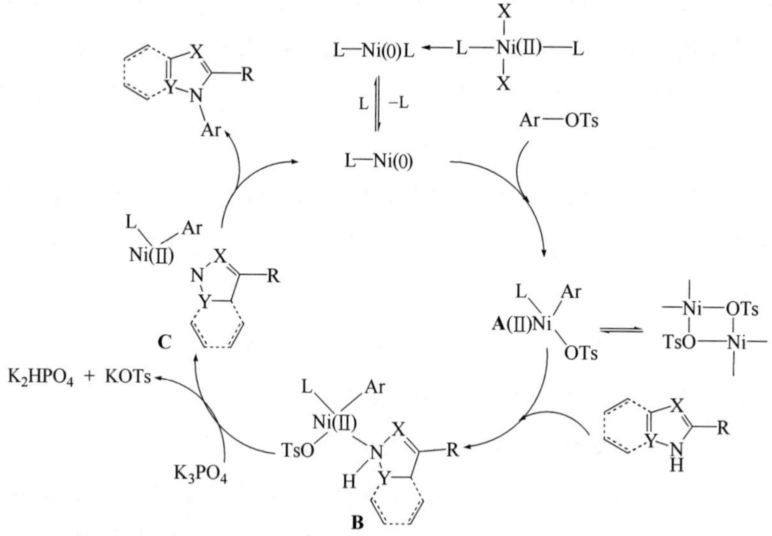

L—Ni(0)L ← L—Ni(Ⅱ)—L (X, X)
L ⇌ −L
L—Ni(0)
Ar—OTs
A(Ⅱ)Ni (L, Ar, OTs) ⇌ —Ni—OTs / TsO—Ni—
B: L, Ar, Ni(Ⅱ), TsO, N, H, Y, X, R
C: L, Ar, Ni(Ⅱ), N, X, Y, R
K_2HPO_4 + KOTs
K_3PO_4

(4-48)

通过磺酸嘧啶酯、叠氮化钠和炔烃的三组分 1,3-偶极环化加成反应，可以合成一系列嘧啶取代的 1,2,3-三唑衍生物 **4-107**[53][式(4-49)，R^1 = EtO，R^2 = Me，*i*Pr，R^3 = Ar]。

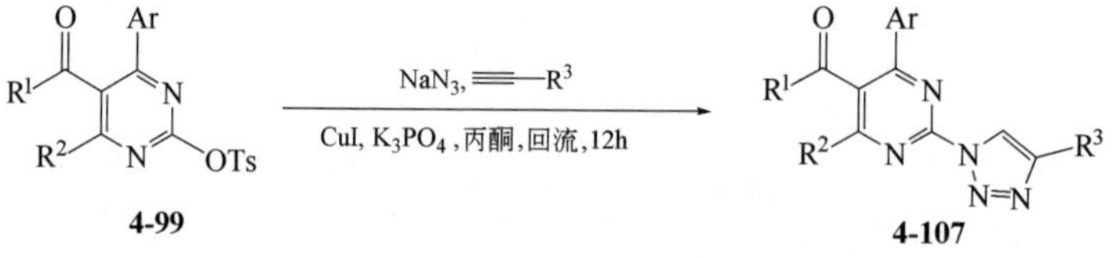

NaN_3, ≡—R^3 / CuI, K_3PO_4，丙酮，回流，12h

4-99 → **4-107** (4-49)

4.3.3 对甲苯磺酸嘧啶酯参与的 C-C 偶联反应

（1）与芳基硼酸的 Suzuki-Miyaura 偶联反应

在钯催化下对甲苯磺酸嘧啶酯能与芳基硼酸发生 Suzuki-Miyaura 偶联反应，合成多取代的 *C*2-芳基嘧啶 **4-93**。总体来看，该反应体系底物适用范围广泛，反应产率比较理想(63%～96%)[式(4-50)，Ar^1 = Ph，4-FPh，4-ClPh，4-BrPh，4-MeOPh；Ar^2 = Ph，4-MePh，3-MePh，2-MePh，4-MeOPh，4-FPh，4-ClPh，2-噻吩基，2-萘基][54]。

4-99 + Ar^2-B(OH)$_2$ —[Pd(OAc)$_2$, PPh$_3$; K$_3$PO$_4$,1,4-二噁烷; 110℃,7h]→ 4-93 （4-50）

（2）与末端炔的 Sonogashira 偶联反应

4-99 与末端炔在 Pd(OAc)$_2$/CuI 双金属催化体系中，DPE-Phos、K_3PO_4 存在下，发生 Sonogashira 偶联反应，高产率地合成 *C*2-炔基取代嘧啶衍生物[54]。嘧啶苯环上被卤素取代的对甲苯磺酸酯与给电子基团取代底物相比，反应效果较好。多种端炔，包括芳基乙炔、脂肪族的 1-辛炔、叔丁基乙炔都适用于此偶联反应，得到 *C*2-炔基取代嘧啶衍生物 **4-94**[式(4-51)]。

4-99 + R-C≡CH —[Pd(OAc)$_2$, DPE-Phos; CuI, Et$_3$N,1,4-二噁烷; 110℃,48h]→ 4-94 （4-51）

4-94a: Ar=Ph, R=Ph, 80%; **4-94b**: Ar=Ph, R=n-己基, 85%;
4-94c: Ar=Ph, R=*t*-Bu, 87%; **4-94d**: Ar=Ph, R=4-MeC$_6$H$_5$, 83%;
4-94e: Ar=4-MeC$_6$H$_5$, R=己基, 65%; **4-94f**: Ar=4-ClC$_6$H$_5$, R=己基, 89%;
4-94g: Ar=4-FC$_6$H$_5$, R=己基, 93%; **4-94h**: Ar=4-MeOC$_6$H$_5$, R=己基, 71%

（3）与烯烃的 Heck 偶联反应

我们通过对甲苯磺酸嘧啶酯 **4-99** 与各类烯烃的 C-C 偶联反应，成功实现了磺酸嘧啶酯的 Heck 偶联反应[55]。该反应选择性地生成反式 *β*-取代产物 **4-108**，反应底物磺酸嘧啶酯上的各类官能团都表现出良好的耐受性，同时各类取代苯乙烯，脂肪族烯烃如 1-已烯、1-庚烯，富电子的丁基乙烯基醚及缺电子的丙烯酸酯和丙烯腈也都顺利地实现了 Heck 偶联[式(4-52)]。在 Pd(PPh$_3$)$_2$Cl$_2$ 催化下，我们测试了几类含氧亲电试剂在 Heck 偶联反应中的活性，结果表明：对甲苯磺酸酯在 Heck 反应中的亲电活性优于甲磺酸酯、磷酸酯、苯甲酸酯和特戊酸酯。甲磺酸酯及磷酸酯能与苯乙烯发生 Heck 反应，但产率偏低；苯甲酸酯受弱亲电性的限制，只有少量产物生成；使用特戊酸酯时没有目标产物生成，主要是在碱性条件下发生水解形成了 2-羟基嘧啶。

4-99 + CH$_2$=CH-R —[Pd(PPh$_3$)Cl$_2$, 5% 摩尔分数; K$_3$PO$_4$, 2equiv; NMP,110℃,16h]→ 4-108 （4-52）

（4）与格氏试剂的Kumada偶联反应

以5%摩尔分数$FeCl_3$为催化剂，使用THF(2.5mL)和NMP(9equiv)作为混合溶剂，在－15℃至－10℃温度下，**4-99**与格氏试剂反应15min高产率得到2-烷基取代的嘧啶产物。另一方面，格氏试剂无论是正烷基格氏试剂，还是仲烷基格氏试剂，都能够以较高的产率得到单一产物。在使用芳基溴化镁为格氏试剂时，反应条件调整为$Fe(acac)_3$(10%摩尔分数)/*N*,*N*,*N*,*N*-四甲基乙二胺(TMEDA)催化体系，在－20℃温度下反应30min。总体而言，底物的普适性也较好，但其反应产率低于烷基溴化镁的，产物**4-93**的产率在41%～57%[56]。

（5）与杂环C-H键的活化交叉偶联反应

最后，我们还发展了$Pd(OAc)_2/PCy_3$催化**4-99**与杂环C-H键的活化交叉偶联反应。该反应具有良好的底物适用范围[式(4-53)]，无论是含有给电子基或吸电子基的磺酸嘧啶酯，还是各类苯并噁唑及芳基取代的噁二唑都顺利地转化成相应产物**4-109**。值得注意的是，当磺酸酯中苯环上4-位为NO_2基团时，反应难以发生。

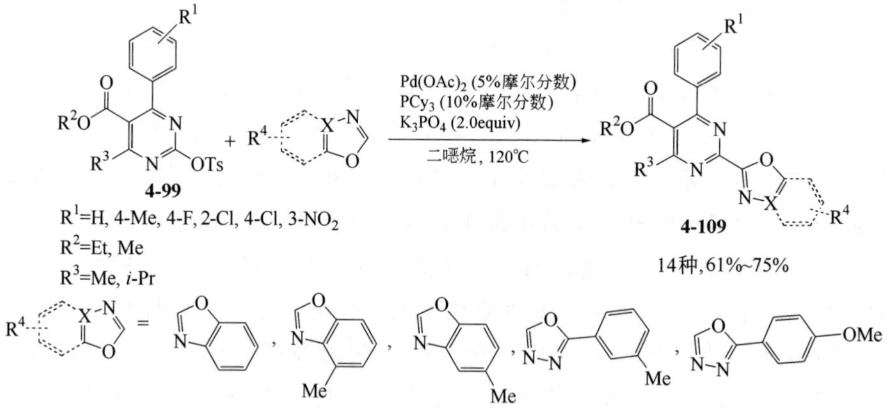

$Pd(OAc)_2$ (5%摩尔分数)
PCy_3 (10%摩尔分数)
K_3PO_4 (2.0equiv)
二噁烷，120℃

4-99
R^1=H, 4-Me, 4-F, 2-Cl, 4-Cl, 3-NO_2
R^2=Et, Me
R^3=Me, *i*-Pr

4-109
14种，61%~75%

(4-53)

该反应的可能机理如式（4-54）所示：首先PdL_n与磺酸嘧啶酯发生氧化加成反应，形成中间体**A**，接下来噁唑类化合物在K_3PO_4作用下与中间体**A**发生C-H活化形成二价钯中间体**B**，**B**经还原消除反应生成目标产物，同时释放出钯催化剂，完成一个催化循环。

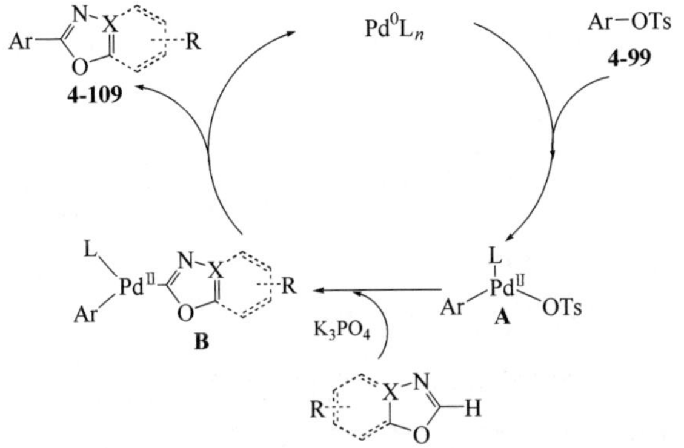

(4-54)

4.4 基于嘧啶硫酮的脱硫偶联反应

如前所述，2004年，Kappe等在Liebeskind-Srogl反应条件下研究了嘧啶硫酮与芳基硼酸的偶联反应。在零价钯和CuTC存在下，嘧啶硫酮与苯硼酸发生脱硫C-C偶联反应，形成*C*2-芳基-1,4-二氢嘧啶衍生物[式(4-34)]。在二价铜的催化下，嘧啶硫酮与苯硼酸反应形成硫醚类化合物，该硫醚在钯/铜作用下，亦能与苯硼酸反应形成C-C偶联产物。在这些C-C偶联反应中，需要2～3倍化学计量的CuTC作为助催化剂和脱硫试剂。不同于硫代羧酸酯与零价钯的氧化插入过程，硫羰基结构有可能首先与亚铜盐形成了硫醇-铜的络合物。嘧啶硫酮与烷基锡试剂在钯/铜促进下也可以发生C-C偶联反应得到*C*2-芳基-1,4-二氢嘧啶[57]。

4.4.1 嘧啶硫酮与炔、羧酸亚铜盐的脱硫偶联/酰化/水合串联反应

在Kappe等工作的基础上，我们将亲核试剂扩展为端炔类化合物，发展了嘧啶硫酮与炔的脱硫偶联反应。在乙酸钯催化、CuTC存在下，实现了嘧啶硫酮与末端炔烃、噻吩-2-甲酸亚铜(CuTC)的一锅多组分串联反应，得到**4-112**[式(4-55)]。在苯硼酸的反应中，过量的CuTC仅仅起助催化作用，反应结束后成了废弃物；而与炔的反应中，羧酸亚铜盐既是脱硫试剂，同时也是酰基化试剂，羧酸亚铜盐得到最大程度的有效利用，避免了物料的浪费[58,59]。呋喃甲酸亚铜盐和苯甲酸亚铜盐均能与嘧啶硫酮及炔发生脱硫偶

联/酰化/水合串联反应，得到相应多功能化的嘧啶产物。三种反应物都具有较广的适用范围，同时反应物的空间位阻效应较明显，例如当嘧啶硫酮 *C*4-苯环上含有邻位取代基(Cl 和 MeO)时，反应的产率明显下降[58]。

4-1 + **4-110** + **4-111** $\xrightarrow[\text{1,4-二噁烷,110℃,48h}]{Pd(OAc)_2,\ tBuXPhos}$ **4-112** (4-55)

R^1=EtO, *t*BuO; R^2=Ar, 烷基; R^3=苯基, 2-呋喃,2-噻吩

在上述条件下各种嘧啶硫酮与不饱和羧酸的亚铜盐、末端炔烃反应 24h 生成化合物 **4-112**(产率 69%)[式(4-56)]，同时也给出少量成环产物 **4-113**(产率 4%)。延长反应时间至 48h，以 78%产率得到 **4-113**。**4-112** 在 DBU 催化下于室温搅拌反应 6h，即可全部转换为成环产物 **4-113**，产率高达 96%[59]。

4-1 + **4-110** + **4-111** $\xrightarrow[\text{二噁烷, 110℃,12~48h}]{Pd(OAc)_2\ (2\%摩尔分数),\ DPEPhos\ (3\%摩尔分数)}$ **4-112**, 69%~0% + **4-113**, 4%~78%

4-112 $\xrightarrow[\text{MeCN, rt, 6h; 96\%}]{DBU(10\%摩尔分数)}$ **4-113**

(4-56)

羧酸亚铜盐一般不稳定，特别是在溶液中对于空气和水都很敏感，故难以操作和保存。因此，我们选择在反应体系中通过 Cu_2O 和羧酸反应原位生成羧酸亚铜盐，合成 **4-113**(产率 75%)，同时还检测到了少量 **4-112**。其他亚铜盐，例如 CuI、CuCl 和 CuBr，都以不同的产率得到目标产物，但产率都很低。各种 4-位芳基取代的嘧啶硫酮，都能以较高产率生成目标化合物。不同的末端炔在该反应中表现差异很大，苯乙炔及 4-甲基苯乙炔在反应中表现较好，脂肪族炔烃，例如 1-己炔、1-辛炔、3,3-二甲基-1-丁炔反应效果并不理想。一方面，所得产物产率较低；另一方面，有少量未成环产物生成。*α*-取代的丙烯酸也是良好的反应原料，但是，*β*-取代丙烯酸例如惕格酸、巴豆酸、肉桂酸的反应则停留在了未成环产物阶段，未成环产物 **4-112**

可以在DBU催化下发生Michael加成反应快速转换为成环化合物**4-113**。该反应可能经历了如式（4-57）所示的反应历程。

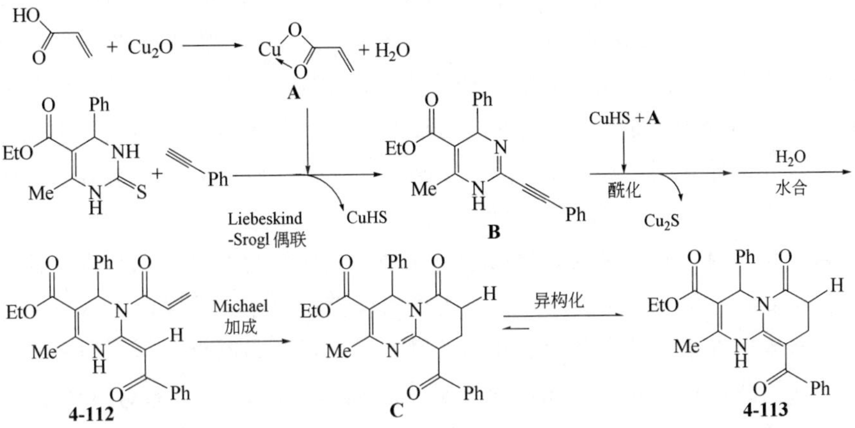

（4-57）

其他饱和羧酸也能实现嘧啶硫酮与端炔、Cu_2O的四组分反应，乙酸、异戊酸、正己酸、2,4,6-三异丙基苯甲酸分别与嘧啶硫酮及末端炔烃反应，均得到了相应的偶联、水合、酰化串联反应产物。

4.4.2 二嘧啶基二硫醚参与的脱硫偶联反应

（1）二嘧啶基二硫醚的制备

二硫醚类化合物作为一类传统的含硫试剂具有一些独特的结构特点，从而使得其具有多个反应活性中心。例如：①通常，在氧化性金属盐（Ag^+）的存在下S-S键中的硫原子可以作为一个亲电中心；②通过金属（Pd^0，Cu^+）与S-S键的氧化插入反应形成S亲核中心；③在自由基诱导剂的存在下，还可以产生S自由基；④通过金属（Pd^0，Cu^+）与C-S键的氧化插入形成C亲电中心。由于这些反应活性中心的存在，二硫醚类化合物一直是一类高效并且应用广泛的有机合成中间体，能够与多种亲核或亲电试剂发生反应，从而提高了二硫醚类化合物反应的多样性。有关二硫醚通过S-S键断键形成S中心（①～③三类活性中心）参与的C-S成键反应，已有大量的文献报道。归纳起来，主要有以下几种反应类型：

第一类，金属催化剂（Ni、Cu、Pd）或氧化试剂存在下，二硫醚与苯硼酸、炔或卤代烃等试剂反应得到S-S键断键的C-S偶联产物——硫醚。

第二类，通过二硫醚向 C(sp^3)-H、C(sp^2)-H 键插入 C-S 键实现 C-H 键的硫醚化。在 $I_2/(NH_4)_2S_2O_8$、I_2/FeF_3、Ag_2CO_3 或 $AgNO_3$ 等氧化剂的存在下，二硫醚作为硫化试剂被成功应用于含氮杂环的 C-H 功能化反应中。C(sp^2)-H 键功能化的例子主要有吲哚、苯并咪唑、喹啉、苯并噻唑等杂环化合物以及导向基团诱导的芳烃的硫醚化反应。近年来，二硫醚参与实现的 C(sp^3)-H 键的插入硫醚化的文献报道也在逐渐增多。典型例子有以喹啉酰胺基为诱导基团实现的 C(sp^3)-H 键的硫醚化反应，以及环己烷、丙酮和 2,4-二戊酮的 α-C-H 键的硫醚化反应[60]。

第三类，通过 C-S 键与金属发生氧化插入反应活化 C-S 键，再发生偶联反应构建 C-C、C-N 等化学键。这一类型的反应较少见文献报道，这可能是由于在常规条件下二硫醚化合物中 S-S 键比 C-S 键容易断键的原因所致。

在此，我们首先介绍二嘧啶基二硫醚的合成。2010 年，Hayashi 等[61]报道了在活性炭-空气(氧气)体系中将 3,4-二氢嘧啶-2-硫酮氧化得到二嘧啶基二硫醚的反应，但该法反应需要在 140℃ 温度下进行，反应用时至少要 36h，特别是在使用 4-苯基-5-乙氧甲酰基-6-甲基-3,4-二氢嘧啶-2-硫酮为反应物时，反应时间长达 67h，而二硫醚 **4-114a** 的产率只有 56%[式(4-58)]。

Hayashi的工作：

4-1 —活性炭, O_2 / 140℃, 67h→ **4-114a**, 56%产率

我们的方法：

4-1 —DDQ, NaH / rt, 8h→ **4-114a**, 79%产率 (4-58)

2016 年，我们在 2,3-二氯-5,6-二氰基-1,4-苯醌(DDQ)和 NaH 存在下，以 3,4-二氢嘧啶-2-硫酮为原料，室温条件下快速合成了二嘧啶基二硫醚[62]。该方法所有反应均实现了克级(5mmol)以上规模，反应产率良好，为此类化合物的合成提供了一条简易、高产率的合成途径。考察的氧化剂 DDQ、硝酸铈铵、I_2、I_2/叔丁基过氧化氢(TBHP)或 $K_2S_2O_8$ 中，DDQ 的效果最好。该方法具有较好的普遍性和底物适用范围。无论是嘧啶环 4-位含有给电子基(如对甲基苯基)的 4-芳基二氢嘧啶-2-硫酮，还是含有拉电子基的 4-芳基(如对氟苯基、对氯苯基等)二氢嘧啶-2-硫酮都能在一步反应中实现氧化芳构化得到相应的二硫醚，反应产率最高可达到 84%。当二氢嘧啶-

2-硫酮的4-位芳基上含有强吸电子基团(如 NO_2)时，仍能以70%和76%的产率得到相应产物。该法将反应底物扩展为更加常用且更易于制备的4-芳基-5-烷氧甲酰基-6-烷基-3,4-二氢嘧啶-2-硫酮类化合物。

3,4-二氢嘧啶-2-硫酮和4-甲基苯硫酚的混合物在DDQ氧化下得到预期的三种二硫醚类化合物**4-114**～**4-116**[式(4-59)]，产率分别为15%、58%和16%。当反应时间延长至1h或更长时间时，化合物**4-115**的产率则明显下降，而**4-114**和**4-116**的产率则会提高。这可能是两个原因造成的：其一，二硫醚化合物**4-115**不稳定易于氧化为其他化合物；其二，二硫醚**4-115**与未反应的二氢嘧啶-2-硫酮或硫酚通过S-S键交换反应生成相应的二硫醚。与此相类似，以4-(4-氟苯基)取代的3,4-二氢嘧啶-2-硫酮为底物与硫酚反应时，得到了相应三种产物的产率分别为11%、61%和14%。

(4-59)

HRMS再次确证了芳构化的1,2-二嘧啶基二硫醚的分子量(m/z 547.1470)。进一步的MS(ESI)分析实验表明，在 m/z 546处出现了**4-114a**的分子离子峰，依次在 m/z 501、453、425、381、305、274、245处出现了碎片峰，除了分子离子峰为最高峰外，仅次于分子离子峰的丰度的碎片峰是 m/z 274处的碎片峰，其很有可能是**4-114a**发生S-S键的裂解后产生的嘧啶基-2-硫酚的离子峰。**4-114a**的X-ray单晶衍射实验表明S-S键键长为2.0176Å，两个C-S键长分别为1.777Å和1.788Å，再次说明二硫结构中的S-S键比C-S键易于断裂，在金属离子如Cu(Ⅰ)存在时，首先形成R-SCu形式的中间产物，随后再与亲核试剂发生反应得到C-S或C-C偶联产物。结合此前的实验结果，我们推测在过量或当量Cu(Ⅰ)如CuTC存在时，二硫醚的S-S键断键全部形成R-SCu中间产物，再接着与芳基硼酸或格氏试剂在Pd催化下发生类Libeskind脱硫偶联反应得到C-C偶联产物；而在催化量CuI存在时，则得到C-S偶联产物——硫醚类化合物。

DDQ氧化3,4-二氢嘧啶-2-硫酮合成二嘧啶基二硫醚的反应可能经历了脱氢芳构化和氧化偶联两个主要过程[式(4-60)]。首先，在碱的辅助下，DDQ 氧化 3,4-二氢嘧啶-2-硫酮发生氧化脱氢反应生成中间体 **A**，**A** 再经异构化得到更加稳定的芳构化化合物 **B**，**B** 不稳定，在空气中发生双分子氧化偶联反应得到二硫醚产物 **4-114**。

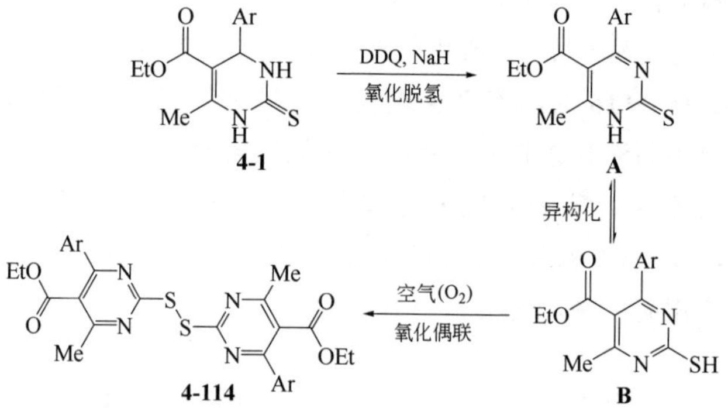

DDQ, NaH 氧化脱氢 异构化 空气(O_2) 氧化偶联 **4-1** **A** **B** **4-114**

(4-60)

在成功制备二嘧啶基二硫醚的基础上，我们分别研究了其与芳基硼酸、炔烃、胺、CH 化合物等的偶联反应。

(2) 与芳基硼酸的 C-C、C-S 偶联反应

在分子碘及 NaH 存在下，嘧啶硫酮能与吗啉在室温下反应得到 S-N 偶联/芳构化的产物 **4-117**，而在高温条件下则得到 C-N 偶联/芳构化嘧啶衍生物 **4-118**。通过中间体分离、鉴定，该反应很有可能是首先在碘分子-氧气共同作用下形成二嘧啶基二硫醚关键中间体 **4-114**，而后在不同的温度下二硫醚与胺分别发生 C-N 和 N-S 偶联反应生成嘧啶类化合物[式(4-61)][63]。

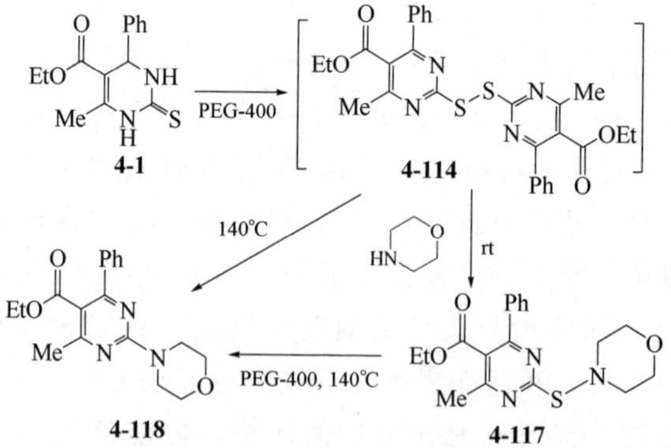

PEG-400 140℃ rt PEG-400, 140℃ **4-1** **4-114** **4-117** **4-118**

(4-61)

以此为依据，我们以杂环二硫化物和芳基硼酸类化合物为原料，在 Pd (PPh_3)$_4$ 催化、CuTC 助催化下较高产率地得到 C-C 偶联产物 **4-93**。这是首

次报道二硫化物与亲核试剂反应得到 C-C 偶联产物，同时也是对 Suzuki-Miyaura 偶联反应的扩展和补充[式(4-62)][64]。二嘧啶基二硫化物(**4-114**)和不同取代的苯硼酸的反应，表现出了很好的官能团适应性，电子效应和空间位阻效应影响不明显。

$Ar^2B(OH)_2$
$Pd(PPh_3)_4$(5%摩尔分数), CuTC(3 equiv)
K_3PO_4 (3 equiv), 二噁烷(3mL), Ar
110℃, 12h
R^1=Et, Me; R^2=Me, *i*-Pr

4-114　　**4-93**, 17种　70%~95%产率

(4-62)

二嘧啶基二硫醚与芳基硼酸在一价铜盐——CuTC 或 2-氯苯甲酸亚铜盐(CuCBC)催化下，能选择性地发生 C-S 偶联反应，该方法具有较温和的反应条件，底物适用范围广泛，包括 1,2-二嘧啶基二硫醚、二芳基二硫醚、二吡啶基二硫醚都能与硼酸作用高产率得到硫醚类化合物 **4-84**。

(3) 与炔的 C-C 偶联反应

使用端炔替代硼酸，三乙胺替代前述芳基硼酸偶联反应中的磷酸钾作为碱试剂，得到相应的 C-C 偶联产物——2-炔基取代的嘧啶衍生物 **4-119**[式(4-63)]。采用不同取代的二嘧啶基二硫化物和不同取代的末端炔烃进行反应，都能以较高的产率得到相应的 C-C 偶联产物[64]。但与芳基硼酸的反应相比，二硫化物与末端炔烃的反应要缓慢很多，完成反应需要更长的反应时间。利用二吡啶基二硫化物和末端炔烃反应，也得到预期产物。与苯硼酸的反应类似，芳基二硫化物与末端炔烃的反应效果很差，二苯基二硫醚不反应，活化的二硫醚如二-(4-硝基苯基)二硫醚只给出 26%产率的目标产物。

$Pd(PPh_3)_4$ (5%摩尔分数)
CuTC (3 equiv)
Et_3N (1mL), 二噁烷(3mL)
110℃, 24h

4-114　　**4-119**　　(4-63)

X=Y=N; X=CH, Y=N; X=Y=CH

基于以上实验和观察，我们认为此反应的机理与 Liebeskind-Srogl 偶联反应的相类似[65]，含氮的杂环二硫化物在反应中表现出的活性明显高于芳基二硫化物，这可能是由于嘧啶环含有 N 原子，它和铜盐结合更好地提高了 C-S 键的活性，从而发生 C-S 键断键生成 C-C 偶联产物。对此反应机理，

我们进行了控制实验，这些实验结果有力地支持了上述的机理推测。

其一，2-巯基吡啶和苯硼酸的反应，也得到了C-C偶联产物[式(4-64)]。

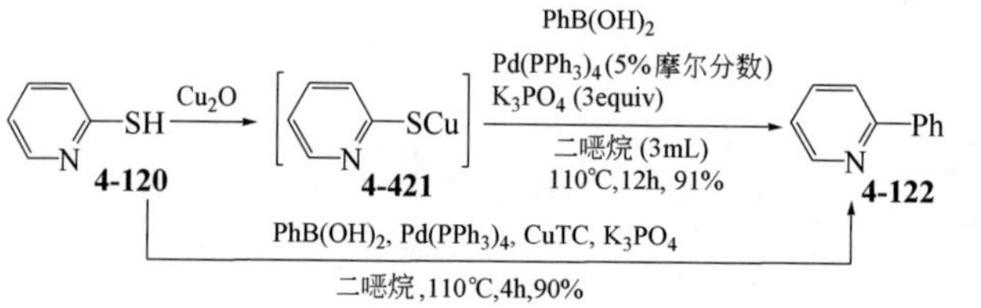

(4-64)

其二，使用不对称的二硫醚——吡啶基嘧啶基二硫醚作为底物，分别与苯硼酸和苯乙炔反应，这两个反应都能顺利进行，得到预期的C-C偶联产物[式(4-65)]。

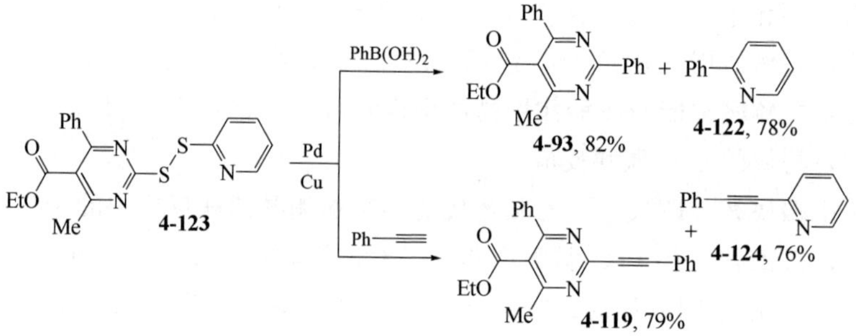

(4-65)

由此可以证明，此反应是通过两个C-S键断裂而发生的。与含氮的杂环二硫化物相比，二芳基二硫化物的反应活性较差，即使含有强吸电子取代基(NO_2)的二芳基二硫醚，与苯硼酸或炔的产率都很低，而没有取代基或甲基取代的二硫醚则几乎不发生反应。

(4) 与格氏试剂的C-C、C-S偶联反应

格氏试剂的底物更加广泛，既可以是芳基也可以是烷基溴化镁，原料廉价易得，而且，格氏试剂的反应活性大于硼酸或炔类化合物。例如，以二茂铁(5%摩尔分数)为催化剂，二硫化物和格氏试剂的物料比为1∶2.4，在−20℃即可高选择性地实现C-S偶联反应，得到C2-芳基/烷基硫醚取代的嘧啶衍生物[式(4-66)][66]。实验结果表明：无论芳香族还是脂肪族格氏试剂都能够很好地适应该反应，得到相应的芳基嘧啶基硫醚类化合物**4-84**。电子效应和空间位阻对反应结果影响不大。

4-114 + RMgBr —二茂铁(5%摩尔分数), THF (3mL), −20℃, 0.5h, N_2→ 4-84, 20种, 71%~79%产率

R=Ar, Bn, Et, *i*Pr, 正丁基等

(4-66)

相反，当使用 $Pd(OAc)_2$/DPE-Phos 为催化体系，物料比为 1∶4.8，在四氢呋喃（THF）/二噁烷中反应 2h 则发生脱硫 C-C 偶联反应得到 C2-芳基/烷基取代的嘧啶类衍生物 **4-93**[式(4-67)]。

4-114 + RMgBr (4.8 equiv) —$Pd(OAc)_2$ (5%摩尔分数), DPE-Phos (6%摩尔分数), THF/二噁烷 (3mL), 0℃~rt, 2h, N_2→ 4-93, 17种, 69%~82%产率

R=Ar, Bn, Et, *i*Pr, 正丁基等

(4-67)

使用结构不对称的二硫化物吡啶基嘧啶基二硫醚 **4-123** 为底物，在 C-C 偶联反应条件下与格氏试剂反应，结果以 70%的产率得到了 C-C 偶联产物 2-苯基嘧啶 **4-93** 和 8%的 2-苯基吡啶 **4-122**，还分离得到了 2-苯硫基吡啶，产率为 48%。最后，将得到的硫醚 **4-84** 和格氏试剂在 C-C 偶联反应的条件下处理，得到了 71%的 C-C 偶联产物 **4-93**。

依据以上的实验结果，我们认为该反应的关键可能是二硫化物和格氏试剂首先发生 C-S 偶联反应，生成中间体苯基嘧啶硫醚，接着再与格氏试剂发生类似 Kumada 型的偶联反应。

综上，在乙酸钯催化、CuTC 存在下杂环二硫醚与芳基硼酸、炔或格氏试剂能发生 C-C 偶联反应，二吡啶基二硫醚、强吸电子基团(4-硝基)取代的二苯基二硫醚都能与硼酸发生 C-C 偶联反应，但后者的产率较低(只有 35%)。然而，4-甲基取代或没有取代基的二苯基二硫醚却无法完成此反应。无论是吸电子还是给电子取代基的二芳基二硫醚均不与格氏试剂发生 C-C 偶联反应。究其原因，一方面主要是含氮芳香杂环取代的二硫醚中 N 原子的吸电子作用从而活化了 C-S 键；另一方面，N 原子的存在可以与催化剂的金属离子形成较稳定的环状中间体，从而提高了反应活性。

（5）与胺类化合物的 C-N 偶联反应

在 CuCl 存在下，以 K_3PO_4 作为碱，二硫醚类化合物与芳胺、脂肪胺

等发生 C-N 偶联反应，高产率(78%～91%)得到 C2-氨基嘧啶类衍生物[条件 1,式(4-68)][67]，反应底物适用范围广泛，苯胺上的取代基对反应几乎没有影响。这是首次利用二硫醚类化合物为亲电试剂实现的 C-N 偶联反应，拓展了二硫醚类化合物在有机合成中的使用范围。

只需将 CuCl 替换为活性较高的 CuTC 作为促进剂，Cs_2CO_3 作为碱，就可顺利实现二嘧啶二硫醚与活性较低的含氮杂环吲哚、苯并咪唑、苯并三氮唑等的 C-N 偶联反应，产率理想。2-甲基吲哚的反应活性则很低，需要加入过渡金属催化剂如 $Ni(dppp)Cl_2$ 才能完成反应[条件 2,式(4-68)]。

4-114 R=Et, Me + R^1R^2NH —反应条件→ 4-100 33种,80%~91% 或 4-106 18种,71%~89%

反应条件1: CuCl (1equiv), K_3PO_4 (3equiv), 二甲苯, 140℃, N_2, 8h

R^1R^2NH = 吗啉, 哌啶, 苄胺, 环己胺, $NH_2{}^n$Bu, $ArNH_2$

反应条件2: CuTC (1equiv), Cs_2CO_3(3equiv), 二噁烷, 120℃, N_2, 12h

R^1R^2NH = 吲哚, 苯并咪唑, 1,2,4-三唑, 苯并三唑

(4-68)

使用结构不对称的二硫化物(对甲基苯基)嘧啶基二硫醚 **4-125** 为底物，在 CuCl 催化下与对甲苯胺反应，结果以 75%～81%的产率得到 C-N 偶联产物 **4-104** 和 40%～60%产率的二(对甲基苯基)二硫醚 **4-126**[式(4-69)]。然而，却没有检测到另一个预期的产物——二(对甲基苯基)胺 **4-127** 的生成，可能是因为在该反应中芳基结构的反应活性远不如嘧啶结构。

4-125a, R=H; **4-125b**, R=F —对甲苯胺, CuCl (1equiv), K_3PO_4 (3equiv), 二甲苯, 140℃, N_2, 8h→ **4-104a**, R=H, 81%; **4-104b**, R=F, 75% + **4-127**, 0% + **4-126**, 40%~60%

(4-69)

近几年，韩国学者 Sohn 等通过嘧啶硫酮的 Liebeskind-Srogl 型脱硫 C-C、C-N、C-O 偶联实现了一系列 2-芳基/氨基/烷氧基嘧啶的合成[68]。例如，在乙酸钯催化，LiHMDS 和 CuTC 存在下，以嘧啶硫酮为起始原料直接与胺类化合物在甲苯中加热反应，经脱硫 C-N 偶联反应和氧化脱氢芳构化，一步得到了 2-氨基嘧啶类化合物 **4-104**[68a]。通过类似的脱硫-氧化芳构化反应也可以得到 NH_2 基取代的嘧啶。在乙酸钯催化，1,10-邻菲罗啉和 CuTC 存在下，以嘧啶硫酮为起始原料直接与 NH_3 溶液反应，一步得到了 2-氨基嘧啶类化合物 **4-102**[68b]。随后 2017 年，Sohn 等还实现了嘧啶硫酮与芳基硼酸的氧化脱硫 C-C 偶联-芳构化反应，一锅法得到了 2-芳基嘧啶类衍生物 **4-93**，产率 53%～89%[68c]。

2018 年，Sohn 等[68d]接着实现了 Cu 促进下嘧啶硫酮与硼酸酯的氧化脱硫 C-O 偶联反应，合成了 2-烷氧基取代嘧啶类化合物 **4-100**。各种硼酸酯都能用于此反应得到目标产物，如硼酸的伯、仲、叔醇酯等分别得到烷基嘧啶基醚类化合物，硼酸苯酚酯也能用于此反应，得到 2-苯氧基取代嘧啶产物，产率 76%。

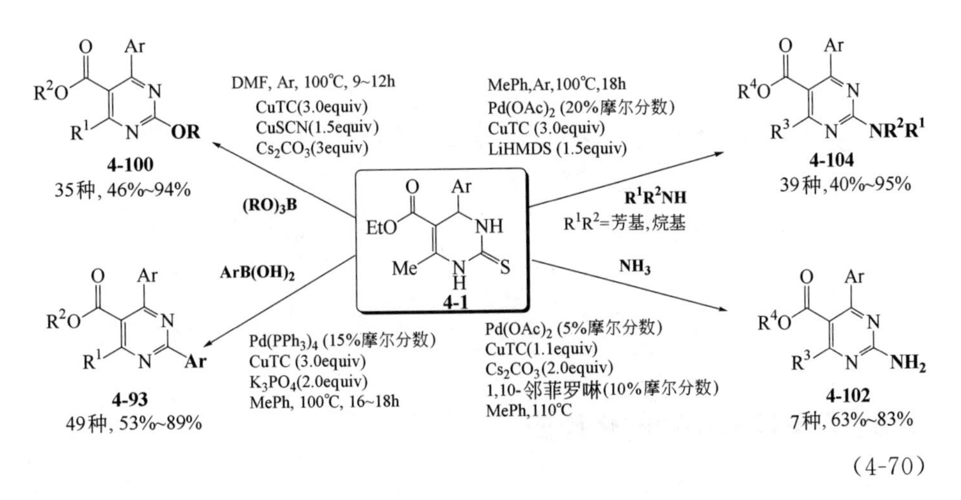

(4-70)

(6) 与唑类化合物的 C-H 键插入 C-C 偶联反应

我们以 $Pd(OAc)_2$ 为催化剂，CuTC、dppp 和 Cs_2CO_3 存在下，实现了二嘧啶基二硫醚 **4-114** 与唑类化合物 **4-128** 的 C-H 键插入 C-C 偶联反应，合成了 **4-129**[式(4-71)]。反应底物范围广泛，多种二嘧啶基二硫醚与苯并噁唑、1,3,4-噁二唑及噻唑等唑类化合物均顺利地实现了 C-H 键插入 C-C 偶联反应[69]。

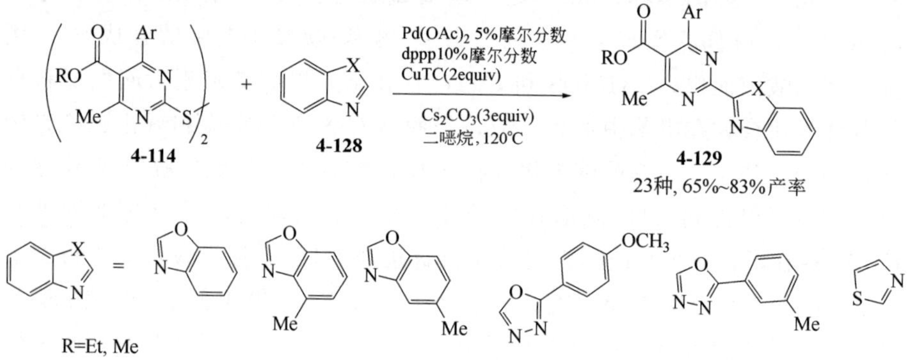

(4-71)

当使用活性较低的苯并噻唑时，需要较强烈的反应条件：$PCy_3/{}^tBuOK$/DMA 体系中于 140℃ 加热反应，高产率得到 C-C 偶联产物。当芳环上含有 Br 取代基时，除发生脱硫 C-H 功能化反应外，还发生了 C-Br 键的偶联反应，得到化合物 **4-131**[式(4-72)]。

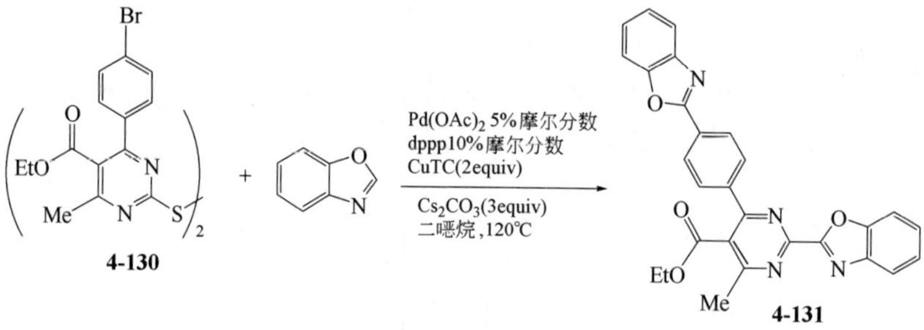

(4-72)

4.5 C5-和 C6-功能化反应

4.5.1 C5-功能化反应

DHPM 结构中 *C*5-酯基难以水解，对亲核试剂的进攻也很稳定。*N*1-未取代或甲基取代的嘧啶苄基酯在 Pd/C 催化下加氢水解得到相应的羧酸 **4-132**[式(4-73)]。然而，*N*1-甲基取代的嘧啶酯则在 5%KOH 的醇溶液中很容易水解为羧酸。酯的低反应活性可能是由于其与嘧啶环上 C═C 双键的强共轭效应所致，六氢嘧啶酯容易水解为此说法提供了有力证据。

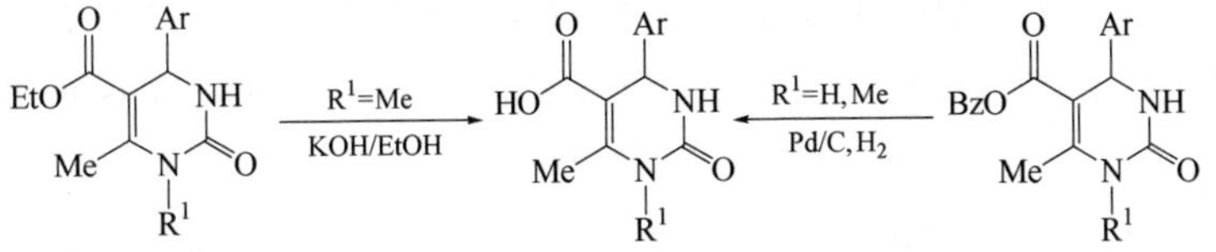

(4-73)

水解后的羧酸 **4-132** 先后经氯甲酸异丙酯和 NaN_3 处理转化为酰基叠氮 **4-133**，**4-133** 在室温下通过 Curtius 重排为异氰酸酯 **4-134**，最后与乙醇加成得到氨基甲酸酯 **4-135**[式(4-74)]。嘧啶酯亦可与水合肼发生肼解反应生成酰肼类化合物。**4-132** 在聚合物支载脱水剂的作用下与胺发生缩合反应得到 **4-135**。通过醛及脲/硫脲及固载 β-酮酰胺的 Biginelli 反应，最后用 TFA 切割也可以制备 5-甲酰胺取代的 DHPM[70]。

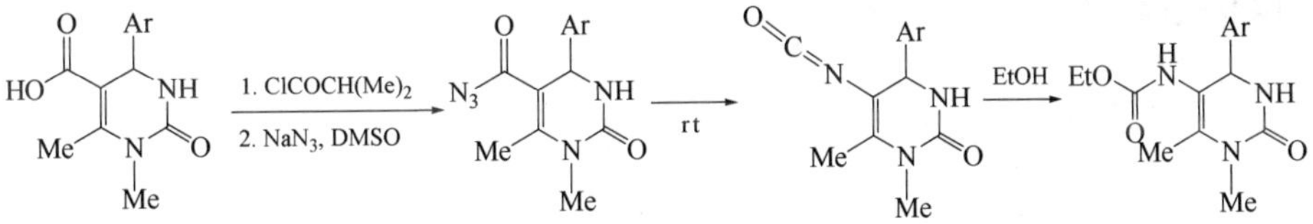

(4-74)

*N*1-芳基-*C*2-未取代的嘧啶酯 **4-64** 则较容易水解为羧酸 **4-136**，类似的酰胺在 $POCl_3$ 中回流反应得到 *C*5-氰基取代的嘧啶类化合物 **4-137**[式(4-75)]。类似的酰胺基嘧啶酮也能够在 P_4O_{10}、$MeSO_3H$ 体系中转化为 5-氰基嘧啶酮衍生物。通常，由于氰基不稳定易分解，难以通过 Biginelli 缩合反应直接制备氰基取代嘧啶酮。

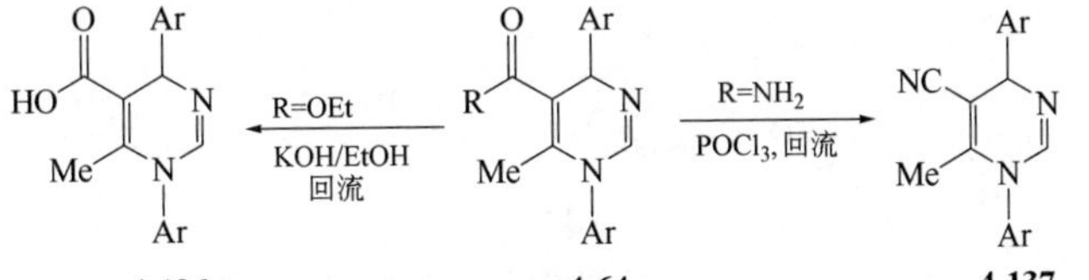

(4-75)

在 Oxone® 作用下，水解产物 **4-136** 进一步与卤化钠(NaX，X＝Br、I)反应，脱羧卤化生成 5-卤代嘧啶酮类化合物，后者可继续与芳基硼酸发生 Suzuki-Miyaura 偶联反应得到 *C*5-芳基嘧啶酮。在 NaOH 的甲醇溶液中回流水解产物还能发生脱羧反应得到 *C*5-未取代的嘧啶酮。

Kappe 等[71]通过 *C*5-硫代羧酸酯取代 DHPM **4-138** 与苯硼酸的 Liebeskind-Srogl 偶联反应，合成了一系列 *C*5-芳甲酰基取代的 DHPMs 化合物 **4-2**

[式(4-76)]。该法首先通过硫代乙酰乙酸乙酯、醛和脲发生 Biginelli 缩合反应合成 $C5$-硫代羧酸酯，后者进一步反应合成了用其他方法不易得到的芳甲酰基 DHPM 骨架，该法为嘧啶环上 $C5$ 位的结构多样化反应提供了一种新方法，且适用于组合合成和平行合成反应。

$R^3B(OH)_2$, $Pd(OAc)_2$, PPh_3, CuTC, 二噁烷, MW,130°C,1h

4-138 → **4-2,** 57%~88% (4-76)

R^1=芳基, 2-噻吩基; R^2=H,Et,Me; R^3=芳基

将 Biginelli 缩合产物 **4-1** 首先溴代得到 $C5$-溴代乙酰基嘧啶酮 **4-139**，再与硫脲在乙醇中回流反应，可以用来合成 $C5$-杂环修饰的嘧啶衍生物 **4-140**[式(4-77)]。

4-1 —$Br_2/CHCl_3$, X=O,S→ **4-139** —$H_2NC(S)NH_2$→ **4-140** (4-77)

将 $C5$-乙酰基取代 DHPM **4-1** 直接与醛、乙酸铵和氰基乙酰乙酸乙酯 **4-141** 在正丁醇中加热，发生三组分缩合反应，得到 $C5$-吡啶修饰的嘧啶酮 **4-142**。同样，将 **4-1** 与芳基磺酰肼 **4-143** 一起反应，生成酰腙取代的嘧啶酮衍生物 **4-144**，该产物接着与巯基乙酸在干燥苯中缩合给出噻唑啉酮类化合物 **4-145**[式(4-78)]。

4-1 + RCHO + **4-141** —$MeCONH_4$, BuOH→ **4-142**

R=2-OHPh,4-OHPh,3-OMe-4-OPh

4-1 —$RSONHNH_2$ **4-143**→ **4-144** —$HSCH_2COOH$→ **4-145** (4-78)

与之相类似，以 DHPM 为原料得到的 $C5$-查尔酮修饰的嘧啶酮 **4-146**

能与尿素在盐酸的醇溶液中回流反应，得到双嘧啶酮衍生物 **4-147**[式(4-79),X=O]；同样，**4-146** 还能与硫脲在 KOH 的醇溶液中回流反应得到双嘧啶硫酮衍生物 **4-147**(X=S)。**4-146** 与丙二腈在醇钠促进下则生成了 *C*5-吡啶取代的嘧啶酮衍生物 **4-148**。

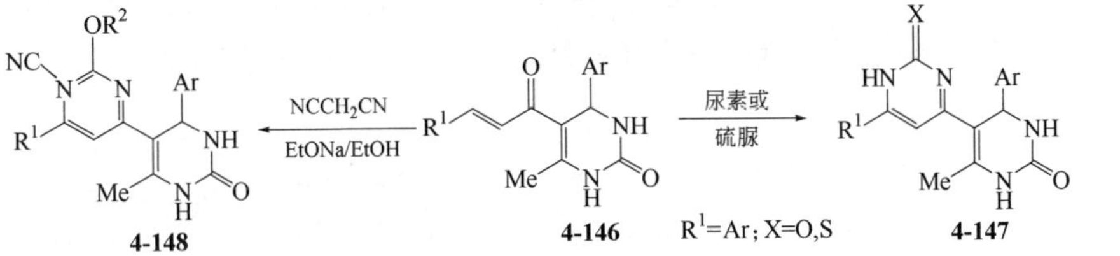

4-148 **4-146** **4-147**

(4-79)

在 Mitsunobu 条件(DIAD,PPh_3)下，*C*5-羧基取代嘧啶-2-硫酮 **4-149** 分别与缩二醇和单硫代缩二醇反应得到相应的酯交换产物 **4-150**[式(4-80)][72]。4-(3-羟基苯基)-3,4-二氢嘧啶-2-硫酮-5-甲酸乙酯在 KOH 存在下，亦可发生水解反应生成羧酸，其在 DCC/Et_3N 体系中，能与乙胺的盐酸盐反应生成 4-(3-羟基苯基)-3,4-二氢嘧啶-2-硫酮-5-甲酰胺 **4-151**。

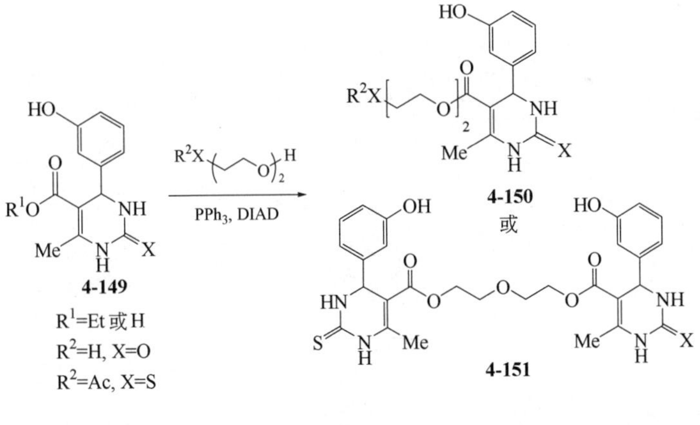

4-149

R^1=Et 或 H

R^2=H, X=O

R^2=Ac, X=S

4-150

4-151

(4-80)

除了对 Biginelli 产物进行 *C*5-功能化以外，通过 *β*-修饰酮酸酯直接参与的 Biginelli 反应也是合成 *C*5-功能化 DHPM 常用的方法。

4.5.2 C6-功能化反应

通常乙酰乙酸乙酯被应用于 Biginelli 缩合反应中，所以此缩合产物的 *C*6-位都被一个甲基所取代，该甲基很容易溴化生成溴甲基取代 DHPMs，另外还能发生硝化以及氯化反应。所以，DHPMs 环上 $C6$-功能化容易通过溴(或氯)甲基取代产物与亲核试剂(如 I^-、^-OEt、^-OPh、N_3^- 以及哌啶或吗啉)的反应来完成。但是也存在不足之处，例如，在发生溴(或氯)代反应时往往伴随着偕二溴(氯)代物的产生以及嘧啶环上卤代等副反应。利用 PCl_5 对嘧啶酮进行氯代时，除了得到预期产物 $C6$-偕二氯代嘧啶酮 **4-152** 以外，还得到 $C6$-氯代/$C4$═$C5$ 双键加成异构产物 **4-153** 和 **4-154**[式(4-81)]。

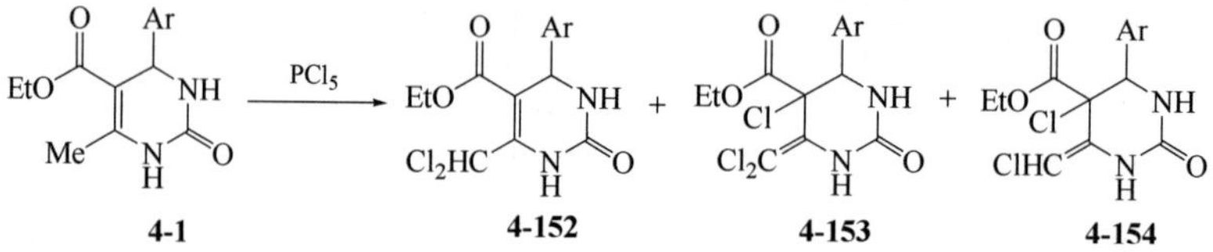

$$(4\text{-}81)$$

为了解决此问题，Kappe 等[73]利用固载的溴化试剂 **4-155**，在流动相条件下实现了 $C6$-甲基的溴化反应，单溴代产物 **4-156** 的产率高达 96%，双溴代产物有 3%，另外是 1% 未反应的原料。在微波辐射下，单溴代产物与 NaN_3 作用生成叠氮化物 **4-157**，再与炔发生 Click 反应生成 1,2,4-三唑取代化合物 **4-158**[式(4-82)]。

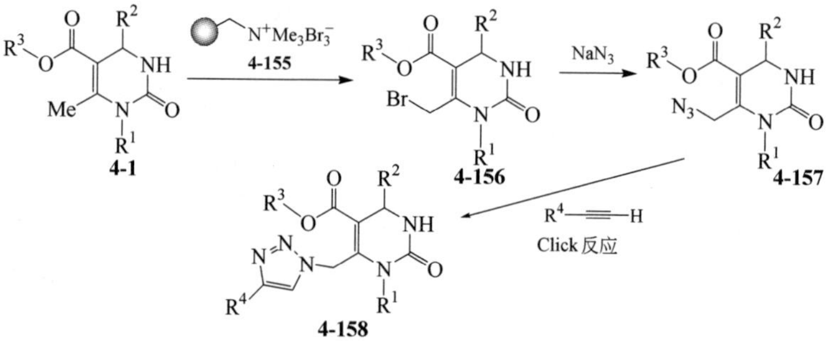

$$(4\text{-}82)$$

单溴代产物 **4-156** 还能与甲胺、苄胺及邻苯二甲酰亚胺的钾盐等发生成环反应[式(4-83)]。在与苄胺的反应中还分离得到了未环化产物——$C6$-苄胺甲基嘧啶酮化合物。与水合肼作用则得到六元环化产物——哒嗪并[4,5-*d*]嘧啶酮。与溴代产物的反应相类似，$C6$-氯甲基嘧啶酮在微波辐射下也能与伯胺反应得到吡咯酮并[3,4-*d*] 嘧啶产物。然而，与水合肼反应时并没有形成哒嗪并[4,5-*d*]嘧啶酮，而得到了呋喃并[3,4-*d*] 嘧啶。

O Ar EtO NH Br N H O **4-156** —R=Me,H,Bz→ O Ar R—N NH N H O **4-159**　O Ar EtO NH BzHN N H O **4-160**　O Ar HN NH R N N H O **4-161**

(4-83)

2009年，我们[74]发展了固态溴化试剂DDB **4-162**（溴-1,4-二氧六环复合物）对$C6$-甲基的单溴代反应，反应的选择性良好，优先生成了单溴代产物**4-156**。随后以水为介质，PEG-400为相转移催化剂，**4-156**与芳基亚磺酸钠发生亲核取代反应合成了一系列结构新颖的$C6$-芳磺酰基亚甲基嘧啶酮类化合物**4-164**[式(4-84)]。

O Ar^1 EtO NH Me N H O **4-1** —OBr_2O **4-162**, 二噁烷→ O Ar^1 EtO NH Br N H O **4-156** —$Ar^2SO_2^-\ Na^+$ **4-163**, PEG-400, H_2O, 回流→ O Ar^1 EtO NH Ar^2O_2S N H O **4-164**

(4-84)

2005年，Singh等[75]报道在N_2气氛中于-10℃下，DHPMs与LDA作用得到DHPMs的锂盐，再与多种亲电试剂反应，得到$C6$-取代的DHPM衍生物，产率适中或较高。当使用卤代烃、对甲基苯磺酰氯、取代苯甲醛、双硫醚、酰氯、甲酸乙酯和三甲基氯硅烷等作为亲电试剂时，得到的主产物都是对应的$C6$取代DHPM **4-165**，而当使用丙酮或2-苯基丙酮时，则主要得到了环状内酯**4-166**。在过量碱的存在下，同时还会生成二取代和三取代产物[式(4-85)]。

O Ar EtO NH Me N H X **4-1** —1. LDA/THF, -10℃, N_2; 2. 亲电试剂; THF→ O Ar EtO NH R N H O **4-165** + O Ar R O NH N H X **4-166**　(4-85)

X=S,O; R=Me, $PhCH_2$

在嘧啶酮的氧化脱氢反应中通常也伴随有$C6$-甲基的氧化过程，例如在使用SeO_2对嘧啶酮氧化时，分别得到$C5$-脱氢和$C6$-甲基氧化产物——甲醛**4-167**和甲酸**4-168**[式(4-86)]。

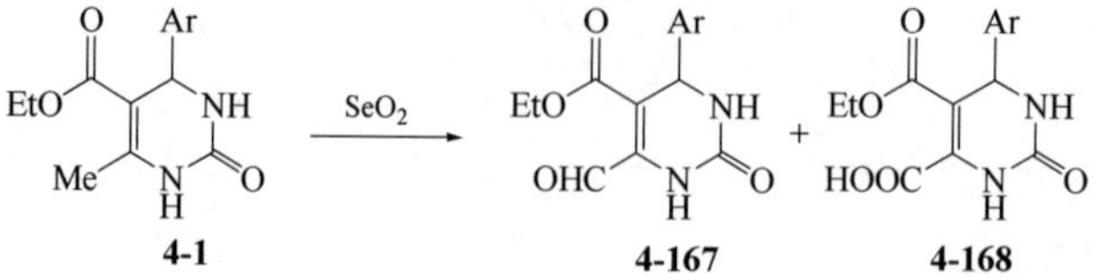

(4-86)

又如在 HNO_3 作用下，DHPM 除能发生嘧啶酮脱氢反应外，还发生 *C*6-甲基上的硝化反应。在低温下(0℃)，2～30min 内，嘧啶酮被 HNO_3 氧化为 1,2-二氢嘧啶酮 **4-68**[式(4-87)]；而在 50℃时，则得到 *C*6-硝基化的 1,2-二氢嘧啶酮 **4-169**。

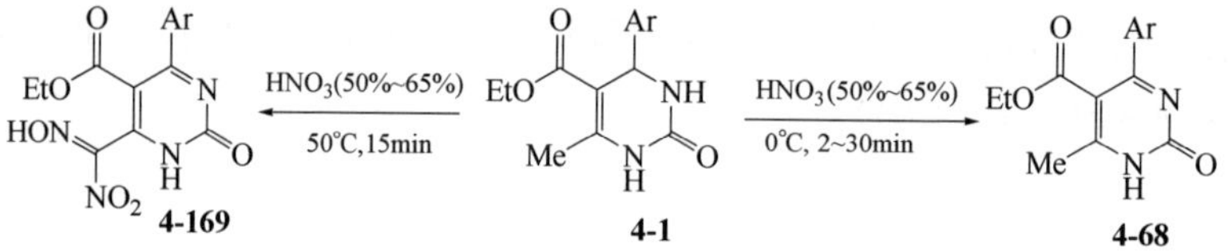

(4-87)

*C*6-未取代或甲基取代的嘧啶酮在 KNO_3/H_2SO_4 体系中，不但形成了 *C*6-硝化产物，还发生硝基对 C═C 双键的加成反应，得到二硝基取代嘧啶酮衍生物 **4-170**[式(4-88)]。嘧啶酮在硝酸钴和过硫代硫酸钾的氧化下还能发生 *C*4-去甲基化等反应。

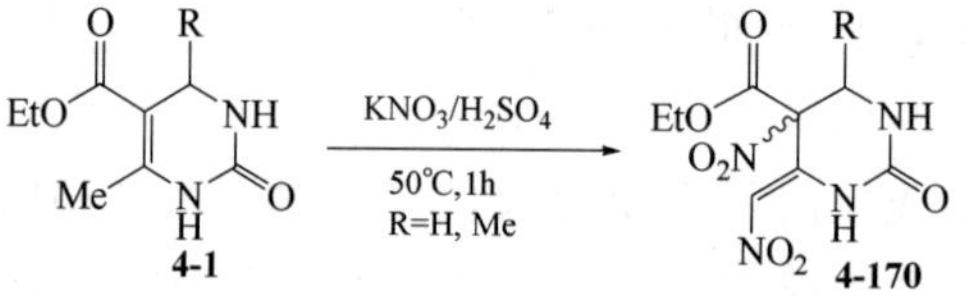

(4-88)

由于嘧啶环上碳碳双键的共轭作用，导致 *C*6-甲基显一定的弱酸性。故在碱性条件下，嘧啶酮能与芳醛发生缩合反应。例如，嘧啶酮与芳香醛在 NaOH 溶液中回流反应生成烯基产物(R＝H,Ar)[式(4-89)]。

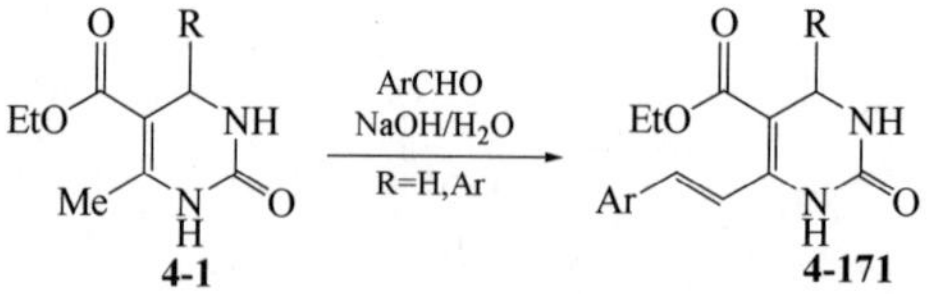

(4-89)

4.6 成环反应

4.6.1 *C*5/*C*6-成环反应

*C*6-功能化的 Biginelli 化合物是合成稠合嘧啶衍生物的有效原料。例如

$C6$-溴甲基取代的嘧啶酮 **4-156** 在加热时能与 $C5$ 位酯羰基通过分子内消除一分子溴代烃而生成呋喃并[3,4-*d*] 嘧啶 **4-172**[式(4-90)]。同样，$C6$-二溴代甲基嘧啶在加热时也得到相同的产物。

4-156 4-172

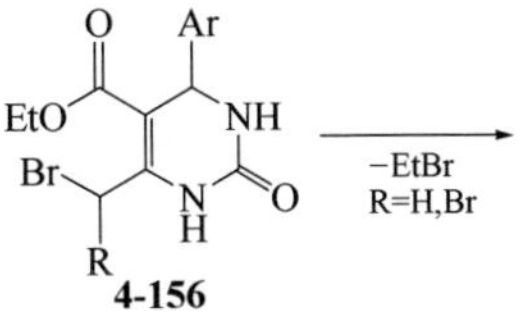

(4-90)

$N3$-乙酰基嘧啶酮 **4-18** 被 SeO_2 氧化也是合成呋喃并[3,4-*d*] 嘧啶的方法之一。由于 *N*-乙酰基的空间效应阻止了嘧啶环的芳构化过程，使得 $C6$-甲基被氧化为羟甲基衍生物 **4-173**，其进一步与乙酯发生分子内酯交换反应得到并环产物 **4-174**[式(4-91)]。利用类似的策略，首先通过不饱和酮酯与 *S*-甲基硫脲的缩合反应制得羟基保护的二氢嘧啶 **4-176**，在碱性条件下加热环化、脱去保护基得到 **4-177**[式(4-92)]。

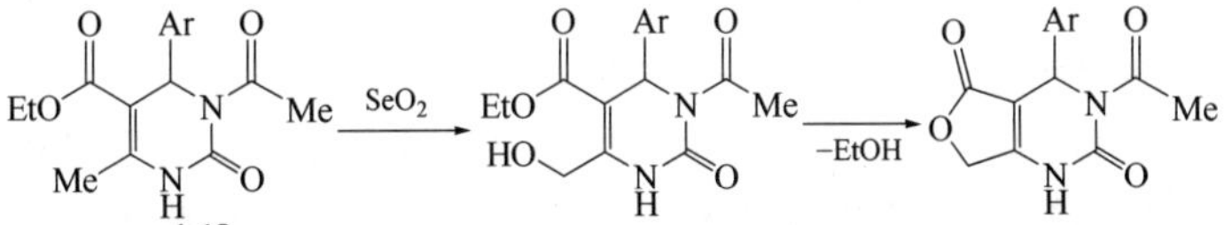

4-18 4-173 4-174

(4-91)

4-175 4-176 4-177

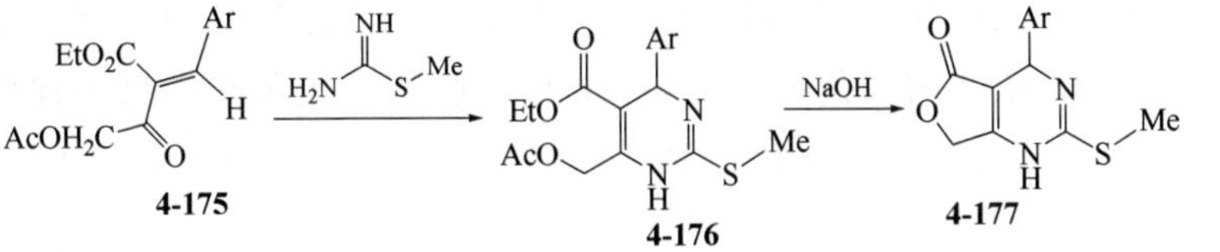

(4-92)

Domínguez 等[76]还发展了高价碘(Ⅲ)试剂(PIFA)作用下，$C5$-氨甲酰基甲基取代的嘧啶酮通过分子内烯丙基氧化羰基化生成呋喃并[3,4-*d*] 嘧啶类化合物 **4-174** 的合成方法[式(4-93)]。该反应在无金属催化剂下实现了没有预功能化 H-C(sp^3)键的分子内氧化羰基化和功能化。这一过程也避免了 DHPMs 的卤化过程，但总体产率并不是很高(17%～65%)。嘧啶环上 $C4$-取代基的空间效应对反应结果没有明显的影响；相反，$C5$ 位酰胺基上的取代基的空间效应是非常显著的，如 2,4-二甲基苯基取代 DHPM 的产率(17%)较无取代苯基取代 DHPM(56%)的要低很多。而当 R^1＝H 时，反应产率也降至 23%。其可能的反应机理是 PIFA 首先氧化嘧啶酮中的 $C5$-酰胺

基团形成中间体 **A**，**A** 经过 1,5-氢迁移形成中间体 **B**，在 **B** 中，烯丙基结构活化了酰胺基团，发生分子内亲核反应形成亚胺离子型中间体 **C**，最后，在碱性条件下水解得到 **4-174**。

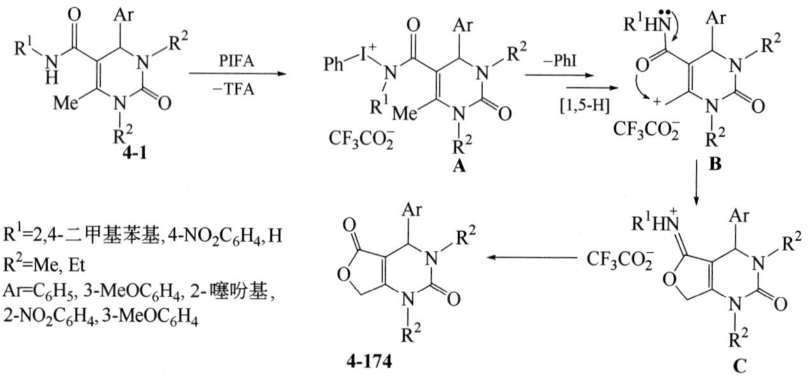

PIFA
−TFA
−PhI
[1,5-H]
CF3CO2−
R1=2,4-二甲基苯基, 4-NO2C6H4, H
R2=Me, Et
Ar=C6H5, 3-MeOC6H4, 2-噻吩基, 2-NO2C6H4, 3-MeOC6H4

4-1　A　B　C　4-174

(4-93)

同样，单溴代产物 **4-156** 能与甲胺、邻苯二甲酰亚胺钾盐、苄胺及水合肼等反应生成吡咯酮并[3,4-*d*] 嘧啶及哒嗪并[4,5-*d*]嘧啶酮。其中一个典型的例子是当 *N*1，*C*4-二甲基-*C*6-溴甲基嘧啶酮 **4-156** 与 2-氨基吡啶在甲醇中回流反应时得到吡咯并嘧啶 **4-178**，而使用 *N*1-未取代的溴代物 **4-156** 时则得到化合物 **4-179**，该反应可能是经历吡啶 *N*-烷基化后，发生 *C*6-碳对吡啶氨基的 Michael 加成成环历程[式(4-94)]。除此法之外，还可以通过 SeO_2 氧化 *C*5-甲酰胺取代嘧啶酮 **4-180** 形成脱氢氧化羧酸产物 **4-181**，后者发生消除一分子水而得到吡咯二酮并嘧啶酮类衍生物 **4-182**[式(4-95)]。

R=Me
R=H

4-178　4-156　4-179

(4-94)

SeO2
−H2O

4-180　4-181　4-182

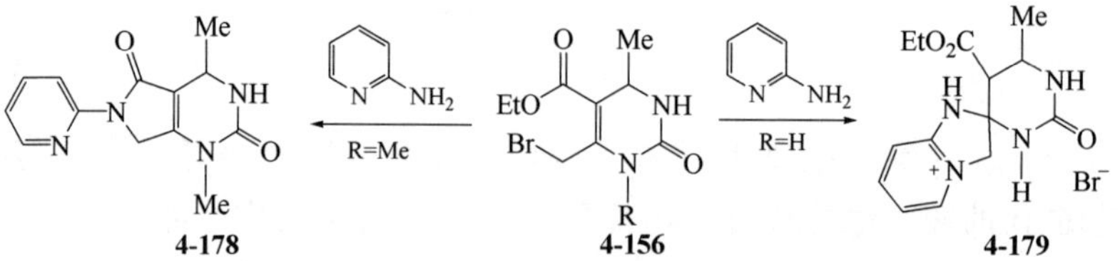

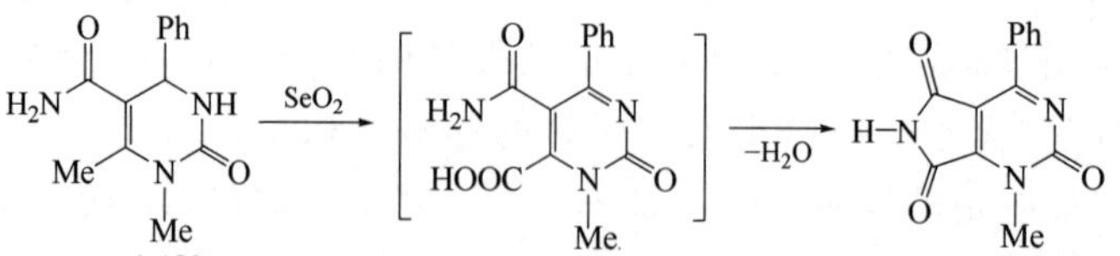

(4-95)

Kappe[77]以4-氯乙酰乙酸乙酯与醛、尿素为反应底物，分别在液相和固相条件下成功地合成了6-氯甲基嘧啶酮**4-183**，**4-183**加热成环，或者分别与取代胺和肼反应合成了一系列含有嘧啶环的双环化合物**4-174**、**4-184**和**4-185**[式(4-96)]。这一方法避免了液溴的使用，并可应用于微波组合合成。

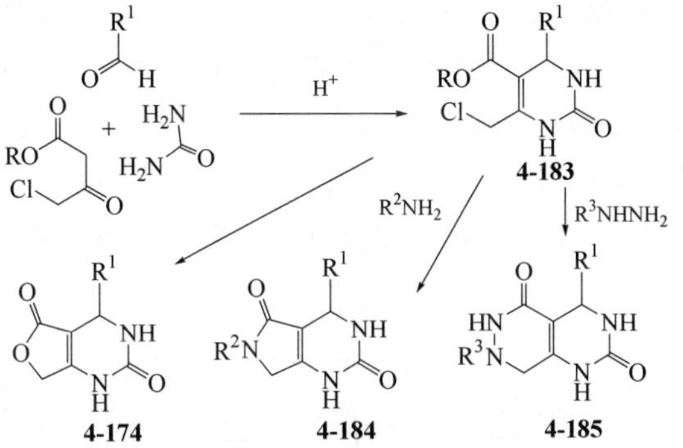

H^+ R^2NH_2 R^3NHNH_2

4-183 **4-174** **4-184** **4-185**

(4-96)

利用$FeCl_3$为催化剂，*C*5-氨甲酰基取代的嘧啶酮与苯甲醛发生Aldol缩合反应，产物**4-186**在乙醇钠的乙醇溶液中回流反应数小时，即可得到分子内成环产物**4-187**[式(4-97)]，产率70%～95%[78]。

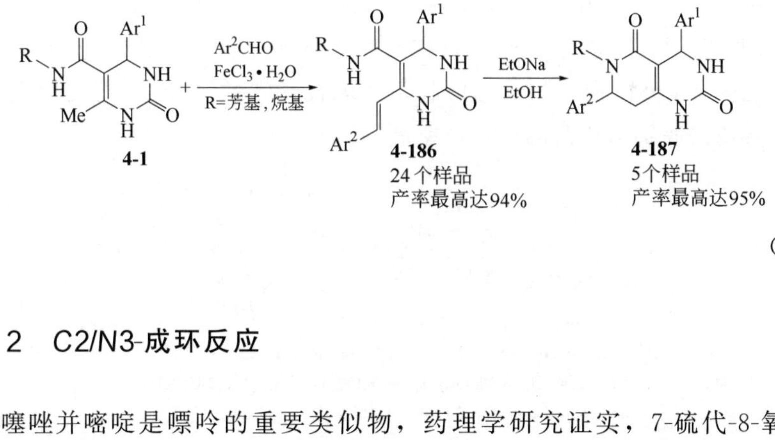

Ar^2CHO, $FeCl_3 \cdot H_2O$, R=芳基，烷基; EtONa, EtOH

4-1 **4-186** 24个样品 产率最高达94% **4-187** 5个样品 产率最高达95%

(4-97)

4.6.2 *C*2/*N*3-成环反应

噻唑并嘧啶是嘌呤的重要类似物，药理学研究证实，7-硫代-8-氧鸟苷(7-thia-8-oxoguanosine)对生物体多种病毒感染具有抑制作用[79]，已经作为病毒感染的免疫治疗药物进入临床试验阶段；此类化合物对人体的HCMV病毒具有良好的抑制作用[80]。此外，大量研究表明此类化合物在杀菌[81]、抗肿瘤[82]、镇定[83]、治风湿[84]等方面具有很好的疗效。此类化合物也具有杀微生物和杀虫活性[85]。其合成方法主要分为两大类：①从噻唑环出发关环；②从嘧啶环出发关环。通过不饱和乙酰乙酸乙酯与2-氨基噻唑或2-氨基杂环的缩合反应也可以制备噻唑并嘧啶或杂环并嘧啶类化合物[86]。

由于含有硫脲结构，从而使得嘧啶-2-硫酮成为合成众多并环嘧啶的一个关键中间体。例如，有文献报道了嘧啶硫酮与多种 1,2-或 1,3-双亲电试剂的成环反应来合成噻唑[3,2-*b*]并嘧啶或嘧啶[2,3-*b*]并噻嗪类化合物 **4-188**[式(4-98)]，反应选择性地发生在 *C*2/*N*3-位。然而，当使用 *C*6-甲酸甲酯取代嘧啶硫酮与碘代乙酰胺反应时却得到 *C*2/*N*1 成环产物。1989 年 Kappe 等[87]对取代嘧啶-2-硫酮与氯代或溴代物的关环反应做了较系统的研究。其中，他们利用嘧啶-2-硫酮与 1,2-二溴乙烷或 α-溴代丙酸为原料，通过两次亲核取代或亲核取代/脱水酰胺化反应生成噻唑并[3,2-*a*]嘧啶衍生物 **4-189**，产率达 70%～80%。利用类似方法，更多的噻唑并[3,2-*a*]嘧啶类化合物被合成[88]。

(4-98)

嘧啶-2-硫酮与苯甲酰基亚甲基溴在冰醋酸中回流反应可生成噻唑并[3，2-*a*] 嘧啶衍生物[89]；同样，在乙腈溶液中加热回流嘧啶-2-硫酮与 α-溴代苯乙醛 **4-190** 的混合物，也可制备多取代噻唑并[3,2-*a*]嘧啶衍生物 **4-191**[90]，该法底物适用范围广，产率高[式(4-99)]。

(4-99)

R^1=OEt,$O(CH_2)_2NMe_2$, $NH(CH_2)_2NMe_2$; R^2=Me, Et, *i*-Pr, Bzl;
Ar^1=2-$MeOC_6H_4$, 3-$MeOC_6H_4$, 4-$MeOC_6H_4$, 2-FC_6H_4, 2-ClC_6H_4,
2-MeC_6H_4, 2-$EtOC_6H_4$, 2-O*i*Pr; Ar^2=2,6-diClC_6H_3, 4-ClC_6H_3

1993 年，Sherif 等[91]深入研究了嘧啶-2-硫酮与溴代丙二腈和 α-溴代苯乙酮等多种试剂的成环反应，得到了多种官能团取代的噻唑并 [3,2-*a*] 嘧啶化合物 **4-192** 和 **4-193**。得到的成环产物还可以进一步转换为新型的稠杂环体系。如化合物 **4-193** 与甲酸、盐酸羟胺及甲酰胺等反应得到稠环化合物 **4-194** 和 **4-195** 等[式(4-100)]。利用类似的反应，将嘧啶硫酮与 α-氯乙酸及苯甲醛三组分一锅法反应，制备了化合物 **4-196** 和 **4-197**[式(4-101)]，药理活性实验表明，这类化合物具有镇定作用[92,93]。

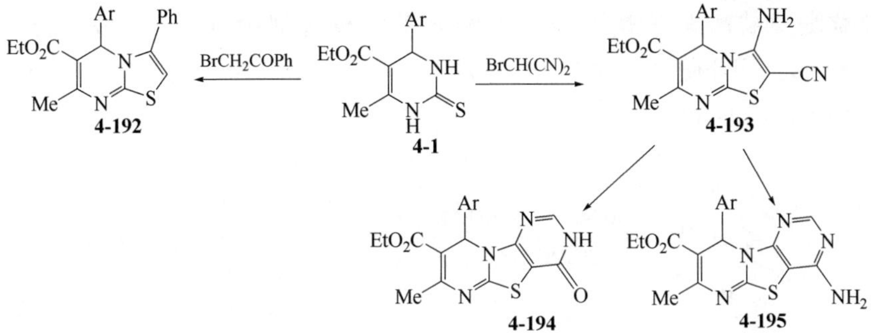

$BrCH_2COPh$　　$BrCH(CN)_2$

4-192　4-1　4-193

4-194　4-195

（4-100）

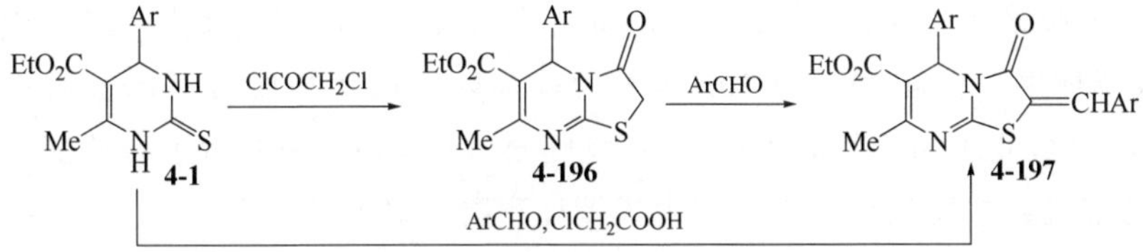

$ClCOCH_2Cl$　　ArCHO

4-1　4-196　4-197　（4-101）

$ArCHO, ClCH_2COOH$

2008 年，我们通过在水介质中 3,4-二氢嘧啶-2(1*H*)-硫酮与 *α*-溴代丙酮的反应合成了噻唑并[3,2-*a*]嘧啶衍生物 **4-198**[94]。有研究报道该反应还可以通过一锅法实现，首先将液溴滴入丙酮的二氯甲烷溶液，摇动使溶液褪色后，随后依次向反应液中加入嘧啶硫酮和三乙胺，剧烈搅拌下 80℃加热回流反应 2h，生成噻唑并[3,2-*a*]嘧啶[式(4-102)]。但在使用苯环上含有 2-硝基和 2,4-二氯苯基嘧啶硫酮时，反应不能发生。相反，2,4-二甲氧基和 2,6-二氯苯基嘧啶硫酮却能很好地参与反应，生成目标产物[95]。利用喹唑啉硫酮为底物替代嘧啶硫酮也能与 *α*-溴代酮通过亲核取代-加成消除成环反应，合成新型的噻唑并[2,3-*b*]喹唑啉化合物 **4-199**[式(4-102)][96]。

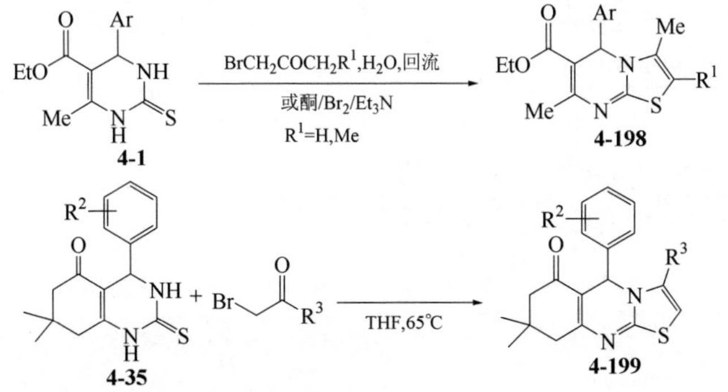

$BrCH_2COCH_2R^1, H_2O$,回流
或酮/Br_2/Et_3N
R^1=H,Me

4-1　4-198

THF,65℃

4-35　4-199　（4-102）

R^1=Me, Ph, 4-ClPh, 4-MePh; R^2=H, 4-Cl, 2-Cl, 4-NO_2, 3-NO_2, 4-MeO, 2-MeO, 4-Br, 3-Br, 4-Me, 4-OH; R^3=Me, C_6H_5, 4-MeC_6H_4, 4-ClC_6H_4

将嘧啶-2-硫酮与丁炔二酸二甲酯溶于甲醇溶剂中反应 15min，得到 5H-噻唑[3,2-a]嘧啶-6-羧酸乙酯 **4-200**，反应具有时间短、收率高、后处理简单等优点[式(4-103)][97]。

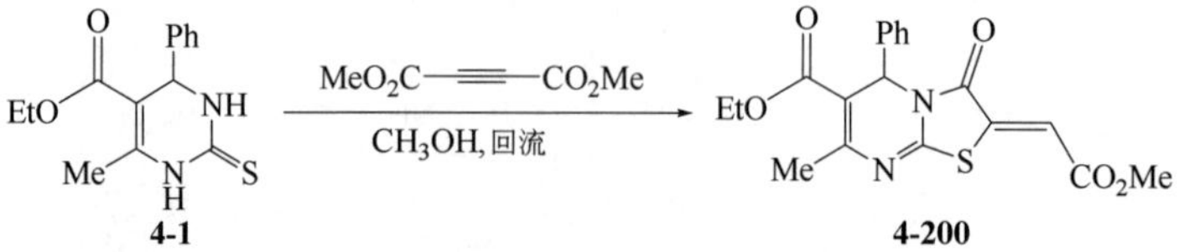

$MeO_2C—C≡C—CO_2Me$，CH_3OH，回流

4-1 → **4-200** (4-103)

使用 α-溴代苯乙酰氯与 N1-甲基取代的嘧啶硫酮反应，则得到噻唑啉并[3,2-a]嘧啶衍生物 **4-201**，该产物能进一步与含有吸电子的炔发生环加成反应形成桥环中间体 **4-202**，**4-202** 再经脱硫消除反应生成吡啶并嘧啶类产物 **4-203**，产率可达 86%[式(4-104)]；噻唑啉并[3,2-a]嘧啶衍生物还能与 N-甲基马来酰亚胺发生环加成反应生成稠环产物 **4-204**，产率 63%；化合物 **4-204** 相对稳定，但在 SiO_2 作用下于室温下缓慢发生开环、脱硫消除反应，最后生成三环化合物 **4-205**。

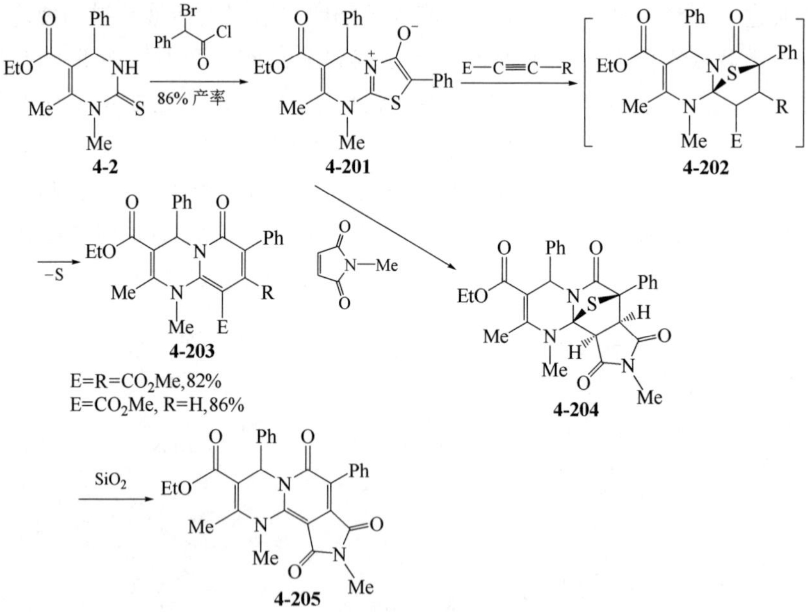

4-2 → (86% 产率) **4-201** → (E—C≡C—R) [**4-202**] → (−S) **4-203**

E=R=CO_2Me, 82%
E=CO_2Me, R=H, 86%

4-201 → (N-甲基马来酰亚胺) **4-204** → (SiO_2) **4-205**

(4-104)

利用合成噻唑啉并嘧啶的类似方法，还可以合成噁唑啉并嘧啶类化合物。首先，将 N-甲基取代嘧啶酮依次与氯甲酰基乙酸甲酯和 $MesN_3$ 反应，

得到关键中间产物 **4-206**，**4-206** 在 $Rh_2(OAc)_2$ 作用下以 85%的产率得到噁唑啉并嘧啶类化合物 **4-207**，**4-207** 与丁烯酮发生环加成反应得到中间体 **4-208**，最终以 88%的产率生成双环产物 **4-209**[式(4-105)]。噁唑啉并嘧啶类化合物 **4-207** 与 *N*-甲基马来酰亚胺也可发生环加成反应得到稠环产物 **4-210**，产率 82%，与含硫类似物 **4-204** 相比，该反应只生成产物 **4-210**，且 **4-210** 较 **4-204** 更稳定[98]。

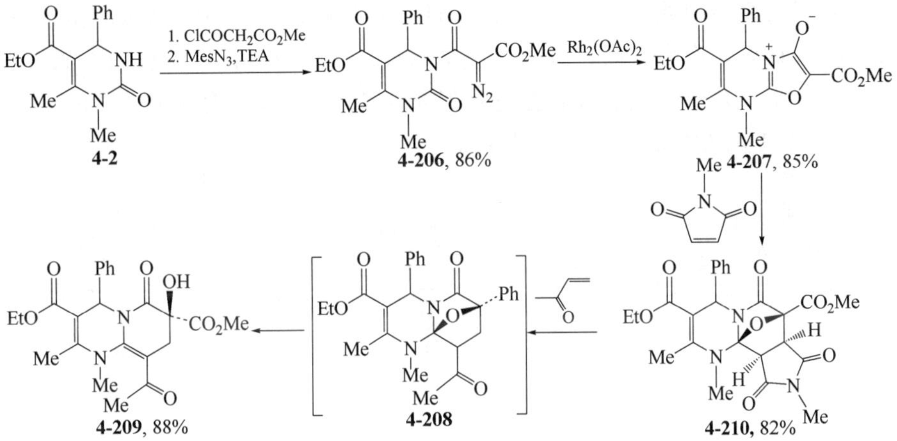

(4-105)

噻唑并嘧啶类化合物还可通过嘧啶硫酮与炔丙基溴在乙醇钠作用下通过成环反应得到[式(4-106)]。成环产物继续与两分子的苯甲醛发生 Aldol 缩合反应，生成 *C*5-查尔酮-*C*6-苯乙烯取代的衍生物 **4-211**～**4-213**，活性实验表明该类化合物具有优异的抗疟活性[99]。

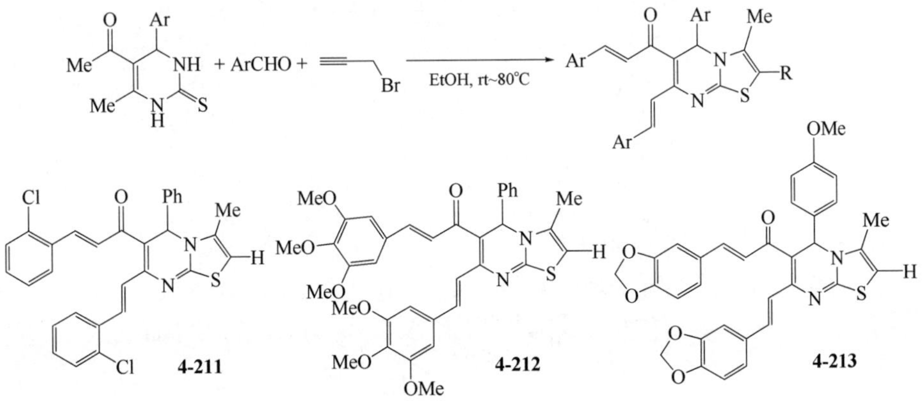

(4-106)

4.6.3 N1/C6-成环反应

*N*1-炔丙基取代嘧啶酮 **4-214** 在金催化下发生成环反应，生成吡啶并嘧啶类双环产物 **4-215**[式(4-107)，$R^1 = CO_2CH_3$，$COCH_3$，CN；$R^2 = CH_2CH_3$；$R^3 = H$，CH_3，TMS；$R^4 = Ac$，CH_3][100]。*N*1-位炔基取代基具有较好的官能团兼容性，如 Ph、C_6H_{11}烷基及 TMS 等取代基取代的炔的反应效果良好，产率较高；然而，甲基取代炔的产率较低，端炔则不能实现反应。其中，**4-214** 通过 *N*3-乙酰基保护的嘧啶酮与炔丙基醇在 DIAD 和 PPh_3 存在下的 Mitsunobu 反应来制备。

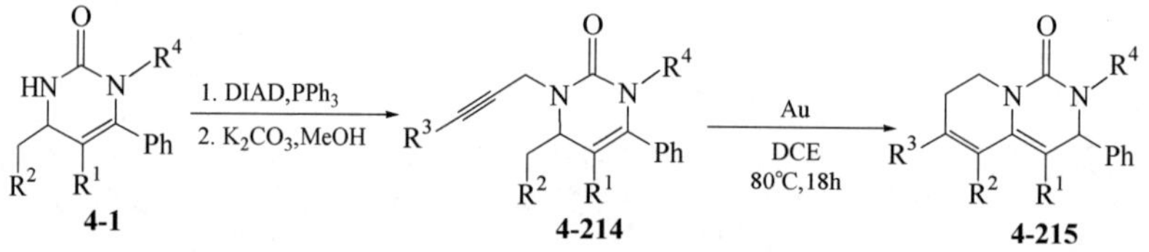

1. DIAD,PPh_3 2. K_2CO_3,MeOH；Au，DCE，80℃,18h；**4-1**，**4-214**，**4-215**

(4-107)

作者推测，该反应经过了金催化下炔丙基嘧啶酮的插烯 Conie-ene 反应机理，金首先对炔丙基嘧啶酮中的炔基和 *C*5-羰基进行双重活化，随后发生羰基的烯醇化形成类双烯体，进一步发生 6-endo-dig 成环、质子化和双键异构过程给出最终产物[式(4-108)]。

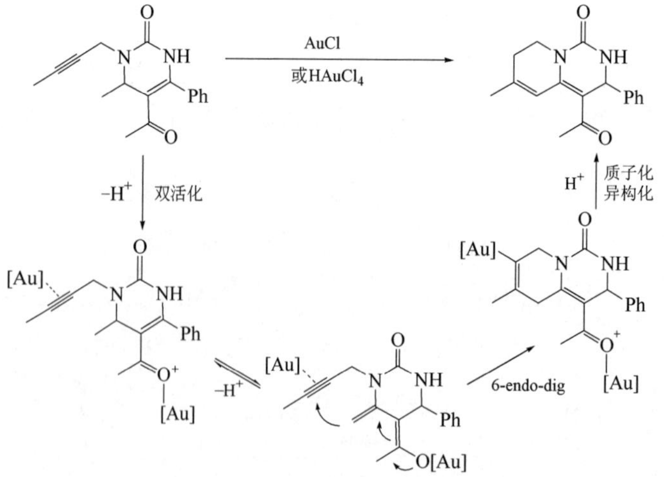

AuCl 或$HAuCl_4$；$-H^+$ 双活化；$-H^+$；6-endo-dig；H^+ 质子化 异构化

(4-108)

2010 年 Li 等[101]利用 2-叠氮苯甲醛、乙酰乙酸乙酯和脲或硫脲的 Biginelli缩合反应得到叠氮取代的DHPMs **4-216**，其和三苯基膦反应得到**4-217**，**4-217**分别和异氰酸酯、酰氯、二硫化碳经两次转化过程得到含有嘧啶核的稠环化合物**4-218**～**4-220**[式(4-109)]。

EtO_2C NH Me N X R^1 N_3 **4-216**
Ph_3P
EtO_2C NH Me N X R^1 N=PPh_3 **4-217**
1. R^2NCO 2. K_2CO_3
EtO_2C N N NHR^2 Me N X R^1 **4-218**
1. CS_2 2. K_2CO_3
EtO_2C NH N S Me N X R^1 **4-219**
1. R^2COCl 2. Et_3N
EtO_2C N N R^2 Me N X R^1 **4-220**

(4-109)

2008年，Singh等[102]在－10℃下用正丁基锂将4-芳基或烷基取代的DHPMs *C*6-甲基(烯丙基)和*N*2、*N*3金属化，形成的三阴离子和末端二溴烷烃反应，以中等产率得到环化产物**4-221**，同时，还伴有副产物**4-222**的生成[式(4-110)]。该方法适用于碳原子数小于等于3的溴代烷烃。

EtO_2C R^1 NH Me N H O **4-104**
1. n-BuLi/THF/N_2 −10℃～rt,3h
2. 1,2-二溴乙烷 THF/N_2 −10℃～rt,12h
EtO_2C R^1 NH N O **4-221**
+
EtO_2C R^1 NH N H O; O H N HN R^1 CO_2Et **4-222**

(4-110)

4.6.4 四唑并嘧啶类化合物的合成

瑞士科学家布拉金早在1885年就发现了2-苯基-5-氰氨基四唑，当时人们无法确认布拉金的成果，因此起初四唑类化合物并未引起人们的足够重视，到1950年才合成出300多种四唑类化合物。四氮唑及其衍生物是一类重要的有机合成中间体，可用于医药、农药、感光材料等物质的合成，其金属盐(或配合物)可用作高能推进剂和起爆药剂。四氮唑类杂环化合物具有广泛的生物活性，如抗菌、消炎、杀虫和调节植物生长等，在新农药及其研制中有着重要的作用。研究发现简单的四唑并[1,5-*a*]嘧啶可用于抗菌[103]、杀菌[104]、降压[105]、KATP离子通道[106]、转移酶抑制[107]、中枢神经系统刺激[108]等。

我们在乙酸汞催化下，实现了3,4-二氢嘧啶-2-硫酮或喹唑啉酮与叠氮化钠的成环反应，高产率地合成了一系列四唑并[1,5-*a*]嘧啶 **4-223** 和四唑并[1,5-*a*]喹唑啉化合物 **4-224**[式(4-111)]。该方法以Biginelli反应产物为原料仅一步就得到了目标化合物，具有产率高、操作简单等特点[109]。

R^1 O EtO NH Me N H S **4-1** 或 R^2 O NH N H S **4-35** NaN_3 $Hg(OAc)_2$ HOAc 100℃, 6h R^1 O EtO N N N N Me N H **4-223** 或 R^2 O N N N N N H **4-224**

R^1=H, 92%; 2-Cl, 74%;4-MeO, 86%; 2-Me, 85%; 4-Me, 87%; 4-Cl, 79%; 4-NO_2, 73%; 4-Br, 80%; 3-NO_2, 76%

R^2=H, 76%; 4-Cl, 68%; 4-MeO, 72%; 4-NO_2, 67%; 3-NO_2, 65%; 2-MeO, 70%; 4-Br, 69%; 4-Me, 71%

(4-111)

根据实验结果和产物的结构，我们对此反应提出了以下反应历程。首先，一分子的乙酸汞进攻嘧啶硫酮形成汞中间体 **4-225**，N_3-进攻3,4-二氢嘧啶-2-硫酮，脱去硫化汞形成一个中间体 C_2-N_3- **4-226**，**4-226** 环化生成产物[式(4-112)]。

4-1 Hg^{2+} O Ar EtO NH Me N H S Hg^{2+} N_3^- **4-225** HgS O Ar EtO N Me N H N_3 **4-226** → **4-223** (4-112)

与上述的*N*3/*C*2-位成环反应不同的是，以嘧啶硫酮为原料，分别与碘甲烷、盐酸水合肼反应，制得*N*1-甲基-*C*2-肼基取代的嘧啶的盐酸盐 **4-227**，后者在 $NaNO_2$-AcOH 体系中，于嘧啶结构的*N*1/*C*2-位成环生成四唑并[1,5-*a*]嘧啶类化合物 **4-228**。利用此法，作者得到了6种*N*,*S*-二甲基取代嘧啶、*N*1-甲基-*C*2-肼基取代的嘧啶的盐酸盐和四唑并[1,5-*a*]嘧啶类化合物，产率分别为55%～85%、75%～85%和61%～82%[110][式(4-113)]。

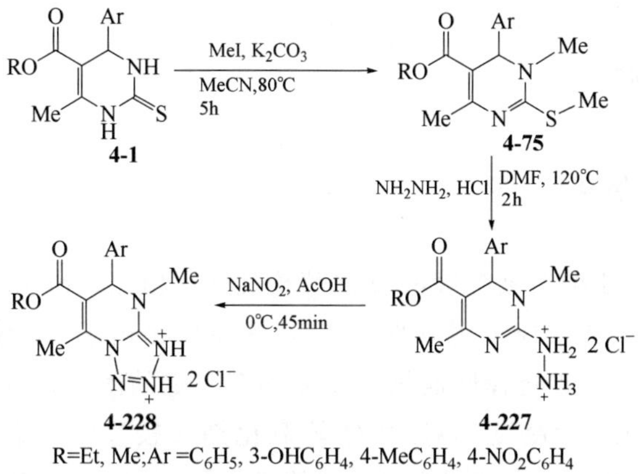

(4-113)

R=Et, Me;Ar =C_6H_5, 3-OHC_6H_4, 4-MeC_6H_4, 4-$NO_2C_6H_4$

除了上述以3,4-二氢嘧啶硫酮为起始原料实现的成环反应外，人们还探索了通过多组分反应一步构建四唑并[1,5-*a*]嘧啶的方法。例如，芳香醛、5-氨基四唑和乙酰乙酸乙酯在氨基磺酸催化、无溶剂条件下三组分一锅法合成四唑并[1,5-*a*]嘧啶 **4-223**[式(4-114)][111]。此后，人们对此方法做了改进，利用分子碘为催化剂，将上述三组分芳香醛、5-氨基四唑 **4-229** 和乙酰乙酸乙酯在异丙醇中回流反应，实现了多种四唑并[1,5-*a*]嘧啶 **4-224** 的合成[式(4-114)]。二羰基类化合物不仅有乙酰乙酸乙酯，环己二酮 **4-230** 也被用于该反应中，并表现出了良好的反应效果[112]。

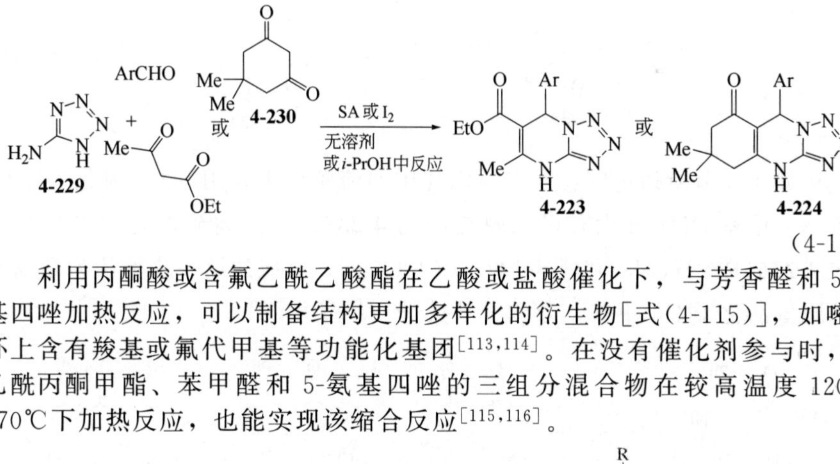

(4-114)

利用丙酮酸或含氟乙酰乙酸酯在乙酸或盐酸催化下，与芳香醛和5-氨基四唑加热反应，可以制备结构更加多样化的衍生物[式(4-115)]，如嘧啶环上含有羧基或氟代甲基等功能化基团[113,114]。在没有催化剂参与时，将乙酰丙酮甲酯、苯甲醛和5-氨基四唑的三组分混合物在较高温度120～170℃下加热反应，也能实现该缩合反应[115,116]。

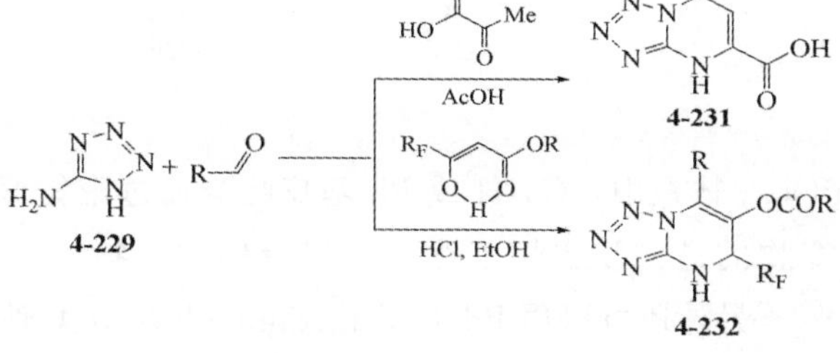

(4-115)

4.7 氧化反应

4.7.1 热化学氧化

与Hantzsch酯型二氢吡啶的氧化芳构化[117]相比，Biginelli型3,4-二氢嘧啶酮的脱氢氧化反应要困难得多[29]，这主要是由于*C*6-位甲基对氧化剂非常敏感，从而使得选择性地氧化嘧啶环有一定的困难，例如，*C*6-甲基容易被SeO_2氧化，而嘧啶环对DDQ等氧化剂又较稳定，难以直接氧化。虽然如此，在H_2SO_4、AcOH和Ac_2O体系中，0～10℃下用CrO_3氧化或者用电化学的方法在石墨电极上都可实现3,4-二氢嘧啶酮的选择性脱氢氧化，然而后者的合成价值并不高。早期报道的氧化剂主要有CrO_3、SeO_2、$PCl_5/POCl_3$、Pd/C以及$Mn(OAc)_3$等[2]。早在1964年Takamizawa等[118]就用溴素作氧化剂在乙酸中将*C*4-未被取代的二氢嘧啶酮**4-233**氧化脱氢得到1,4-二氢嘧啶酮**4-234**[式(4-116)]。

EtO, NH, H, N H, O → (Br_2, MeCOOH) EtO, N, H, N H, O

4-233 **4-234** (4-116)

正如4.5节所讨论的：在二氧六环中回流条件下，用SeO_2氧化DHPM或者*N*1-甲基DHPM没有得到脱氢产物**4-235**，主要得到的是甲基氧化的羧酸**4-236**(R＝H,Me)和醛**4-237**[式(4-117)]，反应的第一步被认为是嘧啶环的脱氢活化了*C*6-甲基，导致甲基被进一步氧化[119]。

−2H, R=H,Me

4-1/4-2 → **4-235** + **4-236** + **4-237**

(4-117)

在$PCl_5/POCl_3$体系中，*C*4-H或Ph基嘧啶酮通过脱氢形成**4-235**，同时，还伴随有产物的进一步去烷基化，得到芳构化产物——2-氯嘧啶**4-92**[式(4-118)][120]。另外还可以用Pd/C氧化Biginelli反应类似物(如*C*5-CN

取代的嘧啶酮类化合物)，反应在二苯基醚中230℃下进行，但对于$C5$-酯基取代的DHPMs却无能为力[121]。

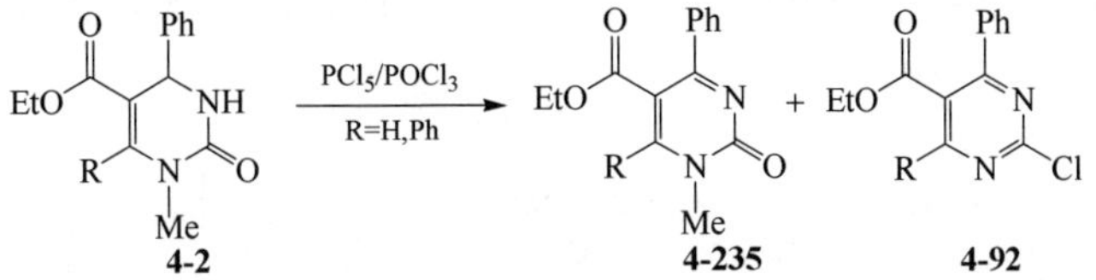

(4-118)

2001年，Kappe[122]以50%～65%HNO_3作氧化剂氧化3,4-二氢嘧啶-2-酮，于0℃下反应2～30min，以中等产率(29%～77%)得到脱氢嘧啶**4-68**，其中$C4$-烷基取代的DHPM较芳基取代的氧化速度更快。该方法具有较广泛的底物适用范围，氧化剂廉价，可操作性较强。有趣的是，当反应温度升高到50℃时，反应主要生成的是5,6-位同时硝化的产物，可见温度对此反应产物的影响是显著的。

在乙腈溶剂中室温下$NO^+BF_4^-$与嘧啶酮反应1h左右，能够高效地实现3,4-二氢嘧啶酮的氧化脱氢过程，几乎定量地得到**4-68**[123]，只有当使用$C4$-(4-NO_2-苯基)取代嘧啶酮时，反应活性较低，反应5h，产率62%，同时，还分离得到了嘧啶酮的分解产物4-硝基苯甲醛。NO^+既具有单电子氧化能力(还原电势1.50V)，也是较强的亲电试剂，因此该反应可能首先发生嘧啶环N原子的孤电子对对NO^+的亲核电子转移过程，得到氨基正离子中间体，随后再消除$C4$-H和NO，生成**4-68**和HNO[式(4-119)]。值得一提的是，通过对产物X射线单晶衍射分析显示其$C2$-位是羰基官能团，并非烯醇式，这说明在此条件下1,4-二氢嘧啶酮**4-68**的两种异构体中酮式结构比烯醇式结构更稳定。

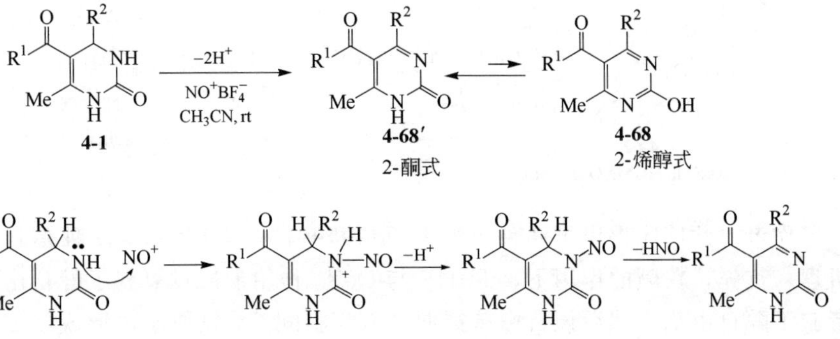

(4-119)

在合成嘧啶取代氨基酸的过程中，选择 TEMPO-BAIB、Jones 试剂和 RuO_2-$NaIO_4$ 将醇氧化成酸时，却意外得到了 *C*4-位脱烷基化的脱氢产物 **4-240**。对 DHPMs 环上的氮进行烷基化处理，再氧化时就能得到主要产物氨基酸 **4-241**[式(4-120)][124]。

1. NaH, BnBr, DMF
2. 1mol/L Jones试剂

1mol/L Jones试剂
0°C~rt,3h

4-241 **4-238** **4-240**

(4-120)

2005 年，Yamamoto 等[30]以 DHPMs 为原料，以 $CuCl_2$/过氧叔丁醇(TBHP)/K_2CO_3 为催化体系，二氯甲烷中回流反应高产率制得 *C*2-羟基嘧啶 **4-68**。当反应底物的量放大至 2.39mol(700g，R^1 = 4-FPh，R^2 = *i*Pr)时，仍以 96%的产率得到产物。当底物进一步放大至 400kg 时，反应效果仍然很好。在没有 TBHP 或 Cu 盐时，无产物生成或产物产率极低。但遗憾的是，该文中并没有提及当嘧啶酮的 *C*4-位含有硝基取代芳基时的反应效果。

该方法也适用于 *C*2-甲硫醚基二氢嘧啶和 *C*2-甲氨基二氢嘧啶 **4-62** 的氧化脱氢反应。同时，*C*4-和 *C*6-位取代基的性质对反应结果有很大的影响，当 *C*4-位含有芳基时，反应均能以较高的产率得到氧化脱氢产物 **4-242**；而当 *C*6-位含有异丙基，*C*4-位为芳基时，脱氢产物进一步发生 *C*6-异丙基的消除反应得到 *C*6-位无取代基的嘧啶衍生物 **4-243**。有趣的是，*C*6-甲基却不受影响，只得到脱氢氧化产物 **4-242**[式(4-121)]。

$CuCl_2$
K_2CO_3 (0.1~0.3equiv)
TBHP (2~2.5equiv)
CH_2Cl_2, 38~40℃

4-62 **4-242** **4-243** (4-121)

X=SMe,NHMe,OMe,NEt_2

作者对此反应提出了两种可能的反应机理[式(4-122)]。一种是自由基机理：首先，在碱的作用下，TBHP 与 CuX_2 作用形成过氧叔丁醇自由基或者叔丁醇自由基，然后该自由基攫取二氢嘧啶酮 *C*4-氢原子，形成二氢嘧啶酮自由基 **4-244**，在铜盐作用下形成过氧化合物中间体 **4-245**，最后在碱的作用下形成 **4-68**。另一种可能的途径是 Cu 催化胺的脱氢反应：首先二氢嘧啶酮与铜盐发生氧化插入生成 **4-246**，接着 **4-246** 被氧化成 Cu(Ⅲ)中间体 **4-246′**，**4-246′**通过还原消除形成最终产物 **4-68**。初级的动力学研究还表明：同位素标记实验显示 *C*4-H 键的消除过程参与反应的决速步骤，同时，TBHP 和 K_2CO_3 也均影响决速步骤的反应。

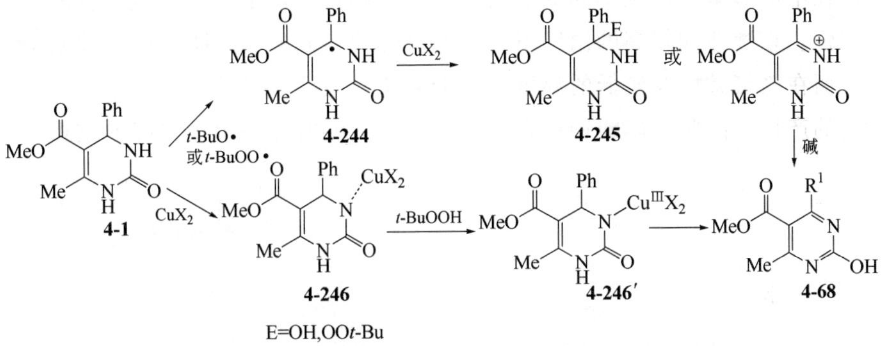

(4-122)

式 (4-123) 所示的过程可能解释了化合物 **4-68** 的形成以及 *C*6-异丙基去除的机理。当 *C*4-位的去质子化受到侧链空间立体效应的影响时，DHPM 与 CuX_2 的络合物 **4-247** 就会通过均裂反应得到自由基中间体 **4-248**，**4-248** 再与前一步形成的 $Cu(OO\mathit{t}\text{-}Bu)_x$ 作用得到过氧化合物 **4-249**。同样，由于受空间位阻的影响，*C*6-位的去烷基化过程就会与 *C*4-位的去质子化相互竞争，从而导致异丙基以丙烯的形式离去，得到化合物 **4-243**。或许，化合物 **4-247** 也会失去丙基自由基从而形成 **4-243**。

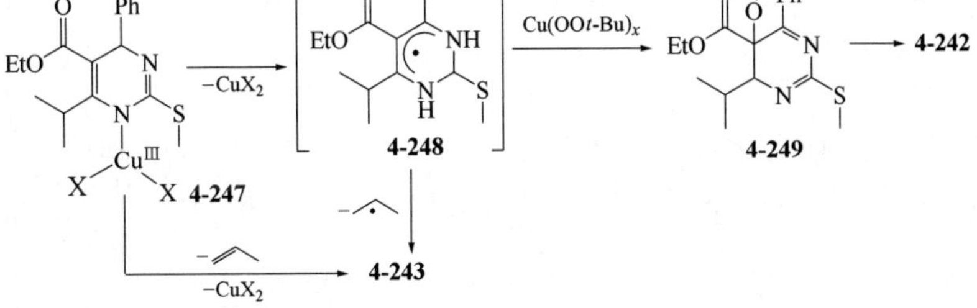

(4-123)

2006 年，Shanmugam 等[125]用硝酸铈铵(CAN)做氧化剂实现了 3,4-二氢嘧啶酮类化合物的脱氢氧化。有趣的是，在 80℃下，AcOH 介质中 CAN

氧化 DHPMs 主要得到的是 2,4-二羰基嘧啶衍生物 **4-250**，在其他的有机溶剂中则得到 **4-250** 和脱氢嘧啶酮 **4-68** 的混合产物[式(4-124)]。在－5℃下，在反应体系中加入 $NaHCO_3$，CAN 氧化 DHPMs 得到脱氢嘧啶酮 **4-68**，其单晶结构分析显示 *C*2-位是羰基，并非烯醇异构体。利用硝酸铈铵作为氧化剂，在不同酸碱度以及不同的温度条件下能够选择性地氧化二氢嘧啶酮的不同部位。在酸性和较高的温度下将会选择性地得到 *C*6-位被氧化为羰基的产物，而在略带碱性及较低的温度下只会氧化二氢嘧啶酮的 3-、4-位，得到芳构化的产物。因此，硝酸铈铵在氧化二氢嘧啶酮时体现出了较好的选择性。

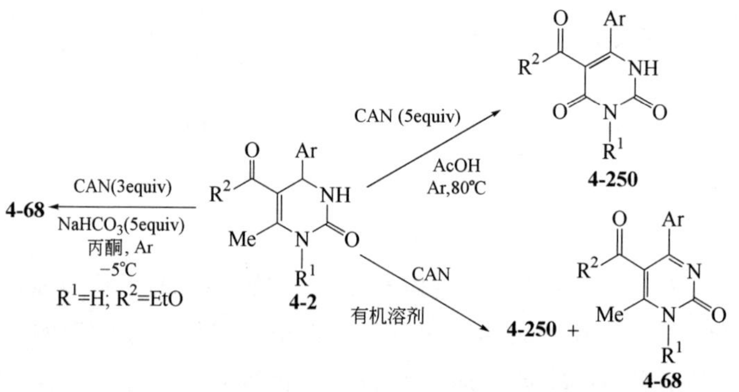

CAN (5equiv) AcOH Ar,80℃ **4-250**
CAN(3equiv) $NaHCO_3$(5equiv) 丙酮, Ar −5℃ R^1=H; R^2=EtO **4-68** **4-2**
CAN 有机溶剂 **4-250** + **4-68**

(4-124)

对于选择性地去甲基化的反应结果，作者提出了如式（4-125）所示的可能机理。由于此反应是在乙酸中进行的，因此作者认为由 CAN 与 AcOH 原位产生的硝酸在此过程中起到了关键作用。

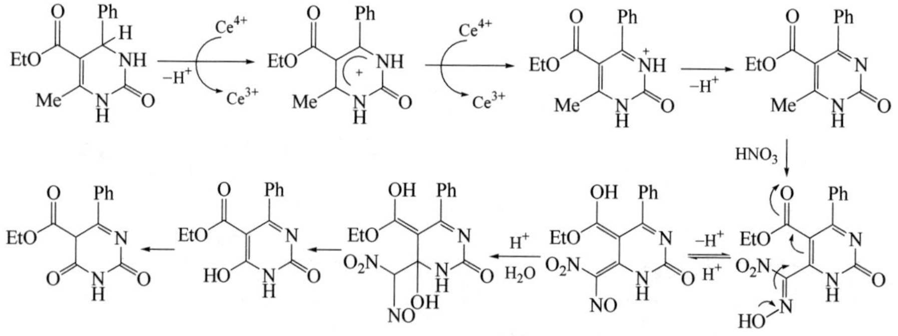

(4-125)

若使用 $Co(NO_3)_2$-$6H_2O/K_2S_2O_8$ 为氧化体系，氧化 *C*4-芳基嘧啶酮，高选择性地发生 *C*6-位的去甲基化和氧化脱氢反应，不同于 CAN 的是，在这种氧化体系下，*C*6-CH 键并没有被接着氧化成羰基，得到的唯一产物是

4-243，该法反应时间短，产率适中或良好[式(4-126)]。但是，当底物为*C*4-烷基嘧啶酮时，*C*4-位和*C*6-位同时发生去烷基化现象，同时，*C*6-位被氧化成了羰基得到化合物**4-251**[126]。

$Co(NO_3)_2\text{-}6H_2O/K_2S_2O_8$, CH_3CN, 80℃

4-1 → **4-243**, R=芳基 或 **4-251**, R=烷基

(4-126)

在没有金属催化剂的存在时，在超声辅助下，用 $K_2S_2O_8$ 或 $(Bu_4N)_2S_2O_8$(TBAPS)为氧化剂，嘧啶酮发生氧化脱氢得到1,4-二氢嘧啶衍生物**4-68**[127,128]。微波辅助技术也广泛应用于有机合成化学中。如以二甲基亚砜为溶剂，I_2 为氧化剂，微波照射促进3,4-二氢嘧啶酮的氧化芳构化反应，得到较高产率的氧化产物[129]。

除了无机盐氧化剂和金属催化剂参与的脱氢氧化以外，氧化性的有机小分子也是实现该转化过程的有效方法之一。例如，有人用 $PhI(OAc)_2$ 和过氧叔丁醇(TBHP)在温和条件下实现了3,4-二氢嘧啶-2-酮类化合物的脱氢反应。*C*4-位既可以是烷基，也可以是芳基，*C*4-(NO_2 取代苯基)DHPM的产率也很高(3-NO_2,83%;4-NO_2,79%)[130]。该氧化过程的机理与前述Yamamoto等提出的相近，也是自由基的氧化过程。不同的是，自由基的产生是TBHP与 $PhI(OAc)_2$ 首先作用得到二过氧叔丁基碘苯[$PhI(OOBu\text{-}t)_2$]，然后发生裂解生成 *t*-BuOO·和[PhIOOBu-*t*]·自由基，随后 *t*-BuOO·攫取*C*4-H形成C自由基，再接着发生单电子转移转换为亚胺正离子，最后在 *t*-$BuOO^-$ 负离子作用下脱氢得到氧化产物。

$KMnO_4$ 作为一种价廉、高效的氧化剂而被广泛应用于有机官能团的氧化反应中，毫无例外的是，其也可以被用于3,4-二氢嘧啶酮的氧化反应之中。将*C*4-芳基/烷基嘧啶酮与 $KMnO_4$ 的丙酮溶液搅拌反应，以较高产率得到*C*2-羟基嘧啶**4-68**(63%～81%)。用同样的方法，处理3,4-二氢嘧啶硫酮时，发生脱硫芳构化形成产物**4-68**，只是反应产率有所降低(35%～73%)。

与 $KMnO_4$ 不同的是，用干燥氧化铝负载的Oxone或双氧水/$VOSO_4 \cdot xH_2O$ 处理嘧啶硫酮时，却得到*C*2-无取代的氧化脱硫产物**4-66**，所得产物再用 $KMnO_4$ 处理被进一步氧化为*C*2-无取代的芳构化嘧啶衍生物**4-67**[式

(4-127)][131]。

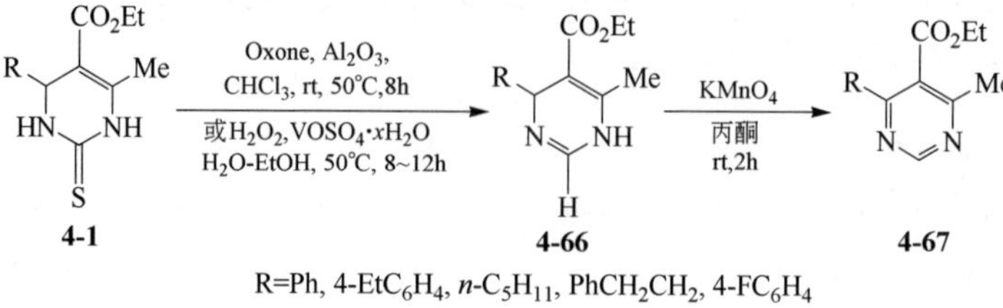
Oxone, Al2O3,
CHCl3, rt, 50℃,8h
或H2O2,VOSO4·xH2O
H2O-EtOH, 50℃, 8~12h
KMnO4
丙酮
rt,2h
4-1
4-66
4-67
R=Ph, 4-EtC6H4, n-C5H11, PhCH2CH2, 4-FC6H4

(4-127)

使用氧化能力稍低的另一个常用氧化剂氯铬酸吡啶(PCC)时，也表现出了良好的反应活性和选择性。这种氧化体系对二氢嘧啶酮环上各个位置的不同取代基都有良好的兼容性，无论芳基还是烷基都能得到芳构化的产物，而且反应条件比较温和。该反应可能是首先经历了氧化脱氢形成嘧啶酮亚胺正离子关键中间体，再发生去质子作用得到产物的过程[式(4-128)][132]。

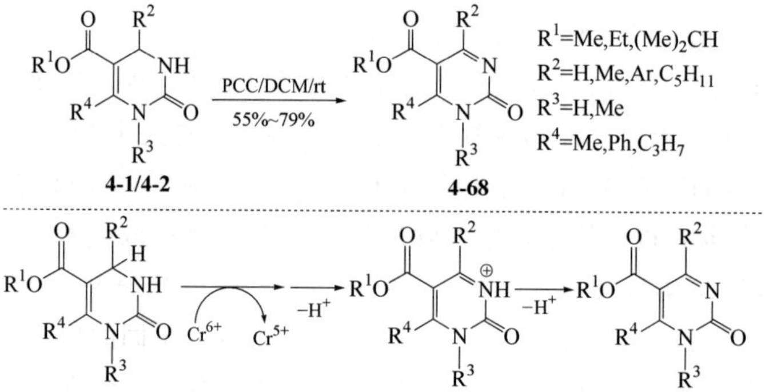
PCC/DCM/rt
55%~79%
4-1/4-2
4-68
R1=Me,Et,(Me)2CH
R2=H,Me,Ar,C5H11
R3=H,Me
R4=Me,Ph,C3H7
Cr6+
Cr5+
−H+
−H+

(4-128)

近年来，多种有效的催化体系被应用于嘧啶酮的脱氢氧化反应中。例如，O/N-羟基邻苯二甲酰亚胺(NHPI)也是良好的氧化体系，利用 Co$(OAc)_2$ 作为催化剂，4-芳基取代二氢嘧啶酮及二氢嘧啶衍生物发生需氧氧化芳构化反应，高产率得到系列氧化产物[133]。1,4-双(三苯基膦)-2-丁烯过硫酸盐(BTPBPDS)也能使 3,4-二氢嘧啶酮选择性地发生脱氢反应，得到高产率的氧化产物 **4-68**[134]。

事实上，$C2$-甲硫基取代的 1,4-二氢嘧啶比 3,4-二氢嘧啶硫酮更容易被氧化，其氧化条件也较后者要温和许多。据报道在苯中用 Mn$(OAc)_3$ 氧化 $C2$-甲硫基取代的 1,4-二氢嘧啶可得到脱氢产物 $C2$-甲硫基嘧啶 **4-242**[式(4-129)][135]。利用氧化能力中等的非金属氧化剂 DDQ 氧化 2-甲基硫醚，也能得到化合物 **4-253**，该化合物是合成药物活性分子 S-4522 的重要前体化合物(S-4522 是一种优良的 HMG-CoA 还原酶抑制剂)[136]。

$$\text{4-62 或 4-252} \xrightarrow[\text{苯或DCM}]{\text{Mn(OAc)}_3\text{或DDQ}} \text{4-242 或 4-253} \tag{4-129}$$

$Cu(OAc)_2$/氧气体系也是实现 C2-烷基硫醚 **4-254** 氧化脱氢的不错选择，使用1%（摩尔分数）$Cu(OAc)_2$，在空气或氧气中，DMF 为溶剂，100℃下，**4-254** 发生氧化脱氢反应得到芳构化的 C2-烷基硫醚 **4-255**，反应具有良好的底物适用范围。该反应可能经历了自由基中间体和超氧自由基参与实现的脱氢芳构化过程。但与前述的首先形成 C4-自由基的机理不同，而是首先形成了 N·自由基。反应开始时，二价铜与嘧啶 N 原子通过配体交换、与 OAc 或 OOH 络合形成三价铜中间体，该中间体裂解形成 N·自由基，随后再发生 1,2-H 迁移等反应得到 C4-自由基中间体，其与 O_2 结合得到过氧自由基中间体，消除 OOH 得到最终产物[式(4-130)][137]。下述的控制实验为此提供了作证：在 Ar 气氛中，转化率几乎为零，且没有目标产物生成；而在纯氧气气氛中，反应产率为 65%。

$$\text{4-254} \xrightarrow{CuX_2} \xrightarrow{X} \xrightarrow{-Cu(II)X_2} \cdots \xrightarrow[\text{迁移}]{1,2\text{-H}} \xrightarrow{O_2} \xrightarrow{-OOH} \text{4-255} \quad X=OOH,OAc \tag{4-130}$$

4.7.2 光化学氧化

有机光化学已经有超过百年的历史[138]，相对于热反应，光反应有很多热反应所没有的优点，是近年来有机合成化学研究的热点。由于紫外线能量高且对人体有害，所以紫外线促进的反应需要特殊的光源(比如高压汞灯)和设备(紫外灯箱)；而且高能量的紫外线能够破坏的化学键较多(包括有机化合物中最常见的碳碳键和碳氢键)，因此紫外线促进的有机反应的副产物比较多。这些都限制了紫外线化学的应用。众所周知，太阳能是地球上最理想的能源，它是一种取之不尽、用之不竭的清洁免费能源，如果能直接利用太阳能作为能量将其转化为化学能促进化学转化，那么化学转化将会更加高效、经济且环境友好。太阳光主要是可见波段的电磁波，只包括少量的紫外线和红外线。通常的有机小分子是不能直接吸收可见光的，为了解决这一难题，实现可见光促进的有机反应的主要方法是使用光敏剂(或者光催化剂)。光敏剂在可见光的照射下，由基态跃迁到激发态，激发态的光敏剂除了经历物理衰减回到基态，还可以经历化学“去活化”，将光能转化成化学能，从而促进化学反应。如果光敏剂在传递能量的过程中伴随着电子的转移，那么就会发生氧化还原反应[139]。

因此，可见光促进的氧化还原反应可以为解决二氢嘧啶酮脱氢芳构化反应中存在的问题提供一种新的思路和方法。由于光催化剂既可作为还原剂来产生自由基物种，又可作为氧化剂来氧化自由基中间体，因此反应中无需加入额外的氧化剂或还原剂。由于自由基的高活性，反应无需导向基团，可在室温下进行且无需严格无水无氧条件，操作简便，环境友好[140]。

早在 2009 年，Memarian 等报道了紫外照射，二氯甲烷作溶剂，Ar 气氛中，利用紫外灯照射，高产率实现二氢嘧啶酮的脱氢芳构化反应[式(4-131)]。这是首次利用光化学的方法实现的这一转化过程[141]。同年，Masoud 等[142]利用 TiO_2/O_2 这种光催化氧化体系实现了该转化过程，作者研究发现锐钛矿型的二氧化钛要比金红石型的效果好得多。对于此光化学反应历程，作者提出了一个光激发电子转移机理。

$$\mathbf{4\text{-}1} \xrightarrow[CHCl_3/Ar]{h\nu>280nm} \mathbf{4\text{-}68} + CH_2Cl_2 + HCl \qquad (4\text{-}131)$$

2010 年，吴骊珠课题组[143]报道了可见光照射下，Re 配合物作用实现的 DHPMs 的氧化脱氢转化过程。他们选择 CCl_4 作最终的电子受体，与其他几种电子受体 $CHCl_3$ 和 $MeNO_2$ 相比较，CCl_4 的效果最好。从几种光敏剂 **P1～P4** 的对比研究来看，光敏剂 **P2** 的效果最好，溶剂选择乙腈时效果最好，反应产率60%左右。反应后反应体系的酸性显著增强，由反应前的pH8.09变为反应后的pH2.15。这可能是由于反应过程中产生了酸导致的，为了中和这种酸性以提高产率，而在反应体系中加入9equiv的K_2CO_3，反应产率提高至82%。

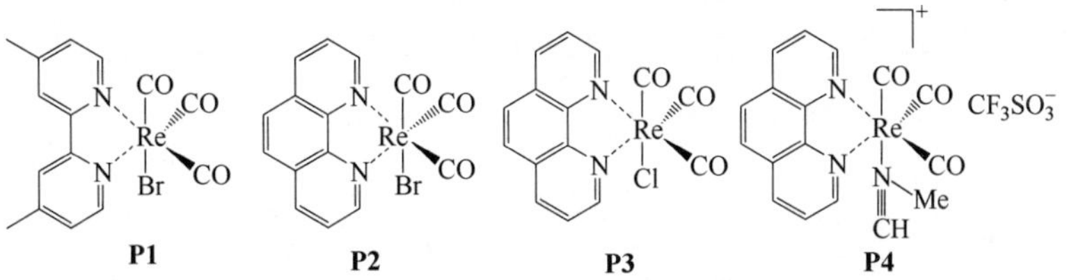

P1　P2　P3　P4

他们还尝试了C2-甲硫基-1,4-二氢嘧啶酮的脱氢芳构化反应，发现反应效果要比上述的3,4-二氢嘧啶酮好很多，产率为97%～98%。与热化学反应不同的是，光化学反应体系中没有检测到任何脱烷基化产物，显示了光化学反应独特的选择性。

作者认为此反应经历了一个光催化的单电子转移过程，如式(4-132)所示。在400nm可见光照射下，光敏剂被激发变成激发态，然后和二氢嘧啶酮之间通过单电子转移形成一个自由基负离子，这个自由基负离子与电子受体之间发生单电子转移，光敏剂得到循环，同时成为一个自由基负离子并分解成氯离子和一个三氯化碳自由基。与此同时，失掉一个电子的二氢嘧啶酮变成一个自由基正离子，脱去氢质子变成一个自由基中间体，然后被三氯甲烷自由基夺取一个氢自由基，形成氯仿，本身则被氧化成目标产物嘧啶。可以看出在这个机理中，由二氢嘧啶酮正离子自由基向自由基转换时放出氢质子，这就解释了该体系为什么在反应的过程中会变成酸性，而且能检测到氯仿的存在。

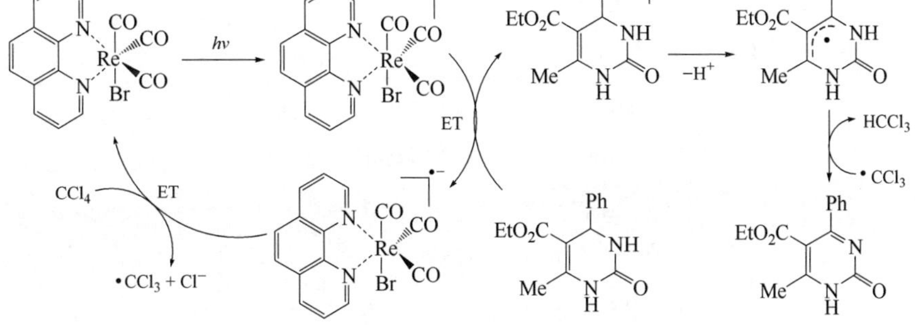

(4-132)

随后，Liu 等[144]报道了在空气中，以曙红 Y-双(四丁基铵盐)(TBA-eosin Y)作光催化剂，蓝光诱导 C2-取代-1,4-二氢嘧啶衍生物的需氧氧化脱氢反应[式(4-133)]。该反应还可以实现太阳光直接照射下克级规模的反应。K_2CO_3 在此反应中起着重要的作用，可能是通过抑制单线态氧生成以及 DHPM 之间的副反应从而提高了反应产率(由 66%提高至 90%)。然而，该反应中令人不解的实验现象是：利用纯氧气的反应产率反而低于在空气中的，对此并没有合理的解释。

TBA-eosin Y (1%摩尔分数)
K_2CO_3, CH_3OH
蓝光,rt,空气中反应
X=S,O

4-62 → 4-242 24种 70%~98%

$X = (nC_4H_9)_4N$
TBA-eosin Y

R^1=Me,Ph
R^2=MeO,EtO
R=C_6H_5, 4-$MeOC_6H_4$, 4-$EtOC_6H_4$, 3,4-$(MeO)_2C_6H_3$, 3,4-$(OCH_2O)C_6H_3$, 3-BnO-4-$MeOC_6H_3$, 4-iPrC_6H_4, 4-ClC_6H_4, 4-$CF_3C_6H_4$, 2,4-$Cl_2C_6H_3$, 4-FC_6H_4, PhCH=CH, nBu, Et, iPr, 环丙基, 2-呋喃基

(4-133)

结合电化学实验和 ESP 及闪光光解实验，该光催化需氧氧化反应的可能机理如式（4-134）所示：在 K_2CO_3 辅助下，2-MeS-DHPM 离解为更强的电子供体——2-MeS-DHPM 负离子，接着，在 TBA-eosin Y 存在下发生从 2-MeS-DHPM 负离子到激发态的电子转移过程，产生 2-MeS-DHPM· 自由基和 TBA-eosin Y·⁻ 自由基阴离子，正是这一过程抑制了激发态的 TBA-eosin Y 和分子氧之间的能量转移，从而有效抑制了单线态氧的生成和其他副反应的发生。然后发生 TBA-eosin Y·⁻ 自由基阴离子和氧之间的电子转移生成超氧自由基，光催化剂得以重生。2-MeS-DHPM· 自由基进一步与光催化剂或超氧自由基作用得到脱氢产物。

K_2CO_3; TBA-eosin Y*; TBA-eosin Y·⁻; O_2; $O_2^{\cdot -}$; $h\nu$; TBA-eosin Y

(4-134)

我们探讨了可见光照射下二氢嘧啶-2-硫酮的脱硫氧化方法。使用分子氧为氧化剂，曙红B作为催化剂实现了多种取代嘧啶硫酮的氧化反应，得到氧化脱硫产物**4-67**[式(4-135)][145]。在*C*4-苯环上具有邻、间或对甲基的二氢嘧啶-2-硫酮发生该反应，以高产率(76%～82%)得到产物，卤素(F、Cl和Br)取代的底物得到预期产物(68%～76%)。然而，当苯基上含有MeO基时，转化率显著降低。苯环上硝基取代的底物不能生成目标产物。这可能是因为硝基的吸电子共轭和吸电子诱导效应降低了二氢嘧啶硫酮的氧化电位。当*C*5-位为甲酸异丙酯、甲酯及*C*6-位为异丙基等取代基时，反应能够顺利进行，以良好的产率得到相应产物。

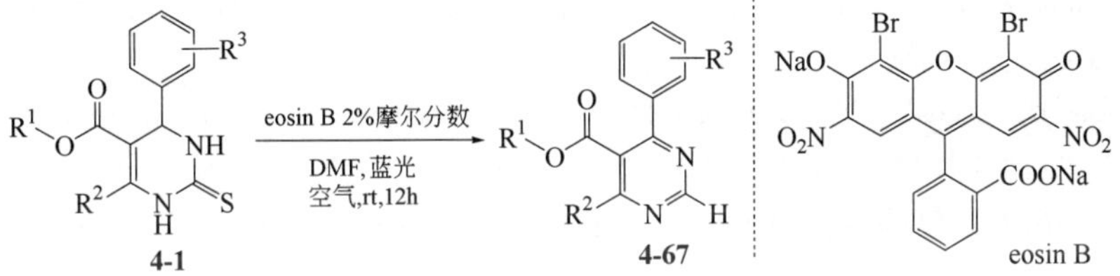

(4-135)

在自由基捕获剂2,2,6,6-四甲基哌啶氮氧化物(TEMPO)的存在下只检测到痕量产物生成，表明该反应可能经历了自由基历程[式(4-136)]。反应中释放出的气体能使品红溶液褪色，证实为SO_2。

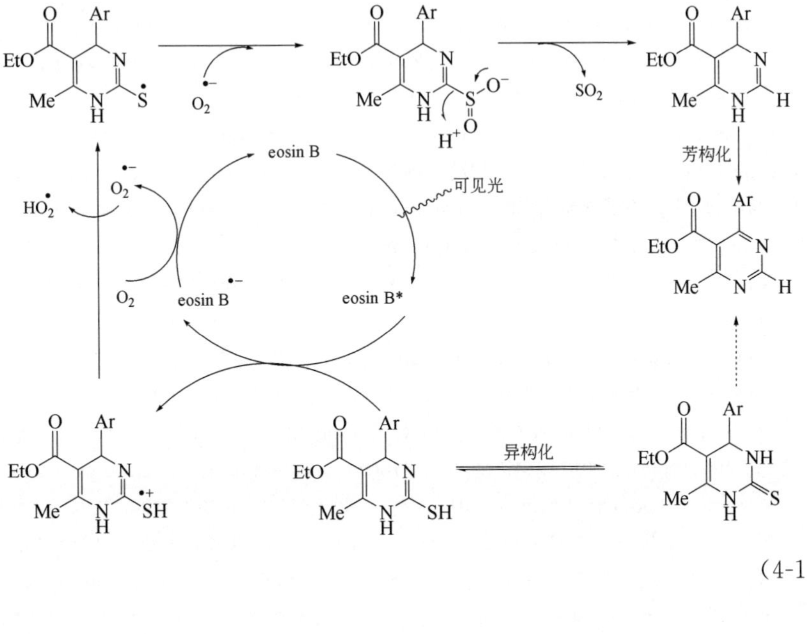

(4-136)

参考文献

[1] (a) Kappe C O, Dallinger D. Pure. Appl. Chem., 2005, 77: 155. (b) Kappe C O, Stadler A. O. r. g. R. e. a. c. t., 2004, 63: 1.
[2] Kappe C O. Tetrahedron, 1993, 49: 6937.
[3] Kappe C O. Acc. Chem. Res., 2000, 33: 879.
[4] Kappe C O. Eur. J. Med. Chem., 2000, 35: 1043
[5] Kappe C O, Uray G, Roschger P, Lindner W, Kratky C, Keller W. Tetrahedron, 1992, 48: 5473.
[6] Cho H, Takeuchi Y, Ueda M, Mizuno A. Tetrahedron Lett., 1988, 29: 5405.
[7] Dallinger D, Kappe C O. Synlett, 2002: 1901.
[8] Singh K, Arora D, Poremsky E, Lowery J, Moreland R S. Eur. J. Med. Chem., 2009, 44: 1997.
[9] Kappe C O. Bioorg. Med. Chem. Lett., 2000, 10: 49.
[10] Kabashima H, Tsuji H, Shibuya T, Hattori H. J. Mol. Catal. A: Chem., 2000, 155: 23.
[11] Dallinger D, Gorobets N Y, Kappe C O. Org Lett., 2003, 5: 1205.
[12] Wannberg J, Dallinger D, Kappe C O, Larhed M. J. Comb. Chem., 2005, 7: 574.
[13] Singh K, Singh S. Tetrahedron Lett., 2006, 47: 8143.
[14] October N, Watermeyer N D, Yardley V, Egan T J, Ncokazi K, Chibale K. Chem. Med. Chem., 2008, 3: 1649.
[15] Legeay J C, Eynde J J V, Bazureau J P. Tetrahedron Lett., 2007, 48: 1063.
[16] Legeay J C, Vanden Eynde J J V, Bazureau J P. Tetrahedron, 2008, 64: 5328.
[17] Glasnov T N, Vugts D J, Koningstein M M, Desai B, Fabian W M F, Orru R V A, Kappe C O. QSAR Comb. Sci., 2006, 25: 509.
[18] Wang X, Quan Z, Wang J K, Zhang Z, Wang M. Bioorg. Med. Chem. Lett., 2006, 16: 4592.
[19] Wang X, Quan Z, Zhang Z. Tetrahedron, 2007, 63: 8227.
[20] Wang X C, Wang Z J, Zhang Z, Quan Z J. J. Chem. Res., 2011, 8: 460.
[21] (a) Quan Z J, Ren R G, Da Y X, Zhang Z, Jia X D, Yang C X, Wang X C. Heterocycles, 2010, 81: 1827. (b) Quan Z J, Ren R G, Da Y X, Zhang Z, Wang X C. Lett. Org. Chem., 2011, 8: 188. (c) Quan Z J, Ren R G, Da Y X, Zhang Z, Wang X C. Heteroatom Chem., 2011, 22: 653. (d) Quan Z J, Ren R G, Jia X D, Da Y X, Zhang Z, Wang X C. Tetrahedron, 2011, 67: 2462.
[22] Quan Z J, Xu Q, Zhang Z, Da Y X, Wang X C. Tetrahedron, 2013, 69: 881.

[23] Quan Z J, Hu W H, Zhang Z, Da Y X, Jia X D, Wang X C. Adv Synth Catal., 2012, 355: 891.
[24] Zhang Z, Zhang Y S, Quan Z J, Da Y X, Wang X C. Tetrahedron, 2014, 70: 9093.
[25] Shen Y, Liu Q, Wu G, Wu L. Tetrahedron Lett., 2008, 49: 1220.
[26] Sharma P, Rane N, Gurram V K. Bioorg. Med. Chem. Lett., 2004, 14: 4185.
[27] Li W J, Liu S, He P, Ding M W. Tetrahedron, 2010, 66: 8151.
[28] Eynde J J V, Audiart N, Canonne V, Michel S, Haverbeke Y V, Kappe C O. Heterocycles, 1997, 45: 1967.
[29] Kang F A, Kodah J, Guan Q Y, Li X B, Murray W V. J. Org. Chem., 2005, 70: 1957.
[30] Yamamoto K, Chen Y G, Buono F G. Org. Lett., 2005, 7: 4673.
[31] Khanina E L, Muceniece D, Kadysh V P, Duburs G. Khim. Geterotsikl. Soedin., 1986: 1223.
[32] Khanina E L, Zolotoyabko R M, Muceniece D, Duburs G. Khim. Geterotsikl. Soedin., 1989: 1076.
[33] Robinett L D, Yager K M, Phelan J C. 211th National Meeting of the American Chemical Society New Orleans LA 1996 American Chemical Society Washington DC 1996, ORGN 122.
[34] Wang X C, Quan Z J, Zhang Z. Chin. J. Chem., 2008, 26: 368.
[35] (a) Lengar A, Kappe C O. Org. Lett., 2004, 6: 771. (b) Prokopcová H, Kappe C O. Adv. Synth. Catal., 2007, 349: 448. (c) Prokopcová H, Kappe C O. J. Org. Chem., 2007, 72: 4440.
[36] Bhong B Y, Shelke A V, Karade N N. Tetrahedron Lett., 2013, 54: 739.
[37] Thorat P B, Waghmode N A, Karade N N. Tetrahedron Lett., 2014, 55: 5718.
[38] Lee O S, Lee H K, Kim H, Shin H, Sohn J H. Tetrahedron, 2015, 71: 2936.
[39] Phan N H T, Sohn J H. Tetrahedron, 2014, 70: 7929.
[40] Watanabe M, Koike H, Ishiba T, Okada T, Sea S, Hirai K. Bioorg. Med. Chem., 1997, 5: 437.
[41] Matloobi M, Kappe C O. J. Comb. Chem., 2007, 9: 275.
[42] Singh S, Schober A, Gebinoga M, Groβ G A. Tetrahedron Lett., 2009, 50: 1838.
[43] Gholap A R, Toti K S, Shirazi F, Deshpande M V, Srinivasan K V. Tetrahedron, 2008, 64: 10214.
[44] Faldu V J, Talpara P K, Shah V H. Tetrahedron Lett., 2014, 55: 1456.
[45] (a) Singh K, Kaur H, Chibale K, Balzarini J, Little S, Bharatam P V. Eur. J. Med. Chem., 2012, 52: 82. (b) Singh K, Singh K, Wan B, Franzblau S, Chibale K, Balzarini J. Eur. J. Med. Chem., 2011, 46: 2290.
[46] Kuzmina O M, Steib A K, Markiewicz J T, Flubacher D, Knochel P. Angew. Chem. Int. Ed., 2013, 52: 4945.
[47] Hartwig J F. Organotransition Metal Chemistry: from Bonding to Catalysis. New York: University Science Books. 2009.

[48] Wang X C, Yang G J, Quan Z J, Ji P Y, Liang J L, Ren R G. Synlett, 2010: 1657.

[49] (a) Quan Z, Jing F, Zhang Z, Da Y, Wang X. Chin. J. Chem., 2013, 31: 1495. (b) Mathur H, Zai M S K, Khandelwal P, Kumari N, Verma V P, Yadav D K. Chem. Heterocyclic Comp., 2018, 54: 375.

[50] Gong H P, Zhang Y, Da Y X, Zhang Z, Quan Z J, Wang X C. Chin. Chem. Lett., 2015, 26: 667.

[51] Zhang Y, Quan Z J, Gong H P, Da Y X, Zhang Z, Wang X C. Tetrahedron, 2015, 71: 2113.

[52] Gong H P, Quan Z J, Wang X C. Appl. Organometallic Chem., 2016, 30: 949.

[53] Quan Z J, Xu Q, Zhang Z, Da Y X, Wang X C. J. Heterocyclic Chem., 2015, 52: 1584.

[54] Quan Z J, Jing F Q, Zhang Z, Da Y X, Wang X C. Eur. J. Org. Chem., 2013, 2013: 7175.

[55] Gong H P, Quan Z J, Wang X C. Tetrahedron, 2016, 72: 2018.

[56] Chen X, Quan Z J, Wang X C. Appl. Organometallic Chem., 2015, 29: 296.

[57] Sun Q, Suzenet F, Guillaumet G. Tetrahedron Lett., 2012, 53: 2694.

[58] Quan Z J, Hu W H, Jia X D, Zhang Z, Da Y X, Wang X C. Adv. Synth. Catal., 2012, 354: 2939.

[59] Yan Z F, Quan Z J, Da Y X, Zhang Z, Wang X C. Chem. Commun., 2014, 50: 13555.

[60] Shen C, Zhang P, Sun Q, Bai S, Andy Hor T S, Liu X. Chem. Soc. Rev., 2015, 44: 291.

[61] Hayashi M, Okunaga K i, Nishida S, Kawamura K, Eda K. Tetrahedron Lett., 2010, 51: 6734.

[62] 王刚，郭燕，吕颖，王喜存，权正军. 有机化学，2016，36：1375.

[63] Quan Z J, Lv Y, Wang Z J, Zhang Z, Da Y X, Wang X C. Tetrahedron Lett., 2013, 54: 1884.

[64] Quan Z J, Lv Y, Jing F Q, Jia X D, Huo C D, Wang X C. Adv. Synth. Catal., 2014, 356: 325.

[65] Liebeskind L S, Srogl J. J. Am. Chem. Soc., 2000, 122: 11260.

[66] Du B X, Quan Z J, Da Y X, Zhang Z, Wang X C. Adv. Synth. Catal., 2015, 357: 1270.

[67] (a) Wei K J, Quan Z J, Zhang Z, Da Y X, Wang X C. Org. Biomol. Chem., 2016, 14: 2395. (b) Wei K J, Quan Z J, Zhang Z, Da Y X, Wang X C. Synlett, 2016, 27: 1743.

[68] (a) Phan N H T, Kim H, Shin H, Lee H S, Sohn J H. Org. Lett., 2016, 18: 5154. (b) Kim H, Phan N H T, Shin H, Lee H S, Sohn J H. Tetrahedron, 2017, 73: 6604. (c) Kim H, Lee J, Shin H, Sohn J H. Org. Lett., 2018, 20: 1961.

[69] Wei K J, Quan Z J, Zhang Z, Da Y X, Wang X C. RSC Adv., 2016, 6: 78059.
[70] Gross G A, Wurziger H, Schober A. J. Comb. Chem., 2006, 8: 153.
[71] Pisani L, Prokopcová H, Kremsner J M, Kappe C O. J. Comb. Chem., 2007, 9: 415.
[72] Klein E, DeBonis S, Thiede B, Skoufias D A, Kozielski F, Lebeau L. Bioorg. Med. Chem., 2007, 15: 6474.
[73] Matloobi M, Kappe C O. J. Comb. Chem., 2007, 9: 275.
[74] Quan Z J, Wei Q B, Ma D D, Da Y X, Wang X C, Shen M S. Synth. Commun., 2009, 39: 2230.
[75] Singh K, Singh S, Mahajan A. J. Org. Chem., 2005, 70: 6114.
[76] Couto I, Tellitu I, Dom. í . nguez E. J. Org. Chem., 2010, 75: 7954.
[77] P. é . rez R, Beryozkina T, Zbruyev O I, Haas W, Kappe C O. Org. Lett., 2002, 4: 501.
[78] Zhang L, Zhang Z, Liu Q, Liu T, Zhang G. J. Org. Chem., 2014, 79: 2281.
[79] Smee D F, Alaghamandan H A, Ramasamy K, Revankar G R. Antiviral Res., 1995, 26: 203.
[80] Lewis A F, Revankar G R, Fennewald S M, Huffman J H, Rando R F. J. Heterocycl. Chem., 1995, 32: 547.
[81] Hazarika J, Kataky J C S. Indian J. Chem., 2001, 40B: 255.
[82] Robins R K, Cottam H B. WO 8905649, 1989 (Chem. Abstr., 1989, 112: 56584).
[83] Landreau C, Deniaud D, Meslin J C. J. Org. Chem., 2003, 68: 4912.
[84] Ram V J, Srivastava P, Goel A. Tetrahedron, 2003, 59: 7141.
[85] Walter H. WO 9733890, 1997(Chem. Abstr., 1997, 127: 293243).
[86] Mobinikhaledi A, Foroughifar N, Goodarzi F. Phosphorus Sulfur Silicon Relat. Elem., 2003, 178: 2539.
[87] Kappe C O, Roscher P. J. Heterocycl. Chem., 1989, 26: 55.
[88] Mishina T, Tsuda N, Inui A, Miura Y. Jpn. Kokai Tokkyo Koho, 1987, JP 62169793; Chem. Abstr., 1988, 108: 56120e.
[89] Balkan A, Uma S, Ertan M, Wiegrebe W. Pharmarie, 1992, 47: 687.
[90] Wichmann J, Adam G, Kolczewski S, Mutel V, Woltering T. Bioorg. Med. Chem. Lett., 1999, 9: 1573.
[91] Sherif S M, Youssef M M, Mobarak K M, Abdel-Fattah A M. Tetrahedron, 1993, 49: 9561.
[92] Tozkoparan B, Ertan M, Kelicen P, Demirdamar R. Farmaco, 1999, 54: 588.
[93] Tozkoparan B, Yarim M, Sarac S, Ertam M, Kelicen P, Altinok G, Remirdamar R. Arch. Pharm. Pharm. Med. Chem., 2000, 333: 415.
[94] Quan Z J, Zhang Z, Wang J K, Wang X C, Liu Y J, Ji P Y. Heteroatom Chem., 2008, 19: 149.
[95] Singh S, Schober A, Gebinoga M, GroßG. Tetrahedron Lett., 2011, 52: 3814.

[96] Quan Z J, Wei Y, Wang X C. Heterocycl. Commun., 2011, 17: 181.
[97] Zeng R J, Zhou Z C, Wang C X, Li X F, Chen Z, Yu X Y. Chin. J. Org. Chem., 2009, 29: 470.
[98] Kappe C O, Peters K, Peters E M. J. Org. Chem., 1997, 62: 3109.
[99] Fatima S, Sharma A, Saxena R, Tripathi R, Shukla S K, Pandey S K, Tripathi R, Tripathi R P. Eur. J. Med. Chem., 2012, 55: 195.
[100] Brown L E, Dai P, Porco Jr J A, Schaus S E. Org. Lett., 2011, 13: 4228.
[101] Li W J, Liu S, He P, Ding M W. Tetrahedron, 2010, 66: 8151.
[102] Singh K, Singh S. Tetrahedron, 2008, 64: 11718.
[103] Aly A. Phosphorus Sulfur Silicon and Relat Elem, 2006, 181: 1285.
[104] Brier S, Lemaire D, DeBonis S, Forest E, Kozielski F. Biochemistry, 2004, 43: 13072.
[105] Ismail M A H, Aboul-Einein M N Y, Abouzid K A M, Kandil S B A. Alex. J. Pharm. Sci., 2002, 16: 143.
[106] Drizin I, Holladay M W, Yi L, Zhang H Q, Gopalakrishnan S, Gopalakrishnan M, Whiteaker K L, Buckner S A, Sullivan J P, Carroll W. Bioorg. Med. Chem. Lett., 2002, 12: 1481.
[107] Lansbury P T, Liu Z H. Austria Patent 2006230674, 2006 (Chem. Abstr., 2007, 146: 309356).
[108] Nagai S I, Ueda T, Sugiura S, Nagatsu A, Murakami N, Sakakibara J, Fujita M, Hotta Y. J. Heterocycl. Chem., 1998, 35: 325.
[109] Wang X C, Wei Y, Da Y X, Zhang Z, Quan Z J. Heterocycles, 2011, 83: 2811.
[110] Hashim J, Arshad N, Khan I, Nisar S, Ali B, Choudhary M I. Tetrahedron, 2014, 70: 8582.
[111] Yao C S, Lei S, Wang C H, Yu C X, Tu S J. J. Heterocycl. Chem., 2008, 45: 1609.
[112] Zeng L Y, Cai C. J. Comb. Chem., 2010, 12: 35.
[113] Chebanov V A, Sakhno Y I, Desenko S M, Shishkina S V, Musatov V I, Shishkin O V, Knyazeva I V. Synthesis, 2005, 2597.
[114] Pryadeina M V, Burgart Y V, Saloutin V I, Kodess M I, Ulomskii E N, Rusinov V L. Russ. J. Org. Chem., 2004, 40: 902.
[115] Gein V L, Gein L F, Tsyplyakova E P, Rozova E A. Russ. J. Org. Chem., 2003, 39: 753.
[116] Gein V L, Vladimirov I N, Fedorova O V, Kurbatova A A, Nosova N V, Krylova I V, Vakhrin M I. Russ. J. Org. Chem., 2010, 46: 699.
[117] Sausins A, Duburs G. Heterocycles, 1988, 27: 291.
[118] Takamizawa A, Hirai K. Chem. Pharm. Bull., 1964, 12: 804.
[119] Khaninia E L, Duburs G. Khim Geterotsikl. Soedin., 1982: 535.
[120] Khaninia E L, Liepin' sh E E, Mutsenretse D Kh, Duburs G. Khim Geterotsikl. Soedin.,

1987: 668.

[121] Kappe C O, Roschger P. J. Heterocyclic. Chem., 1989, 26: 55.

[122] Puchala A, Belaj F, Bergman J, Kappe C O. J. Heterocycl. Chem., 2001, 38: 1345.

[123] Liang R R, Wu G L, Wu W T, Wu L M. Chin. Chem. Lett., 2009, 20: 1183.

[124] Dondoni A, Massi A, Minghini E, Sabbatini S, Bertolasi V. J. Org. Chem., 2003, 68: 6172.

[125] Shanmugam P, Perumal P T. Tetrahedron, 2006, 62: 9726.

[126] Shanmugam P, Perumal P T. Tetrahedron, 2007, 63: 666.

[127] Memarian H R, Farhadi A, Sabzyan H. Ultrason. Sonochem., 2010, 17: 579.

[128] Memarian H R, Farhadi A. Ultrason. Sonochem., 2008, 15: 1015.

[129] Memarian H R, Soleymani M. Ultrason. Sonochem., 2011, 18: 745.

[130] Karade N N, Gampawar S V, Kondre J M, Tiwari G B. Tetrahedron Lett., 2008, 49: 6698.

[131] Kim S S, Choi B S, Lee J H, Lee K K, Lee T H, Kim Y H, Shin H. Synlett, 2009, 599.

[132] Singh K. Aust. J. Chem., 2008, 61: 910.

[133] Han B, Han R F, Ren Y W, Duan X Y, Xu Y C, Zhang W. Tetrahedron, 2011, 67: 5615.

[134] Maryam G. Bull. Korean Chem. Soc., 2013, 34: 1751.

[135] Akhtar M S, Seth M, Bhaduri A P. Ind. J. Chem., 1987, 26B: 556.

[136] Watanabe M, Koike H, Ishiba T, Okada T, Sea S, Hirai K. Bioorg. Med. Chem., 1997, 5: 437.

[137] Phan N H T, Sohn J H. Tetrahedron, 2014, 70: 7929.

[138] Ciamician G. Science, 1912, 36: 385.

[139] (a) Angnes R A, Li Z, Correia C R D, Hammond G B. Org. Biomol. Chem., 2015, 13: 9152. (b) Prier C K, Rankic D A, MacMillan D W C. Chem. Rev., 2013, 113: 5322. (c) Narayanam J M R, Stephenson C R J. Chem. Soc. Rev., 2011, 40: 102. (d) Bach T, Hehn J P. Angew. Chem. Int. Ed., 2011, 50: 1000. (e) Hoffmann N. Chem. Rev., 2008, 108: 1052.

[140] (a) Tang S, Liu K, Liu C, Lei A. Chem. Soc. Rev., 2015, 44: 1070. (b) Liu C, Yuan J, Gao M, Tang S, Li W, Shi R, Lei A. Chem. Rev., 2015, 115: 12138.

[141] (a) Memarian H R, Farhadi A, Sabzyan H, Soleymani M J. Photochem. Photobiol. A: Chem., 2010, 209: 95. (b) Memarian H R, Farhadi A. Monatsh. Chem., 2009: 140: 1217.

[142] Masoud N E, Morteza M, Karim A. Arkivoc, 2009, 255.

[143] Liu Q, Li Y N, Zhang H H, Chen B, Tung C H, Wu L Z. J. Org. Chem., 2011,

76: 1444.

[144] Liu Q, Wu L Z, Wang L, Ma Z G, Wei X J, Meng Q Y, Yang D T, Du S F, Chen Z F. Green Chem., 2014, 16: 3752.

[145] Yang T Y, Quan Z J, Wang X C. Synlett, 2017, 28: 847.

第5章

DHPM及其衍生物的生物活性

100 多年前，在 Biginelli 首次合成多功能化的 3,4-二氢嘧啶酮(DHPM)的前几十年里，DHPM 类化合物并未受到人们的关注，该类杂环化合物的药学性质更未被开发。从 20 世纪 80 年代早期开始，人们对 DHPM 的关注逐渐增多[1]，这主要是由于与 DHPM **5-1** 结构相类似的 Hantzsch 型二氢吡啶衍生物(DHP **5-2**)具有良好的钙通道调节功能(图 5-1)，例如治疗心绞痛药硝苯吡啶(利心平，心痛定，Nifedipine)[2]。人们很快便发现 DHPMs 也具有类似的药学性质。在过去的几十年里，由于其独特的药物活性从而使得 Biginelli 型的二氢嘧啶酮受到了广泛关注。

图 5-1　嘧啶与吡啶的代表结构式

人们发现 DHPMs 除了具有钙通道调节活性外，还具有更多的生物活性[1~4]，例如 α_{1a}-肾上腺素能受体拮抗剂用来治疗良性前列腺增生(用于前列腺肥大的早期治疗)[5]。同样，此活性的发现也是基于前期对 DHP 衍生物研究的基础之上，不同之处是，DHPM 比 DHP 类化合物具有更加丰富的结构多样性。利用组合化学技术，可以很容易地建立适用于高通量筛选过程的结构多样化化合物库，发现一些有趣的生物活性化合物。其中的一个典型例子是，DHPM 类似物能够通过阻止蛋白的有丝分裂来实现抗癌作用，有望成为潜在的新型抗癌药物的先驱。总体而言，目前发现 DHPM 及其衍生物具有以下活性：抗肿瘤，消炎，降压，抗菌，抗真菌，抗病毒，钙通道拮抗，抗氧化，抗毒蕈碱，乙酰胆碱酯酶抑制，抗甲状腺，降血脂，抗寄生物，减肥，脲酶抑制，GABAA 激动，酪氨酸酶抑制，α_{1a}-肾上腺素能受体拮抗，碳酸酐酶抑制，强心，黑色素聚集激素受体拮抗，有丝分裂驱动蛋白抑制等活性。本章介绍 DHPM 及其衍生物作为钙通道拮抗剂、α_{1a}-肾上腺素能受体拮抗剂、有丝分裂驱动蛋白抑制剂等领域的主要研究进展。

5.1 钙通道拮抗剂

4-芳基-1,4-二氢吡啶类化合物(例如利心平)是一类研究最为广泛的有机钙通道拮抗剂(**5-3**,图 5-2)。自从 1975 年其被用于临床医学以来，几乎成为治疗心血管疾病如高血压、心律失常或心绞痛等的不可替代的药物之一[6]。在硝苯吡啶应用于临床后的 30 多年时间里，大量 DHP 类似物被合成出来，同时市场上也出现了大量二代商品化产品(如尼卡地平、氨氯地平、非洛地平等)[7]。

1978 年，Khanina 等[8]首次报道 DHPMs 对心血管疾病具有活性，他们发现化合物 **5-4** 具有中等的降血压活性和冠状动脉舒张活性(图 5-2)。该课题组随后还发现二氟甲氧基取代的化合物 **5-5** 也表现出了相似的心血管活性[9,10]。在 20 世纪 80 年代中期，对 4-芳基-1,4-二氢嘧啶-5-甲酸酯的生物活性研究发现，诸如化合物 **5-6**[11]、**5-7**[12] 和 **5-8**[2] 等具有与 DHP 非常相近的钙通道抑制活性，但大多数没有明显的体内降压活性[2]。对 DHPM 嘧啶环上取代基的进一步结构改造，例如在 *N*3-位引入一个酯基就可以得到与 DHP**5-3** 结构相似的化合物 **5-9**～**5-11**[13～15]。化合物 **5-9** 不仅具有更加有效和持久的血管扩张作用，还具有与 DHPs 相当的降压活性。在 Atwal 报道的一系列 *N*3-取代的 DHPM 中，最有效的要属硫脲衍生物 **5-12**[15]。虽然其体外钙通道阻滞活性与 DHPs 相似，但没有口服降压活性，这些衍生物缺乏口服活性的原因被认为是其快速的代谢作用所致[15]。对 *N*3-位取代基的进一步改造获得了具有口服活性的长效降压效果，例如化合物 **5-13** (SQ32926)[3] 和 **5-16**(SQ32547)[4]。对于 **5-13** 比 **5-12** 具有超强口服降压活性的解释是 **5-13** 中脲结构的存在增强了该化合物的化学稳定性，从而提高了口服生物利用度。作为一种降压药，化合物 **5-13** 显示了比利心平更强的药效和持久性，其口服药效和持久性与长效的氨氯地平(DHP Amlodipine)相媲美。化合物 **5-14** 也具有类似的药理性质[4]。**5-13** 与 **5-16** 在动物模型实验中都具有抗贫血性能[16]。

除了单环 DHPM 衍生物以外，各种嘧啶环并杂环或碳环的双环衍生物

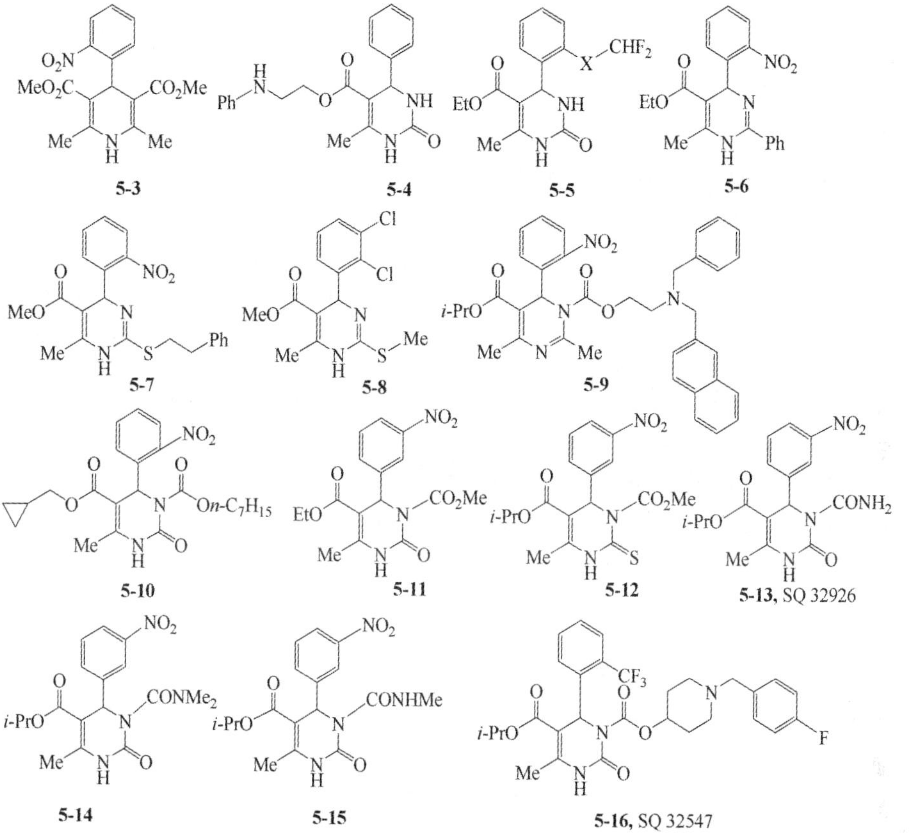

图 5-2 具有钙通道拮抗活性的代表化合物

也具有钙通道阻滞活性[17～25]，代表化合物有 **5-17**～**5-21** 等(图 5-3)。

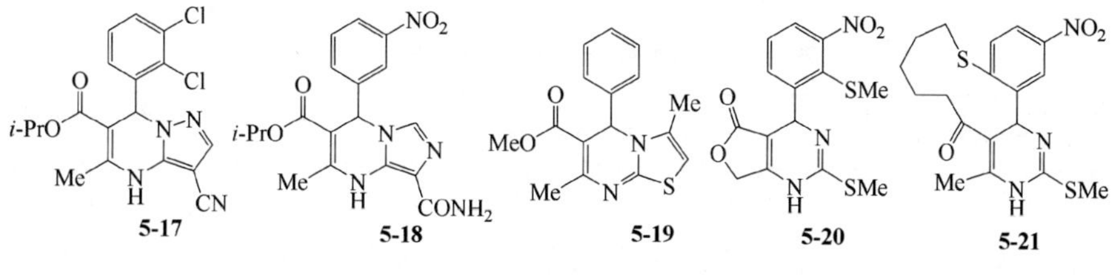

图 5-3 具有钙通道拮抗活性的嘧啶双环衍生物

由于 3,4-二氢嘧啶酮本身是不对称分子，这为研究生物活性提供了理想的分子工具，利用此性质可以探究钙通道抑制活性的构效关系，特别是像 **5-17** 结构中在 *C*5-位只有一个简单酯基官能团的化合物。Rovnyak 等基于一系列结构独特、构象旋转受阻及单一对映体的DHPM类似物的药理学研究，于1995年提出了DHP/DHPM钙通道拮抗剂的结合位点新模型[26]（图5-4）。受体的放射性配体结合分析证明DHPs（如**5-3**）与DHPMs **5-20**、**5-21**对同一受体具有相近的结合能力，DHP与DHPM药物活性的比较见表5-1。他们认为钙通道调节能力（拮抗与激动活性）取决于*C*4-位的绝对构型，*C*4-芳基基团（*R*-或*S*-构型）在对拮抗活性（芳基向上）和激动活性（芳基向下）起着“分子开关”的作用（图5-4）。而且，在受体-结合构象中，取代的芳基与半船式构型的二氢吡啶/嘧啶环呈轴向垂直构型，此时，*C*4-芳基上取代基（X）与*C*4-H更倾向于*syn*-构象的取向。研究还发现，*cis*-酯基（相对于嘧啶环*C*5＝*C*6双键）对钙通道调节起重要作用。重要的是，只有DHP/DHPM分子中“左边的”基团（EtO_2CC＝C—NH）对活性是必需的，这为DHP和DHPM具有相似的钙通道调节活性提供了解释。虽然，Rovnyak模型与实验结果相一致，但需要指出的是，它与那些认为DHPs中的两个酯基对分子亲和力是必不可少的药效基团的模型相矛盾。人们还提出了其他的作用模型[27]。

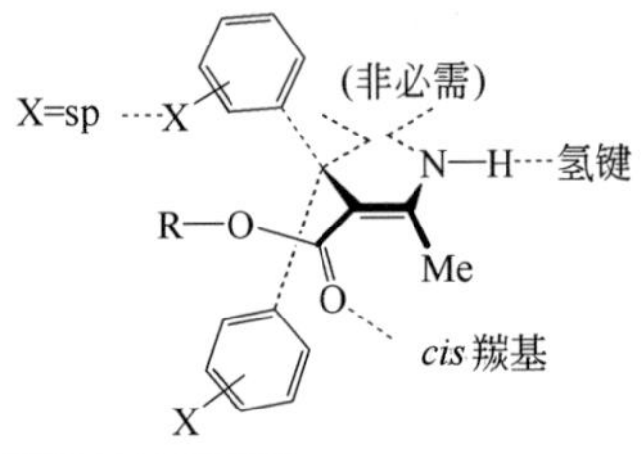

芳基向上，拮抗剂
(非必需)
X=sp ····X
N—H····氢键
R—O
Me
O
*cis*羰基
X
芳基向下，兴奋剂

图5-4　Rovnyak等提出的DHP构效关系图

表5-1　DHP与DHPM药物活性的比较

序号	钙通道拮抗剂	血管舒张活性 IC_{50}(nmol/L)95%CI	降压效果①	
			0～6h	6～18h
1	**5-3**	2(1～3)	33	22
2	(*R*,*S*)-**5-13**	12(8～17)	32	30
3	(*R*)-**5-13**	8.5(7～11)	—	—
4	(*S*)-**5-13**	3790(2140～6730)	5	4
5	(*R*,*S*)-**5-16**	7(4～11)	51	32
6	(*R*)-**5-16**	15(18～27)	60	46

① 剂量：45μmol/kg po。

对图 5-2 中所列的绝大多数化合物而言，其 $C4$-位的绝对构型是影响生物活性至关重要的因素。药理学研究表明，在 DHPM 的消旋体中，互为对映异构体的两种化合物通常具有不同的药学活性，甚至是相反的拮抗/兴奋活性。例如，钙通道阻滞剂 SQ 32926 的(R)-型对映异构体(**5-13**)的抗高血压效果是其他异构体的 400 倍[28]，α_{1a}-肾上腺素能变体拮抗剂 L-771688(**5-24**)的(S)-对映体的活性远远高于(R)-对映体的[29]。再如，有丝分裂驱动蛋白 Eg5 抑制剂(S)-Monastrol(**5-23**)的药效是(R)-Monastrol 的 15 倍，它可能被作为药物前体发展成为一种新型的抗癌药物[30]。乙型肝炎 B 病毒复制的非核酸抑制剂——Bay 41-4109(**5-25**)也有同样的现象，其(S)-对映体的活性比(R)-对映体更强(图 5-5)。

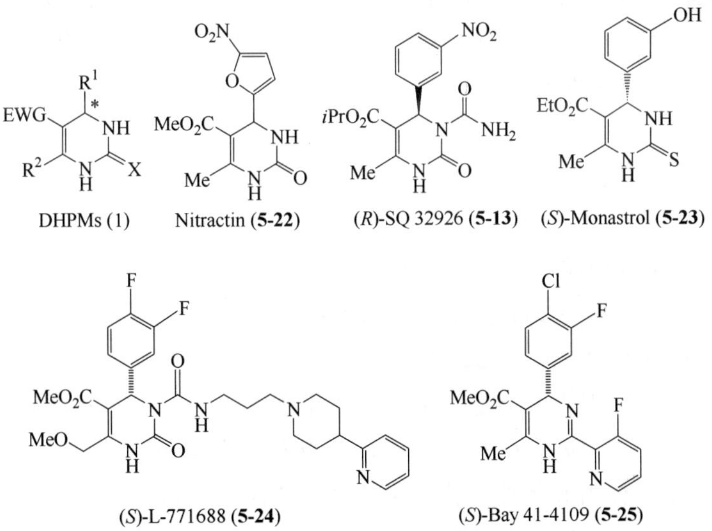

DHPMs (1)　Nitractin (**5-22**)　(*R*)-SQ 32926 (**5-13**)　(*S*)-Monastrol (**5-23**)

(*S*)-L-771688 (**5-24**)　(*S*)-Bay 41-4109 (**5-25**)

图 5-5　具有药学活性的光学纯 DHPM 类化合物

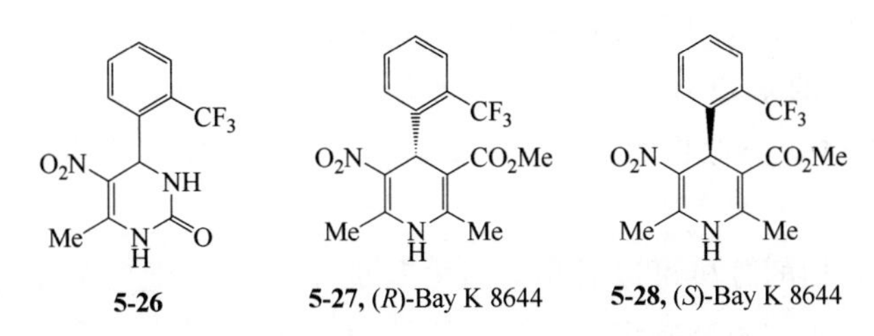

图 5-6　化合物 DHPM **5-26** 与 Bay K8644 的结构比较

在有关 DHPM 药效的模型研究中，有趣的模型是 Remennikov 等报道

的有关 *C*5-硝基取代 DHPM **5-26** 的钙通道调节剂的作用模型，原因是 **5-26** 与高效的钙拮抗剂/激动剂 Bay K8644(**5-27**)的结构相似(图 5-6)。然而，对光学纯的 DHPM **5-26** 的详细药理活性的研究很少。

5.2 α_{1a}-肾上腺素能受体拮抗剂

良性前列腺增生(BPH)是中老年男性常见疾病之一，BPH 的发病率随年龄递增，年龄大于 70 岁的男性中有 70%的人患有 BPH[31]。非选择性的肾上腺素能受体拮抗剂如特拉唑嗪(Terazosin)是常用的治疗药物[32]，它主要的作用是使血管的肌肉松弛扩张，让更多的血液顺畅流通，最终达到降血压的目的。然而，据报道存在部分肾上腺素能受体拮抗剂与克隆的人类 α_{1a} 亚型受体紧密结合等副作用，因而，大力发展具有较小副作用的 α_{1a}-肾上腺素能受体拮抗剂就非常必要。

在实现了三种不同的 α_1 受体亚型结构的克隆和表达后，人们发现 DHP 钙通道拮抗剂尼古地平(**5-29**)对 α_1 受体亚型具有拮抗作用。结构修饰后的化合物 SNAP 5089(**5-30**)和 SNAP 5540(**5-31**)对其他 α_1 受体亚型虽有药效和选择性，但药效减弱甚至没有活性[33,34](图 5-7)。

在对结构的进一步改进后，新型的 α_{1a}-肾上腺素能受体拮抗剂被开发出来。化合物 SNAP 6201(**5-32**)可以克服 DHP 类化合物对氧化剂敏感的不足之处，同时它还对 α_{1a}受体拥有良好的亲和力(<1nmol/L)和优异的亚型选择性(>300 倍)，没有心血管效应，且有很好的药理活性[35]。然而，对 SNAP 6201 的体内和体外实验表明其主要的代谢产物 4-甲氧羰基-4-苯基哌啶是一种有效的 μ-阿片受体激动剂。通过对其连接基的改造还发现了几种具有很好 α_{1a}-亲和力和选择性的化合物，如化合物 **5-33**。研究还表明，哌啶片段，例如 4-甲基-4-苯基哌啶对阿片受体的抑制是必不可少[36]。类似物 **5-34** 也具有相当的亲和力和药效[37]。此外，呋喃 [3,4-*d*] 并嘧啶酮类化合物 **5-36** 是 **5-34** 等类似物的代谢产物，**5-36** 对 α_1-受体亚型也有选择性抑制作用[38]。

通过对结构的分析可以看出，将对称的 1,4-二氢吡啶的中心杂环改变为不对称的 3,4-二氢嘧啶结构，在有侧链的哌啶/哌嗪基团修饰时提供了两种逻辑上的结合位点。除了修饰二氢嘧啶环的 *N*3-位得到化合物 **5-32**～**5-36** 外，哌啶/哌嗪基团还可以通过酰胺键连接在 *C*5-位，得到的化合物 **5-37** 对

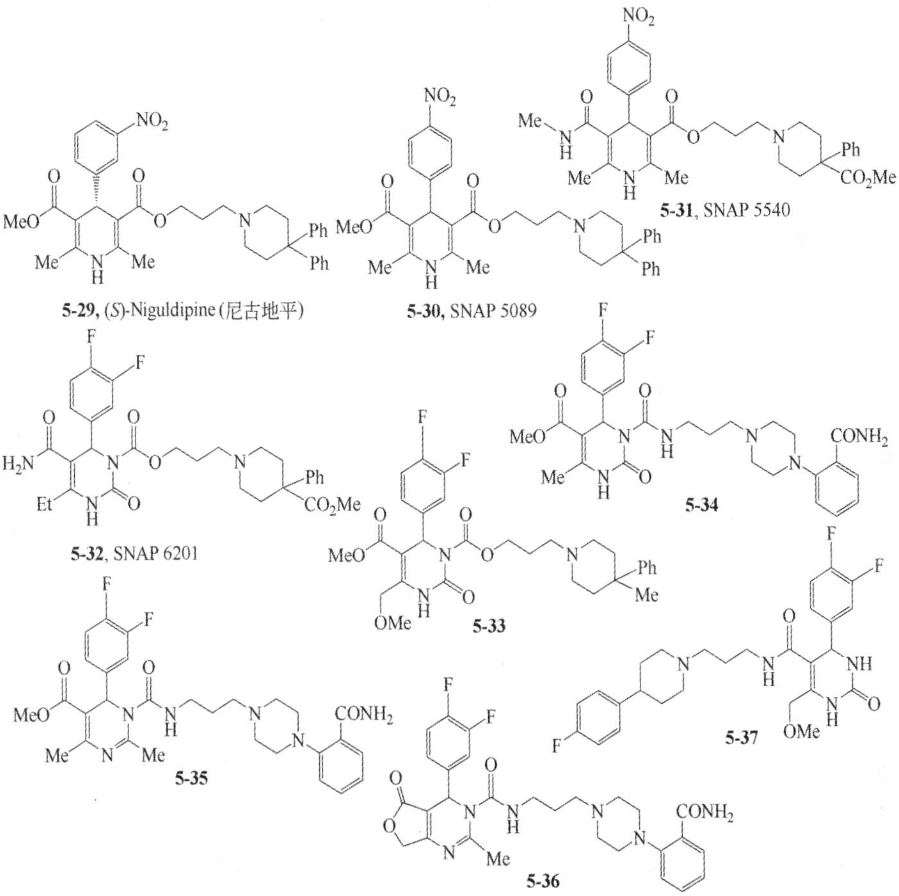

5-29, (*S*)-Niguldipine (尼古地平) **5-30**, SNAP 5089 **5-31**, SNAP 5540

5-32, SNAP 6201 **5-33** **5-34**

5-35 **5-36** **5-37**

图 5-7 具有 α_{1a}-肾上腺素能受体拮抗活性的 DHP 和 DHPM 的代表化合物

受体具有良好的亲和力(＜1nmol/L)和优异的选择性(＞100 倍)。对老鼠和狗的体内受体模型测试确证了该类化合物能显著地缓解 BPH 综合征，且对心血管系统没有诱导效应[5]。

为了进一步提高 DHPMs 拮抗剂的亲和力并测试其立体化学对药效的影响，人们合成了一系列具有立体化学中心的哌啶基 DHPMs，并筛选了它们对 α_{1a}-、α_{1b}-和 α_{1d}-受体的亲和力。在筛选的 16 种化合物中，DHPMs **5-38**～**5-42** 具有近似的亲和力（0.24nmol/L ± 0.45nmol/L ～ 8.3nmol/L ± 2.8nmol/L)，其立体化学对受体的结合力和选择性均有不同程度的影响(图 5-8)。特别是（*S*，*R*）-型化合物 **5-39** 表现出对 α_{1a}-受体良好的亲和力

(1.00nmol/L±0.15nmol/L)和优异的选择性(>600 倍)，而 (*R*，*R*) -型对映体虽有较高的亲和力(0.37nmol/L±0.12nmol/L)，但其选择性不如(*S*，*R*) -对映体(>500 倍)，化合物 **5-39** 具有更好的亲和力和选择性，化合物 **5-40** 和 **5-41** 的亲和力和选择性都显著降低[39]。

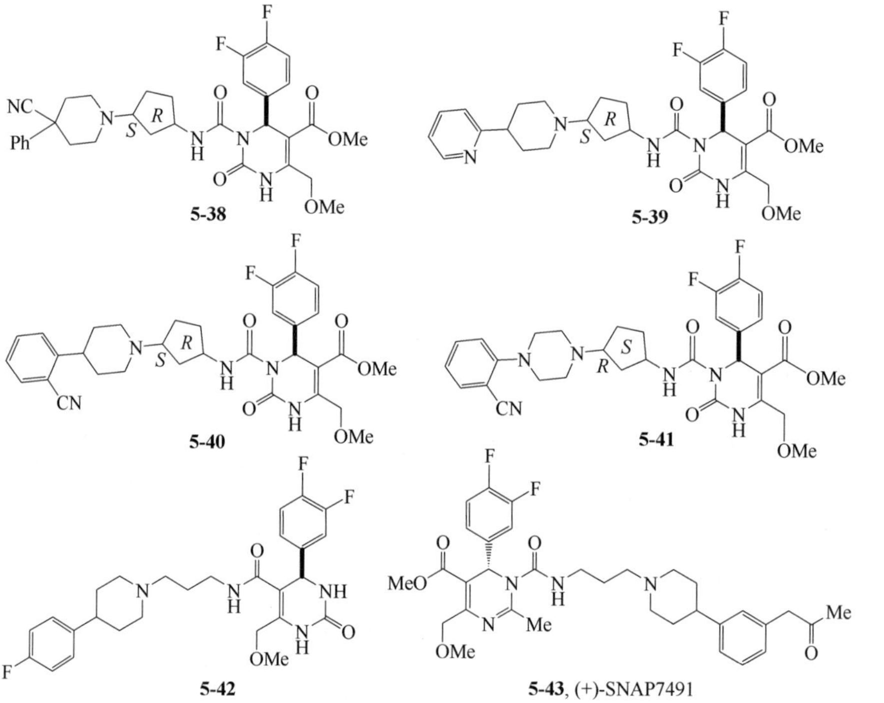

5-38　5-39　5-40　5-41　5-42　5-43, (+)-SNAP7491

图 5-8　具有 α_{1a}-肾上腺素能受体拮抗活性的哌啶基 DHPMs

5.3　黑色素聚集激素受体 1 拮抗剂

在鱼类和哺乳动物大脑中均发现了黑色素聚集激素受体(MCHR)，在哺乳动物体内的 MCHR 已被确定为一个环状的含有 19 个氨基酸的多肽，它于中枢神经系统的外侧下丘脑和未定带表达。研究显示它在调节能量平衡、食欲或食物摄入和情绪中具有重要作用，大鼠缺乏时会导致摄食过量，并伴有代谢率升高，然而，MCHR 的过量表达则会导致肥胖和胰岛素抵抗。因此，MCHR 受体 1 被认为有希望成为肥胖症的治疗靶标。在过去的几十年，人们发展了很多 MCHR 1 拮抗剂，发现 DHPM 的衍生物(+)-SNAP-

7491(**5-43**)对 MCHR 1 具有很强的结合力(图 5-8)。(+)-SNAP-7491 对哺乳动物细胞的抗 MCHR 实验数据是 K_b =0.57nmol/L 和>1000 倍的选择性。大鼠体内实验显示 SNAP-7491 通过降低大鼠的食物摄入量来实现的厌食效应并没有造成老鼠的萎靡不振。**5-43** 对小鼠体重减少表现出持续效果，并在 4 周内体重减少了 26%，这几乎是临床药物 D-氟苯丙胺药效的 2 倍。在经过长时间服用再停用两周后，大鼠体重和食物摄入量完全恢复。此外，Millan 等的研究证实 **5-43** 具有潜在的抗抑郁和抗焦虑性质[40]，然而，也有研究结果与此截然不同，他们的测试结果表明光学纯的(+)-SNAP-7491 没有预期的抗抑郁和抗焦虑活性[41]。有趣的是，Millan 在随后的论文中声称 **5-43** 增加了大鼠的社会认可度，大鼠的额叶皮质透析研究显示在合理剂量时提高了乙酰胆碱的水平[42]。

5.4 有丝分裂驱动蛋白抑制剂

用于癌症治疗的常用策略是发展中断有丝分裂阶段细胞周期的药物。那些能够干扰微管的缩短(解聚)或延长(聚合)的化合物会导致代谢中细胞周期的终止，这是由于该类化合物扰乱了对于染色体运动必需的正常微管的蠕动过程。目前，多种能够结合微管蛋白从而抑制纺锤体组装的类似药物(如紫杉醇、多西他赛)被用于癌症的治疗中。由于微管也参与很多其他的细胞过程，因此，这些药物干扰微管的形成或解聚通常会导致剂量限制性副作用。

Mayer 等通过对一个含有 16320 个小分子化合物库的筛选发现：结构更加简单的 DHPM **5-23** 是一种新型的细胞渗透性分子，它能够阻止哺乳动物细胞正常的两极有丝分裂纺锤体的组装，从而导致细胞周期的终止[43]。综合各种筛选结果，被称为 Monastrol 的化合物 **5-23** 通过专一性地抑制有丝分裂驱动蛋白 Eg5 的运动能力而阻止有丝分裂(Eg5 是一种纺锤体驱动蛋白)。与 Eg5 抑制剂通过和 ATP 或微管结合的作用机理不同，Monastrol 通过与 Eg5 马达蛋白的相结合从而抑制微管刺激 ATP 酶活性。Monastrol 是目前所知的唯一一个能够抑制有丝分裂驱动蛋白 Eg5 的细胞渗透性分子，因此它可以被看作是一个新的抗癌药物开发的引领者。有趣的是，与 Monastrol 结构相似的 DHPM **5-44** 既不能影响有丝分裂驱动蛋白 Eg5，也不会阻止细胞的有丝分裂。*S*-Monastrol 对 Eg5 具有更好的体外和体内活性。除了 Monastrol 外，对该含有酚结构的化合物库的筛选还发现，DHPM

5-45 有类似秋水仙碱类化合物的性质，起降低微管稳定性的作用[44]。

虽然，Monastrol 自身的抗有丝分裂活性并不是很高，但作为一种 Eg5 的微管抑制剂，通过结构的改进或许有更好的活性。幸运的是，Biginelli 给我们提供了一种强有力的合成工具，人们通过 Biginelli 反应制备了大量的类似物。化合物 **5-46**(R^1=3-OH,R^2=R^3=H 或 R^2=R^3=Me,X=S)的 Eg5 抑制活性分别是 Monastrol 的 10 和 100 倍[42](图 5-9)。化合物 **5-47** 被证明是一种比 Monastrol 更强的细胞毒性物质，可以抑制多种癌细胞株[45]。**5-48** 的 Eg5 抑制活性(IC_{50}=9.2μmol/L)几乎是 Monastrol(IC_{50}=51.3μmol/L)的 5 倍。其他的类似物也表现出了较好的 Eg5 抑制活性，甚至有的效果优于 Monastrol，例如化合物 **5-49**～**5-55** 等。其抑制机理也与 Monastrol 的作用机理相类似[46~48]。研究还表明，*C*2-硫羰基对活性至关重要，若将其变为羰基时得到的化合物就会失去活性。

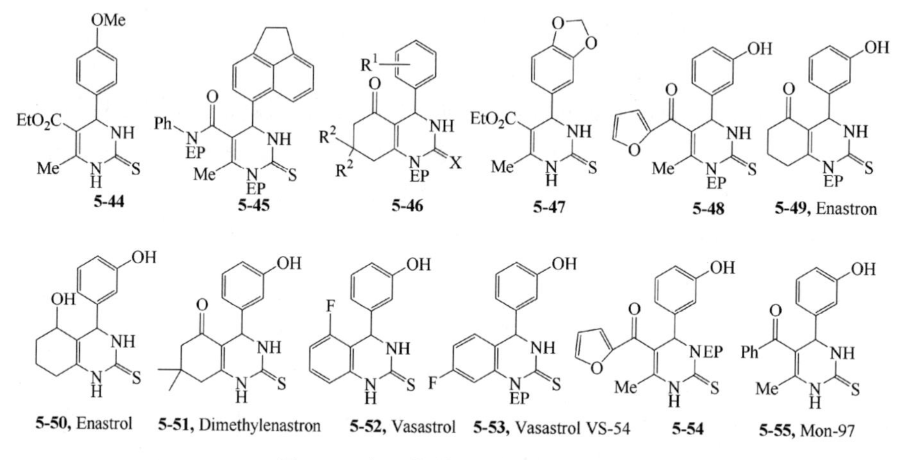

图 5-9　有丝分裂驱动蛋白抑制剂

5.5　ROCK 1抑制剂

早在 1999 年[49]，人们就发现 Monastrol 是一种非常优良的 Eg5 抑制剂，但对 DHPM 酶抑制活性的研究和开发仍处于起步阶段。例如，最近发现的 ROCK 1 拮抗剂 **5-56** 就说明 DHPMs 作为酶拮抗剂的巨大潜力[50](图 5-10)。丝氨酸苏氨酸激酶 ROCK 1 是两种已知的 Rho 相关激酶中的一种异构体。ROCK 1 在介导许多细胞功能中是至关重要的(如平滑肌收缩、细胞骨

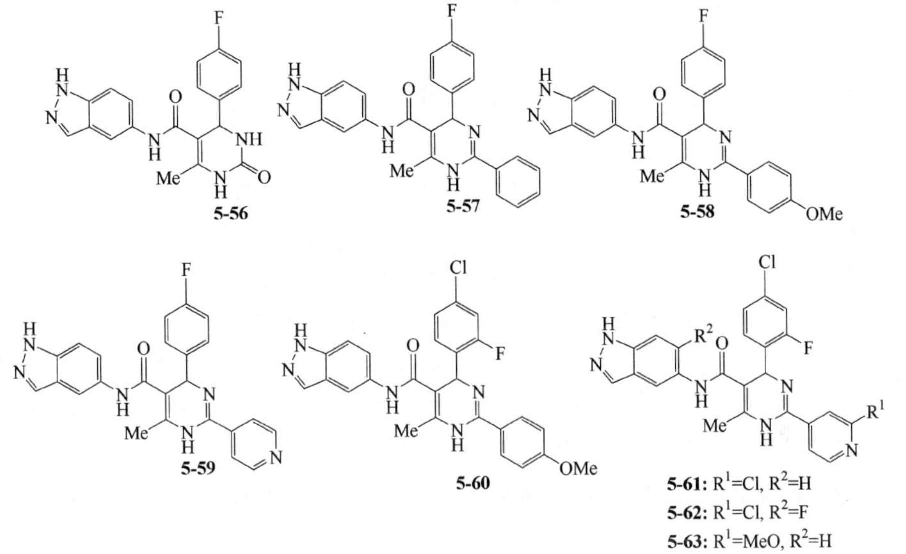

5-56 5-57 5-58

5-59 5-60

5-61: R^1=Cl, R^2=H
5-62: R^1=Cl, R^2=F
5-63: R^1=MeO, R^2=H

图 5-10 DHPM类ROCK 1抑制剂

架重组、细胞增殖和迁移、基因表达、局部黏着斑和膜皱裂等)。已证明ROCK 1还与各种心血管过程密切相关，被视为是治疗心血管疾病的潜在物。2007年，Goodman及其合作者在对33种不同的酶进行筛选时发现*C*5-吲唑酰胺修饰的DHPM **5-56**具有良好的抗ROCK 1活性(IC_{50}=14nmol/L)和较好的选择性(>300倍)[49]。对其吲唑*N*1-位的修饰导致体外实验活性的急剧下降(ROCK 1 IC_{50}>2500nmol/L)。据此推测吲唑基团是重要的，但不排除对DHPM结构进一步修饰的可能。

对化合物**5-56**的进一步结构改造，发现**5-57**的药代动力学性质显著提高，同时对ROCK 1也有一定的活性(IC_{50}=105nmol/L)，**5-57**的口服生物利用度是16%，而其清除率则降低至15.0mL/(min·kg) ±2.8mL/(min·kg)，远低于**5-56**的49mL/(min·kg) ±5mL/(min·kg)的数值，还保持了对33种酶的抑制选择性(>30倍)。进一步的构效研究表明，*C*2-(4-甲氧基苯基)取代的衍生物**5-58**的口服生物利用度可以达到35%，ROCK 1抑制活性也有所提高(ROCK 1 IC_{50}=46nmol/L)。*C*4-(2-氟-4-氯苯基)取代的化合物**5-60**可以达到>100%的选择性和IC_{50}=46nmol/L的抗ROCK 1活性，而且**5-60**的生物利用度可达58%，然而，也观察到对CYP2D6的抑制活性明显降低(IC_{50}=0.20μmol/L)。对吲唑的2-位修饰得到的化合物**5-61**～**5-63**，其活性和生物利用度均有不同程度的提升。化合物**5-63**在诱导型高血压模型实验中显示了较好的体内降压活性[51]。

5.6 热休克蛋白70ATP酶抑制剂

Hsp 70是热休克蛋白家族中重要的一员，它是一种ATP酶，具有保护机体和细胞的功能。这些蛋白在介导多种细胞过程中起重要作用：降解错误折叠的多肽，蛋白质运输，多蛋白复合物的重组，等等。因此，Hsp 70ATP酶是治疗很多人类疾病，如囊性纤维化的治疗靶[52]。现在已知Hsp 70的过度表达会导致肿瘤发生，这使得开发Hsp 70和相关的ATP酶的调节剂作为抗癌药成为可能。高度官能化的DHPM **5-64**(MAL3-101)对乳腺癌细胞的凋亡有诱导效应[53]。有关生物化学筛选表示，其中一些DHPMs具有增强Hsp 70ATP水解速率的活性，代表化合物有MAL3-38(**5-65**)和MAL3-90(**5-69**)。二者在浓度为0.3mmol/L时，对Hsp 70ATP水解速率的加快率分别是3.1和5.2倍。MAL3-55(**5-67**)的浓度分别是0.1mmol/L，0.3mmol/L和0.6mmol/L时，对Hsp 70ATP水解速率的加快率分别是−1.5、1.4和2.8倍，表现了活性对浓度较强的依赖性。值得注意的是，MAL3-101和MAL3-39(**5-66**)和MAL3-54(**5-68**)对Tag-刺激的Hsp 70ATP酶的水解有选择性抑制作用，但对ATP周转率无显著影响[54]。代表化合物如图5-11所示。其他MAL3-101衍生物也具有不同程度的抗增殖活性，例如**5-71**(GI_{50} = 6.0μmol/L)，**5-73**(GI_{50} = 6.9μmol/L)，**5-75**(GI_{50} = 6.2μmol/L)和**5-77**(GI_{50} = 7.1μmol/L)。*C*4-脂肪基取代的DHPM **5-74**也具有较好的抗增殖活性(GI_{50} = 6.0μmol/L)(表5-2)。然而，*N*-羧基取代的DHPM **5-78**及其类似物对乳腺癌细胞的增殖没有抑制活性[55]。

表5-2 具有抗增殖活性的DHPMs类代表化合物

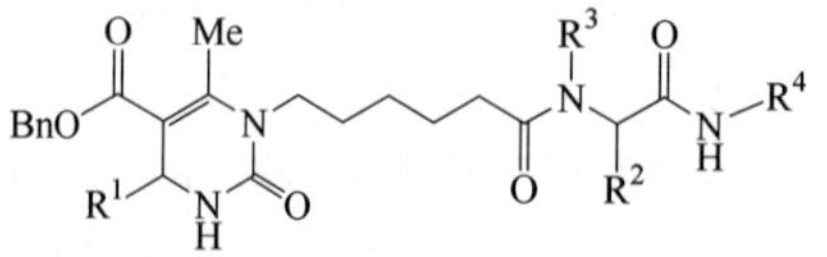

DHPM **5-70~5-77**

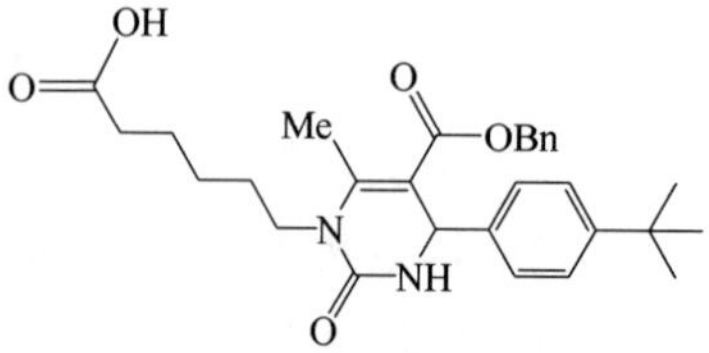

5-78, DMT003036

名称	No.	R^1	R^2	R^3	R^4
DMT003084	5-70	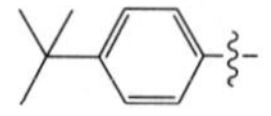	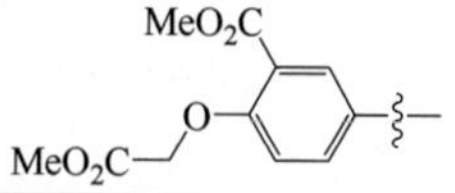 MeO_2C O MeO_2C	正己基	正丁基

续表

名称	No.	R^1	R^2	R^3	R^4
DMT003086	5-71	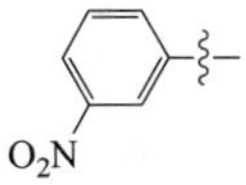 O_2N	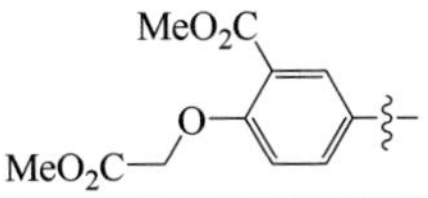 MeO_2C, MeO_2C, O	正己基	正丁基
DMT003052	5-72	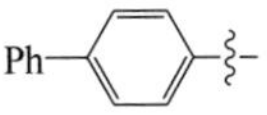 Ph	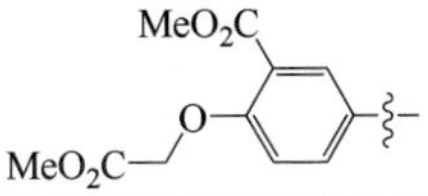 MeO_2C, MeO_2C, O	$MeO(CH_2CH_2)_2$	正丁基
DMT003092	5-73	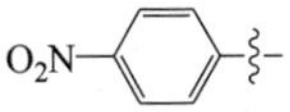 O_2N	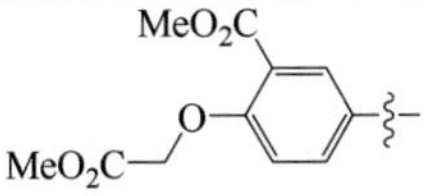 MeO_2C, MeO_2C, O	正己基	正丁基
DMT003132	5-74		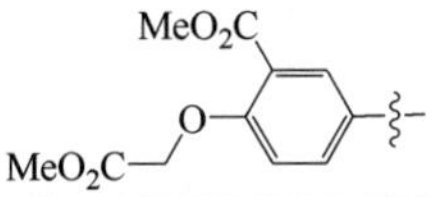 MeO_2C, MeO_2C, O	正己基	正丁基
DMT003088	5-75	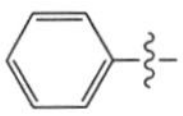	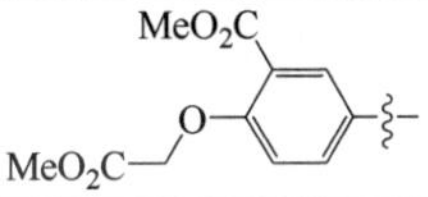 MeO_2C, MeO_2C, O	正己基	正丁基
DMT003102	5-76	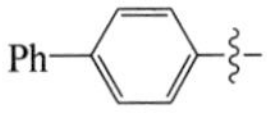 Ph	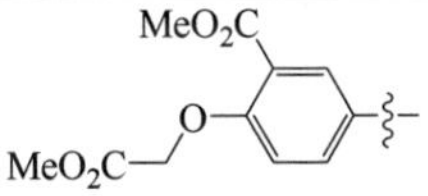 MeO_2C, MeO_2C, O	苄基	正丁基
DMT003106	5-77	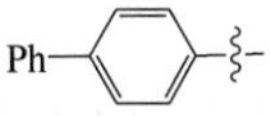 Ph	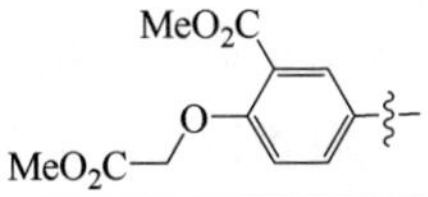 MeO_2C, MeO_2C, O	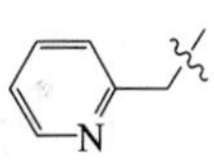 N	正丁基

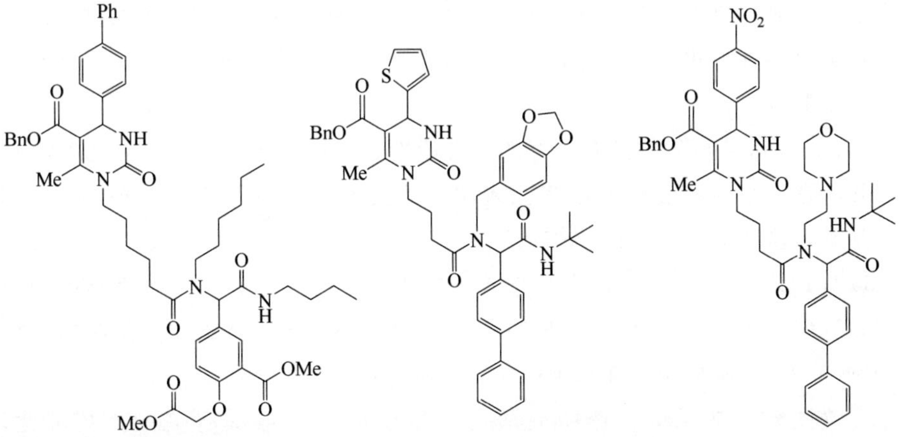

5-64, MAL3-101　　**5-65,** MAL3-38　　**5-66,** MAL3-39

图 5-11

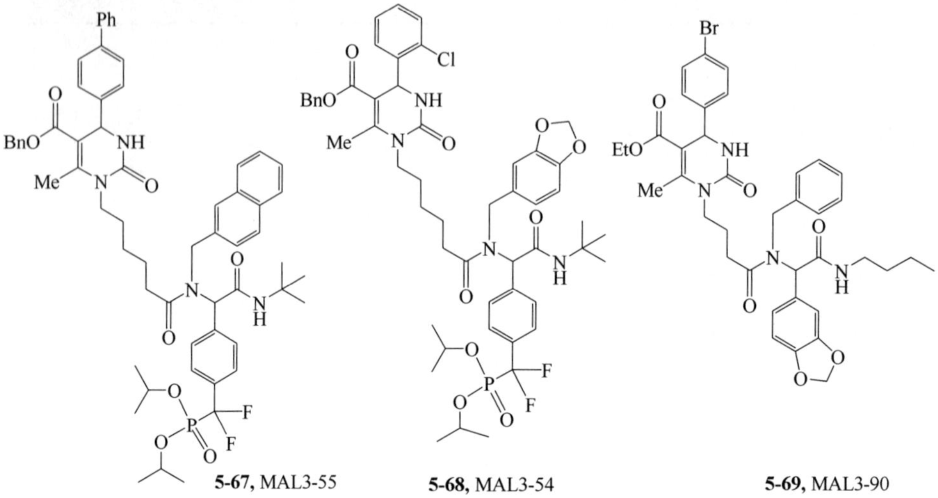

5-67, MAL3-55　**5-68,** MAL3-54　**5-69,** MAL3-90

图 5-11　Hsp 70 的 ATP 酶抑制剂

5.7 抗炎活性

炎症是机体对致病因素及其损害作用产生的一种反应，发生在局部，也可影响全身，红、肿、热、痛和机能障碍为其五个主要表现。全身可有发热(发烧)、白细胞增多，特别是在急性炎症、网状内皮系统细胞增生、实质器官的病变时。急性炎症可导致很多组织或器官的损害。特定分子的抗炎潜力可以通过各种方式进行研究，如以足跖肿胀为模型的镇痛效应，炎症细胞因子的抑制等。

DHPMs 类衍生物具有良好的抗炎活性。利用双氯芬酸作参考药物，对白化大鼠爪水肿炎症的抑制实验表明，嘧啶硫酮的丙酸衍生物 **5-79**～**5-83** 是最有前途的抗炎化合物(图 5-12)。利用 1,3,4-噁二唑-2-基取代的 DHPM **5-84** 处理诱导大鼠爪水肿 3h 后的炎症抑制率可达 75%，这一效果与已知的双氯芬酸的相当[56]。化合物 **5-85** 被发现对 LPS 诱导的人类单核细胞白血病细胞(THP-1)有抑制炎性细胞因子生长的作用。

慢性炎症是与催化透明质酸的降解酶的活性增加有关的。基于此，Gireesh 及其合作者通过分子对接实验研究了 DHPM 及其衍生物作为潜在抑制透明质酸酶抑制剂的可能性。体外测定法证实，100μg 的化合物 **5-86**～**5-89**(图 5-12)对透明质酸酶(3～5 单位)抑制范围在 89%～100%，该结果与参考药物——吲哚美辛的类似。化合物 **5-90** 对前列腺素 E_2（PGE_2）的生产及 iNOS 和 COX-2 基因表达的抑制是这些 DHPM 中最有效的一个，**5-90** 对 TNFα 和白介素 1β 的产生也有负面影响。

间位芳基取代的 DHPMs 类化合物 **5-93a**、**b** 和 **5-94a**、**b** 在 4～75nmol/L 浓度范围内对人类和老鼠的瞬时受体 A 1（TRPA 1）均有抑制活性。其中，**5-93a** 和 **5-94b** 的（*R*）-构型对映体对老鼠 TRPA 1 的抑制活性最好，其 IC_{50} 分别低至 4nmol/L 和 12nmol/L，然而，其（*S*）-构型对映体的 IC_{50} 则超过了 10000nmol/L。

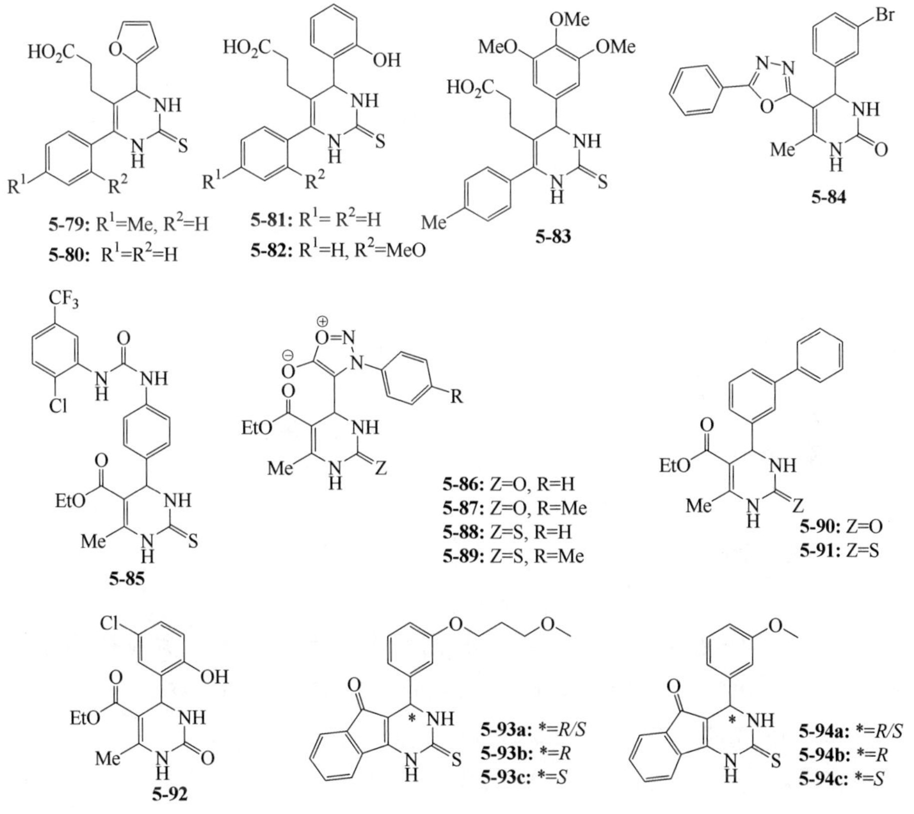

5-79: R^1=Me, R^2=H
5-80: R^1=R^2=H
5-81: R^1=R^2=H
5-82: R^1=H, R^2=MeO
5-83
5-84
5-85
5-86: Z=O, R=H
5-87: Z=O, R=Me
5-88: Z=S, R=H
5-89: Z=S, R=Me
5-90: Z=O
5-91: Z=S
5-92
5-93a: *=*R/S*
5-93b: *=*R*
5-93c: *=*S*
5-94a: *=*R/S*
5-94b: *=*R*
5-94c: *=*S*

图 5-12 具有消炎作用的 DHPMs 例子

5.8 抗菌活性

DHPM 衍生物 **5-95**～**5-98** 对结核分枝杆菌 $H_{37}Rv$（MTB $H_{37}Rv$）的最低

抑制浓度分别是 20ng/mL、20ng/mL、250 ng/mL 和 125ng/mL[57,58]。其他 6 个 Biginelli 化合物(**5-99**～**5-104**,图 5-13)表现出与参考药物——乙胺丁醇(MIC=7.6μmol/L)和环丙沙星(MIC=9.4μmol/L)一样有效或更有效的抗 MTB $H_{37}Rv$ 活性。化合物 **5-99**～**5-104** 的 MIC 值介于 3.4～76.2μmol/L 之间[59]。

DHPMs **5-105** 和 **5-106**(4-NO_2 和 4-F)的抗大肠杆菌、肺炎克雷伯菌、绿脓杆菌、伤寒杆菌和金黄色葡萄球菌的 MIC 分别是 12.5μg/mL 和12.5～25.0μg/mL,均优于环丙沙星。

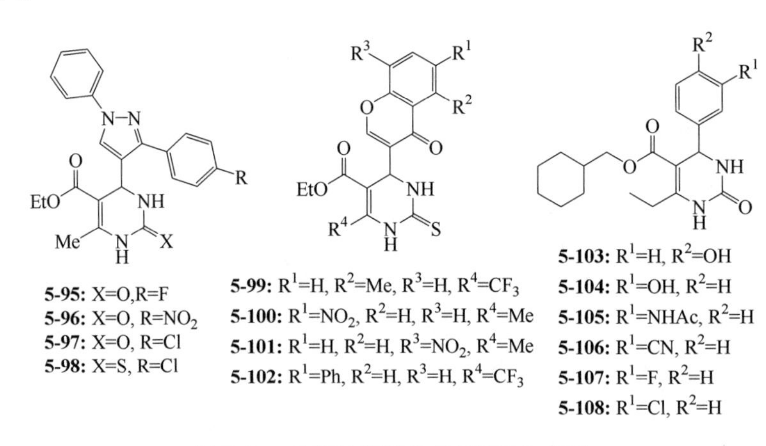

图 5-13 具有抗菌活性的 DHPMs 例子

5.9 抗病毒活性

Kim 和同事报道了一些 Biginelli 化合物具有防止人类免疫缺陷病毒(HIV-1)复制的潜力,特别是化合物 **5-107**～**5-112**(图 5-13、图 5-14)在浓度低于 90nmol/L 时,对 CEMx174-LTR-GFP 细胞(克隆 CG8)中 HIV-1 复制的损害程度可达 50%。其 (*S*) -构型的活性是 (*R*) -构型的 26 倍[60,61]。化合物 **5-113** 和 **5-114** 具有抗单纯疱疹病毒活性。

早在 1940 年,DHPMs 型化合物就显示出了抗病毒活性。到了 20 世纪 60 年代,报道的硝基呋喃取代的类似物 Nitractin 是首次报道的抗沙眼病毒的特效物质[62,63]。除此之外,Nitractin 还具有一定的抗菌活性。对 DHPMs 进行抗肿瘤剂筛选时发现(在大鼠和小鼠体内的 Walker 癌肉瘤),嘧啶-5-甲酰胺型化合物 **5-115** 具有抗癌活性,而其他衍生物则具有血小板聚集抑制活性，或均显示出抑制腺苷的血小板聚集抑制活性。稠环 DHPMs，如噻唑并[3,2-*a*]嘧啶 **5-116** 和嘧啶并[2,1-*b*][1,3]噻嗪 **5-117** 具有抗炎活性，噻唑并[3,2-*a*]嘧啶 **5-118** 已被发现是一种摩尔 2 组代谢型谷氨酸受体拮抗剂，简单的硫代 DHPMs 还具有抗真菌活性[5](图 5-14)。

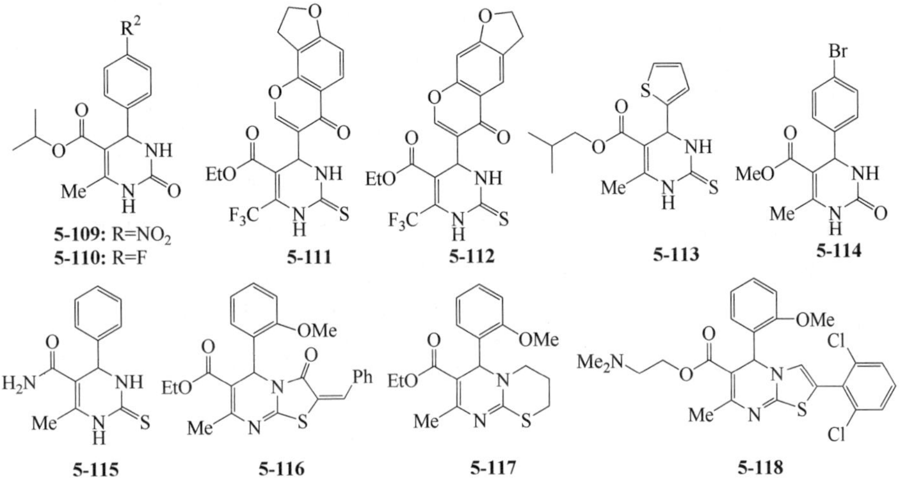

图 5-14 化合物 DHPMs **5-109**～**5-118** 的结构

5.10 抗真菌活性

真菌是一类微生物，其中部分可以导致疾病，真菌感染引起的疾病屡见不鲜，侵袭性真菌感染可能会威胁生命，然而目前市场上可用的抗真菌剂的数量是非常有限的。虽然 DHPM 用于抗真菌活性的研究报道较少，但也不乏一些有较好抗真菌活性的实例。如并环衍生物 **5-119**～**5-122** 与抗真菌药克霉唑相比较显示了相近或低于 20μg/mL 的 MIC 值(图 5-15)。含有吸电子取代基(除 4-氯以外)的类似物是防治黑曲霉和白色念珠菌最有效的化合物[64]。化合物 **5-105** 和 **5-106** 也具有类似的活性。Rajanarendar 与合作者的研究表明异噁唑取代的双环化合物 **5-123** 和 **5-124** 也具有抗真菌活性。它们能够对所测试的菌株诱导形成一个 60～65mm 的真菌生长抑制区，而参照药品克霉唑的抑制区为 35mm[65]。化合物 **5-125**～**5-127** 也具有抗真菌活性，其抑制区均在 22mm 之内。

2012 年，Lal 等[66]通过 Biginelli 反应合成了姜黄色素取代的嘧啶酮(硫酮)类化合物 **5-128**～**5-130**(图 5-16)，并测试了它们对细菌和真菌的抗微生

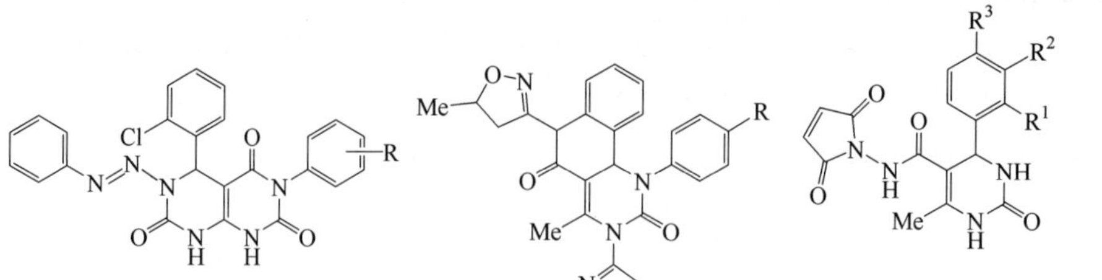

5-119 R=3-Cl,**5-120** R=4-NO_2
5-121 R=3-NO_2, **5-122** R=4-CO_2H

5-123 R=Me, **5-124** R=MeO

5-125: R^1=R^2=R^3=H
5-126: R^1=R^2, R^3=NMe_2
5-127: R^1=R^2=MeO, R^3=OH

图 5-15　表现出抗微生物活性的 DHPMs 实例

物活性。采用纸片扩散法测定抑菌带，体外最小抑制浓度使用微量肉汤稀释和食物中毒的方法测定。除此之外，还测试了合成的化合物对三种人类癌细胞 Hep-G2、HCT-116 和 QG-56 的体外细胞毒性。大多数化合物表现出与姜黄色素相当的抗菌和细胞中毒活性，其中，2-羟基苯基、4-羟基苯基和 4-羟基-3-甲氧基苯基取代产物显示了最高的生物活性。

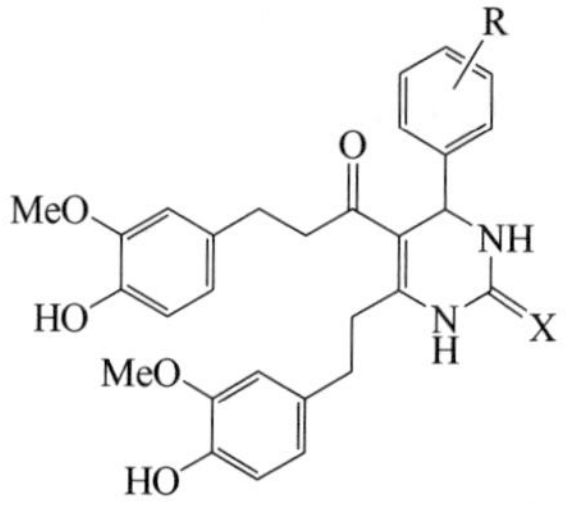

R=4-OH(**5-128**), 3-OH(**5-129**), 4-OH-3-MeO(**5-130**)

图 5-16　含姜黄色素抗微生物活性分子

5.11　抗氧化活性

氧和氮活性物质(ROS 和 RNS)的电子从传递链(存在于线粒体和叶绿体)逃逸的现象无处不在。ROS 和/或 RNS 的生产过剩对细胞是有害的，如果细胞抗氧化系统不能够有效地恢复正常的水平，最终会导致病变。

2006 年，Stefani 等[67]首次报道了 DHPM 的抗氧化活性，他们以雄性成年白化大鼠为模型，考察了这些分子对防止 ROS 生成和脂质过氧化的潜力。化合物 **5-131** 和 **5-132**(图 5-17)在 200μmol/L 时可以将肝细胞中的脂质氢过氧化物还原到正常水平。在芳香环上的硝基的存在对化合物 **5-132** 防止脂质过氧化并不是必需的，相反，化合物 **5-131** 和 **5-133** 比含有硝基的类似物 **5-132** 和 **5-134** 具有更高的活性。在 100μmol/L 下，嘧啶硫酮类似物 **5-135** 和 **5-136**（87.5%、图 5-17）清除羟基自由基的能力与抗氧化剂槲皮素（92.3%）的相当[68]。化合物 **5-138** 对 DPPH 自由基的 IC_{50} 值为 0.6μg/mL，其值低于已知的没食子酸自由基清除剂（0.8μg/mL）。

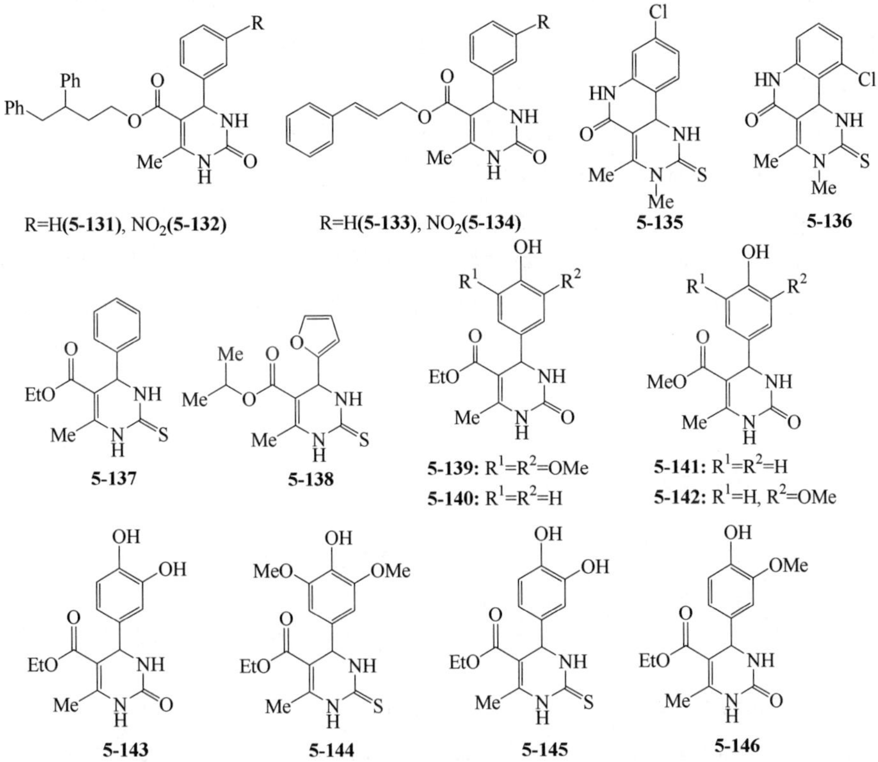

R=H(**5-131**), NO_2(**5-132**)　　R=H(**5-133**), NO_2(**5-134**)　　**5-135**　　**5-136**

5-137　　**5-138**　　**5-139:** $R^1=R^2=OMe$　**5-140:** $R^1=R^2=H$　　**5-141:** $R^1=R^2=H$　**5-142:** $R^1=H$, $R^2=OMe$

5-143　　**5-144**　　**5-145**　　**5-146**

图 5-17　具有清除氧和/或氮活性物质能力的 DHPMs 例子

da Silva 等[69]还测试了一系列 DHPMs 的 RNS 和 ROS 清除活性。在二苯苦味酰肼自由基（DPPH）的浓度为 100μmol/L 时，化合物 **5-143**～**5-145** 和 **5-139** 的 SC_{50} 值分别为 20.3μmol/L、29.7μmol/L、23.3μmol/L 和 24.2μmol/L（而白藜芦醇的 SC_{50} = 34.4μmol/L），它们有希望成为有效的 RNS 清除剂。这四种化合物对 ROS 的清除活性则稍差一些，IC_{50} 值分别为 33.0μmol/L、25.7μmol/L、122.3μmol/L 和 78.0μmol/L，但总体还是优于白藜芦醇（SC_{50} = 121.4μmol/L）。化合物 **5-146** 和 **5-140**～**5-142** 也对 DPPH 具有较好的清除活性，他们的 IC_{50} 值范围在 2.1-5.0μmol/L。

通过测试含 *C*4-(羟基取代芳基)二氢嘧啶酮类化合物在淬灭 2,2′-偶氮双-(3-乙基苯并噻唑啉-6-磺酸)二铵盐自由基(ABTS$^{+\cdot}$)、DPPH、2,6-二叔丁基-(3,5-二叔丁基-4-氧代-2,5-环己二烯)对甲苯氧(Galvinoxyl)自由基体系，以及抑制偶氮盐酸盐（AAPH，R—N═N—R，等）引发的 DNA 氧化反应体系内的抗氧化活性实验表明：二氢嘧啶酮类化合物中，能够产生抗氧化活性的基团为二氢嘧啶母核结构中的 N-H，以及位于其 *C*4-苯环上的羟基。*C*4-苯环上的羟基也可以独立发挥抗氧化作用。二氢嘧啶化合物中的 C═S 基团以及 *C*5-位上的取代基则可通过共轭效应提高 N-H 的抗氧化活性[70]。

在淬灭 ABTS$^{+\cdot}$、DPPH 以及 Galvinoxyl 自由基中(图 5-18)，乙酰氧基甲酰胺衍生物的活性与羧酸结构片段中羟基数目有关。然而，在抑制 AAPH 引发的 DNA 氧化反应中，乙酰氧基甲酰胺衍生物的活性除与羟基的数量有关之外，还与分子另一端结构单元的体积有关，即分子另一侧的空阻较大，有利于提高整个分子的抗氧化性能。他们采用组分反应高效地合成了具有共轭结构及非共轭结构的化合物，并对它们的抗氧化-构效关系进行了研究，发现二茂铁基团与分子中其他抗氧化官能团之间存在“基于非共轭体系”的远程协同抗氧化效应，这一结论对高活性抗氧化分子的设计与合成具有重要的指导意义。

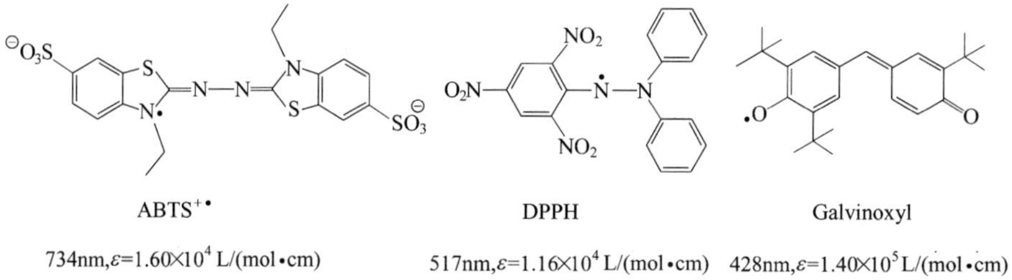

ABTS$^{+\cdot}$　　DPPH　　Galvinoxyl

734nm,ε=1.60×10^4 L/(mol·cm)　　517nm,ε=1.16×10^4 L/(mol·cm)　　428nm,ε=1.40×10^5 L/(mol·cm)

图 5-18　ABTS$^{+\cdot}$、DPPH 以及 Galvinoxyl 自由基

5.12　市场上含有嘧啶结构的药物举例

含有两个氮原子的六元环状化合物具有多种生物活性。嘧啶环在六元环的 1-和 3-位含有两个氮原子的杂环芳香有机化合物，其结构与苯环及吡啶相似。它是哒嗪的同分异构体之一。嘧啶的性质与吡啶有很多相似之处，但由于环上氮原子的增加使得其 π 电子性质减弱，从而使得亲电芳香取代反应变得更加困难，亲核取代反应变得容易，例如 2-氯嘧啶很容易与胺发生氨

基取代反应生成2-氨基嘧啶。也容易发生加成和环消除反应，例如Dimroth重排反应。与吡啶相比，嘧啶的*N*-烷基化和*N*-氧化反应更加困难，而且嘧啶的碱性较弱，例如质子化的嘧啶的pK_a是1.23，而吡啶的则是5.30。

在过去的几十年中，稠环化的嘧啶杂环衍生物吸引了药物化学家的极大兴趣，这是由于其具有广泛的药物和药理学应用。构效关系(SAR)研究显示，取代的衍生物比没有取代的衍生物更具活性。这可能是由于取代的衍生物更易于与受体结合的缘故。人们认为重要的骨架结构中存在氢供体/受体单元(HAD)、疏水结构(A)(取代或未取代的芳环)和电子供给基团(D)[71]。这个普遍的原则在诸如Uramustine、Piritrexim Isetionate、Tegafur、Floxuridine、Fluorouracil、Cytarabine和Methotrexate等市场化的药物中得到了确证。归纳SAR可得出如下结论(图5-19)：①五元饱和杂环取代的嘧啶具有抗癌和抗病毒活性；②2-位被六元或五元饱和杂环取代的嘧啶具有驱虫、抗震颤麻痹、祛痰等活性，对胃肠道紊乱及周边神经病变有治疗作用；③2-位和4-位被羰基取代或氨基取代，或羰基和氨基同时取代的化合物，具有抗癌、抗病毒、抗菌、抗真菌活性，并对呼吸道感染与肝功能紊乱有治疗作用；④5-位卤素或氨基或饱和的远侧杂环取代的嘧啶化合物具有抗菌和抗癌活性；⑤5-位和6-位稠环的和2,3,4-芳环类修饰的嘧啶具有抗癌和抗病毒活性。有关市场化的含嘧啶及稠环化嘧啶类药物分子如表5-3所示。

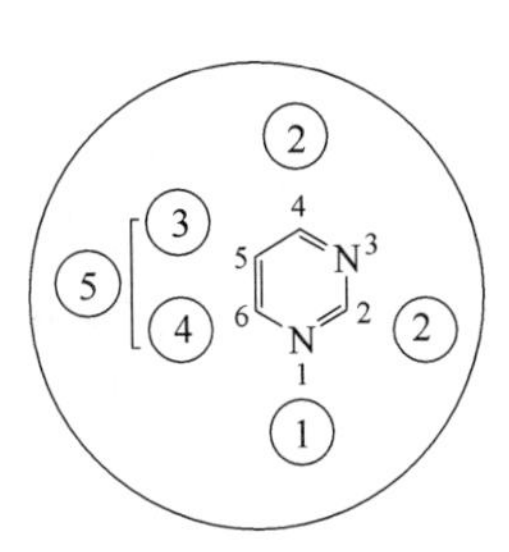

图5-19 市场药物分子的SAR

表5-3 含嘧啶及稠环化嘧啶类市场药物分子

名称	活性及结构	名称	活性及结构
Uramustine 尿嘧啶氮芥	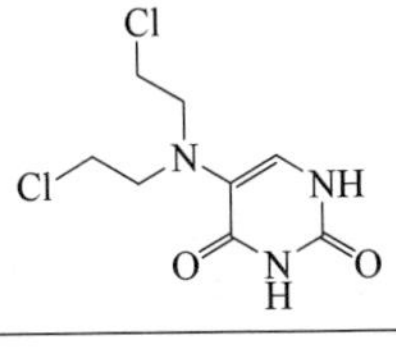 抗肿瘤	Piritrexim 吡曲克辛	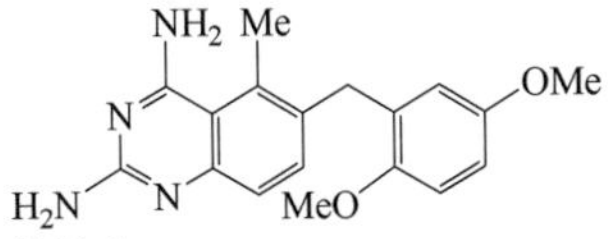 抗肿瘤
Tegafur 替加氟	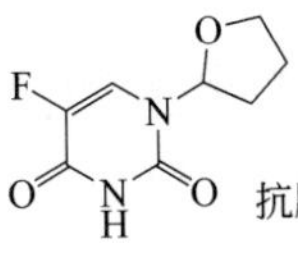 抗肿瘤	Cytarabine 阿糖胞苷	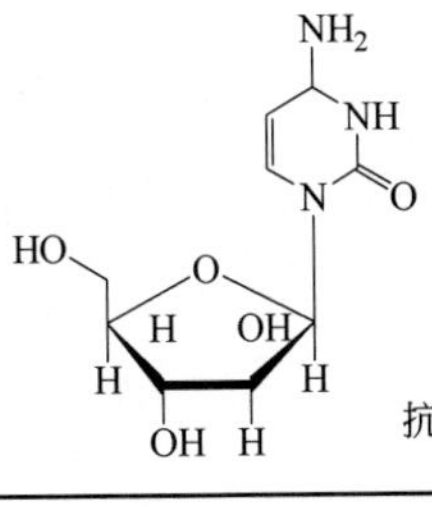 抗肿瘤

续表

名称	活性及结构	名称	活性及结构
Floxuridine 氟尿苷	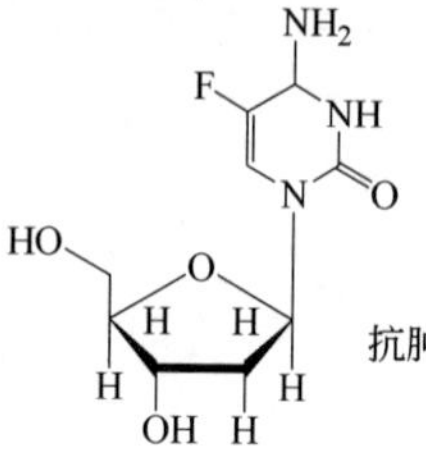 抗肿瘤	Methotrexate 甲氨蝶呤	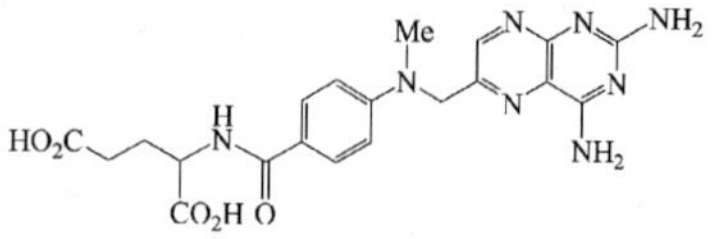 抗肿瘤
Fluorouracil 氟尿嘧啶	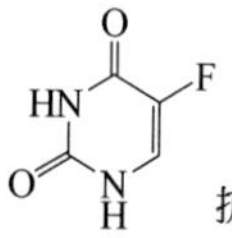 抗肿瘤	溴莫普林	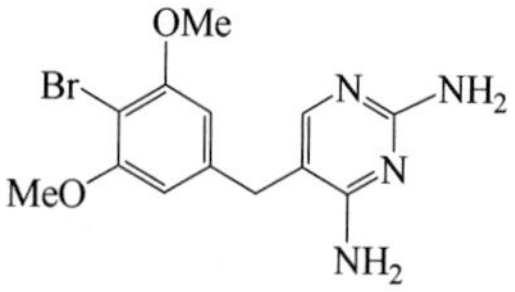 呼吸道和耳部感染
Trimethoprim 三甲氧苄二氨嘧啶	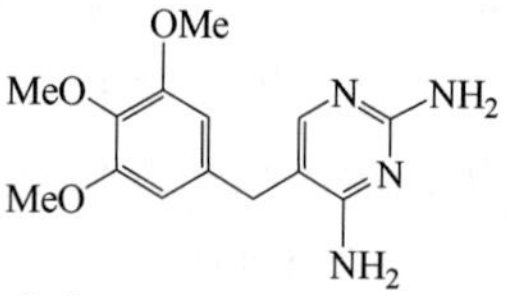 抗菌	Piromidic Acid 吡咯米酸	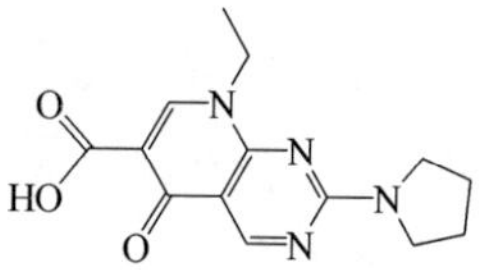 抗菌
Tetroxoprim 四氧普林	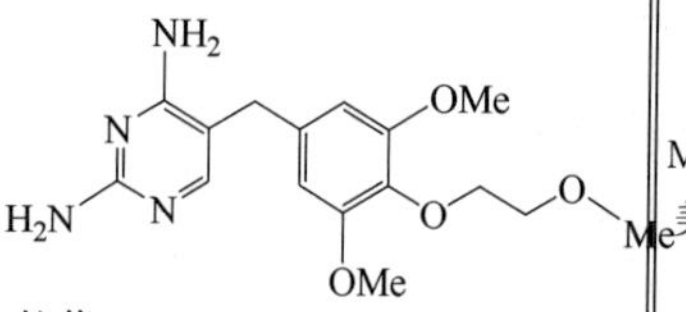 抗菌	Metioprim 美替普林	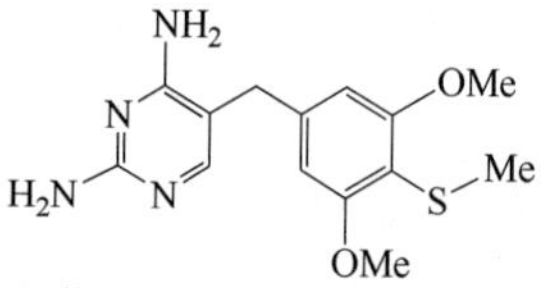 抗菌
Orotic Acid 乳清酸	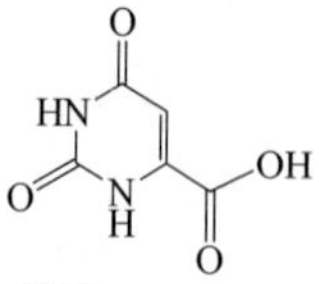 肝病	Morantel Citrate 摩朗得	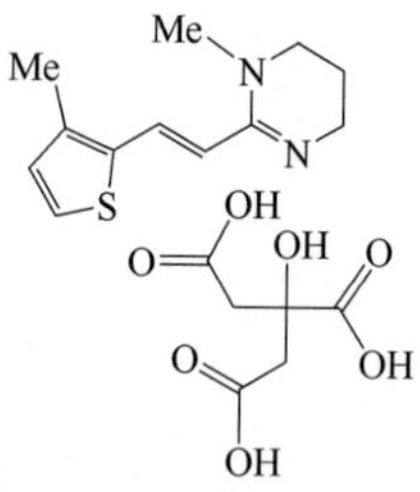 胃肠道蛔虫感染

续表

名称	活性及结构	名称	活性及结构
Broxuridine 溴尿苷	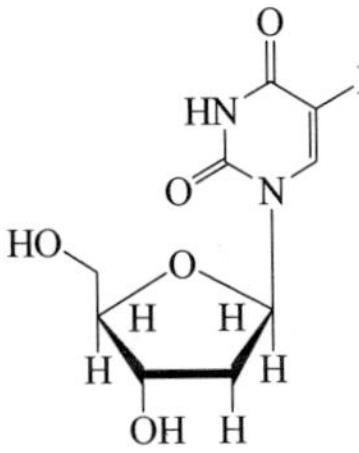 抗病毒	Idoxuridine 疱疹净	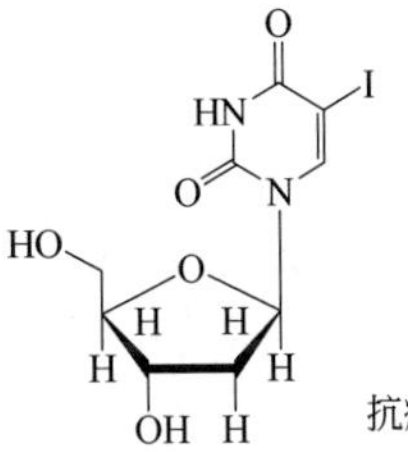 抗病毒
Tisopurine 硫嘌呤醇	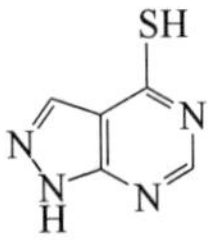 高尿酸血症相关疾病	Tasuldine 他硫啶	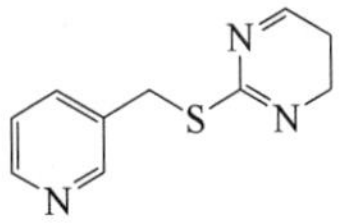 祛痰黏液
Piribedil 吡贝地尔	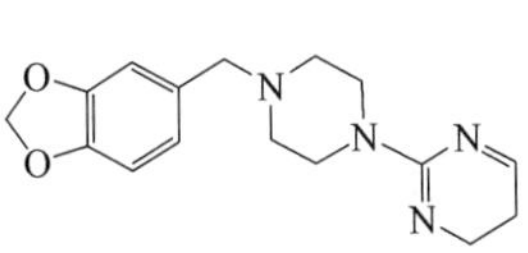 帕金森病	Pipemidic Acid 吡哌酸	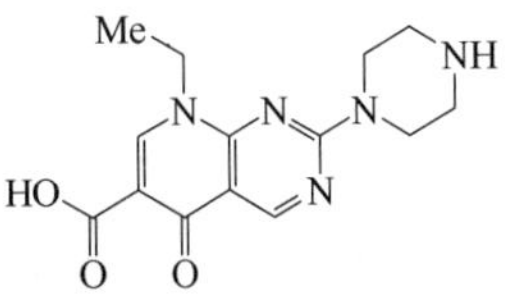 泌尿系统感染
Dipyridamole 双嘧达莫	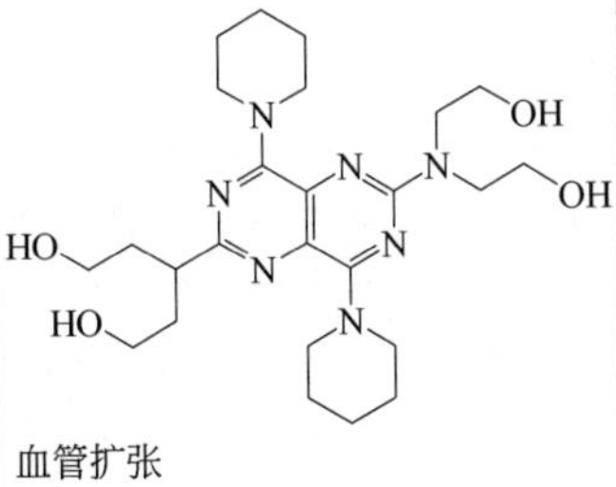 血管扩张	Trapidil 唑嘧胺	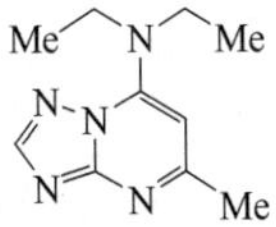 血管扩张
Isaxonine Phosphate 异烟肼磷酸盐	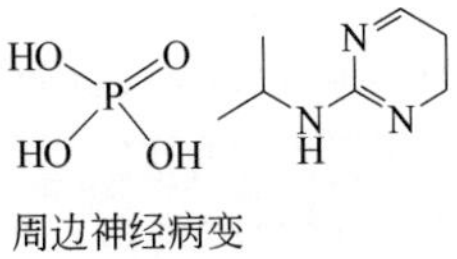 周边神经病变	Fluorouracil 氟胞嘧啶	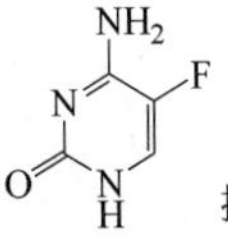 抗真菌

参考文献

[1] Kappe C O. Tetrahedron, 1993, 49: 6937.

[2] Atwal K, Rovnyak G C, Schwartz J, Moreland S, Hedberg A, Gougoutas J Z, Malley M F, Floyd D M. J. Med. Chem., 1990, 33: 1510.

[3] Atwal K S, Swanson B N, Unger S E, Floyd D M, Moreland S, Hedberg A, O' Reilly B C, J. Med. Chem., 1991, 34: 806.

[4] Rovnyak G C, Atwal K S, Hedberg A, Kimball S D, Moreland S, Gougoutas J Z, O' Reilly B C, Schwartz J, Malley M F. J. Med. Chem., 1992, 35: 3254.

[5] (a) Kappe C O. Eur. J. Med. Chem., 2000, 35: 1043. (b) Wan J P, Pan Y. Mini-Rev. Med. Chem., 2012, 12: 337. (c) Matos L H S, Masson F T, Simeoni L A, Homem-de-Mello M. Eur. J. Med. Chem., 2018, 143: 1779.

[6] Janis R A, Silver P J, Triggle D J. Adv. Drug Res., 1987, 16: 309.

[7] Bossert F, Vater W. Med. Res. Rev., 1999, 9: 291.

[8] Khanina E L, Siliniece G, Ozols J, Duburs G, Kimenis A. Khim. -Farm. Zh., 1978, 12: 72.

[9] Kastron V V, Vitolin R O, Khanina E L, Duburs G, Kimenis A, Khim. -Farm. Zh., 1987, 21: 948.

[10] Vitolina R, Kimenis A. Khim. -Farm. Zh., 1989, 23: 285.

[11] Stoltefuss J, Boeshagen H, Schramm M, Thomas G. Chem. Abstr., 1984, 101: 55110v (Bayer A. -G.) Ger. Offen. DE (1984) 3234684.

[12] Kurono M, Hayashi M, Miura K, Isogawa Y, Sawai K. Chem. Abstr., 1988, 109: 37832t (Sanwa Kagaku Kenkyusho) Jpn. Kokai Tokkyo Koho (1987) JP 62 267 272.

[13] Cho H, Ueda M, Shima K, Mizuno A, Hayashimatsu M, Ohnaka Y, Takeuchi Y, Hamaguchi M, Aisaka K, Hidaka T, Kawai M, Takeda M, Ishihara T, Funahashi K, Satah F, Morita M, Noguchi T. J. Med. Chem., 1989, 32: 2399.

[14] Baldwin J J, Pitzenberger S M, McClure D E. Chem. Abstr., 1987, 107: 242619d (Merck and Co, Inc.) US (1987) 4 675 321.

[15] Atwal K S, Rovnyak G C, Kimball S D, Floyd D M, Moreland S, Swanson B N, Gougoutas J Z, Schwartz J, Smillie K M, Malley M F. J. Med. Chem., 1990, 33: 2629.

[16] Grover G J, Dzwonczyk S, McMullen D M, Normandin D E, Parham C S, Sleph P G, Moreland S. J. Cardiovasc. Pharm., 1995, 26: 289.

[17] Atwal K S, Moreland S. Bioorg. Med. Chem. Lett., 1991, 1: 291.

[18] Atwal K S. Chem. Abstr., 1990, 112: 55902g (Squibb E. R. and Sons Inc.) Ger. Offen.

(1989) DE 3839711.

[19] Atwal K S, Chem. Abstr., 1990, 112: 77212j (Squibb E. R. and Sons Inc.) PCT Int. Appl. (1989) WO 8906535.

[20] Rovnyak G C, Kimball S D. Chem. Abstr., 1992, 117: 7953f (Squibb E. R. and Sons Inc.) Brit. UK Pat. Appl (1992) GB 2247236.

[21] Mishina T, Tsuda N, Inui A, Miura Y. Chem. Abstr., 1988, 108: 56120e (Yoshitomi Pharmaceutical Industries Ltd.) Jpn. Kokai Tokkyo Koho (1987) JP 62169793.

[22] Alajarin R, Vaquero J J, Alvarez-Builla J, Fau de Casa-Juana M, Sunkel C, Priego J G, Gomez-Sal P. Torres R. Bioorg. Med. Chem., 1994, 2: 323.

[23] Sarac S, Yarim M, Ertan M, Boydag S, Erol K. Pharmazie, 1998, 53: 91.

[24] Sarac S, Yarim M, Ertan M, Erol K, Aktan Y. Boll. Chim. Farmaceut., 1997, 136: 657.

[25] Balkan A, Tozkoparan B, Ertan M, Sara Y, Ertekin N. Boll. Chim. Farmaceut., 1996, 125: 239.

[26] Rovnyak G C, Kimball S D, Beyer B, Cucinotta G, Di-Marco J D, Gougoutas J, Hedberg A, Malley M, McCarthy J P, Zhang R, Moreland S. J. Med. Chem., 1995, 38: 119.

[27] Kettmann V, Drimal J, Svetlik J. Pharmazie, 1996, 51: 747.

[28] Atwal K S, Swanson B N, Unger S E, Floyd D M, Moreland S, Hedberg A, O' Reilly B. C. J. Med. Chem., 1991, 34: 806.

[29] Barrow J C, Nantermet P G, Selnick H G, Glass K L, Rittle K E, Gilbert K F, Steele T G, Homnick C F, Freidinger R M, Ransom R W, Kling P, Reiss D, Broten T P, Schorn T W, Chang R S L, O' Malley S S, Olah T V, Ellis J D, Barrish A, Kassahun K, Leppert P, Nagarathnam D, Forray C. J. Med. Chem., 2000, 43: 2703.

[30] (a) Maliga Z, Kapoor T M, Mitchison T J. Chem. Biol., 2002, 9: 989. (b) Debonis S, Simorre J. P, Crevel I, Lebeau L, Skoufias D A, Blangy A, Ebel C, Gans P, Cross R, Hackney D D, Wade R H, Kozielski F. Biochemistry, 2003, 42: 338.

[31] Berry S J, Coffey D S, Walsh P C, Ewing L I. J. Urol., 1984, 132: 474.

[32] Roehrborn C G, Oesterling J E, Auerbach S, Kaplan S A, Lloyd L. K, Milam D F, Padley R. J. Urol., 1996, 47: 159.

[33] Wetzel J M, Miao S W, Forray C, Borden L A, Branchek T A, Gluchowski C. J. Med. Chem., 1995, 38: 1579.

[34] Nagarathnam D, Wetzel J M, Miao S W, Marzabadi M R, Chiu G, Wong W C, Hong X, Fang J, Forray C, Branchek T A, Heydorn W E, Chang R S L, Broten T, Schorn T, Gluchowski C. J. Med. Chem., 1998, 41: 5320.

[35] Nagarathnam D, Miao S W, Chiu G, Fang J, Lagu B, Murali D T G, Zhang J, Tyagarajan S, Marzabadi M. R, Zhang F, Wong W C, Sun W, Tian D, Wetzel J M, Forray C, Chang R S L, Broten T, Schorn T, Chen T B, O' Malley S, Ran-

som R, Schneck K, Bendesky R, Harrel C M, Gluchowski C. J. Med. Chem., 1999, 42: 4764.

[36] Dhar T G M, Nagarathnam D, Marzabadi M R, Lagu B, Wong W C, Chiu G, Tyagarajan S, Miao S W, Zhang F, Sun W, Tian D, Shen Q, Zhang J, Wetzel J M, Forray C, Chang R S L, Broten T, Schorn T, Chen T B, O' Malley S, Ransom R, Schneck K, Bendesky R, Harrel C M, Vyas K P, Zhang K, Gilbert J, Pettibone D J, Patane M, Bock M G, Freidinger R M, Gluchowski C. J. Med. Chem., 1999, 42: 4778.

[37] Lagu B, Tian D, Nagarathnam D, Marzabadi M R, Wong W C, Miao S W, Zhang F, Sun W, Chiu G, Fang J, Forray C, Chang R S L, Ransom R, Chen T B, O' Malley S, Zhang K, Vyas K P, Gluchowski C. J. Med. Chem., 1999, 42: 4794.

[38] Lagu B, Tian D, Chiu G, Nagarathnam D, Fang J, Shen Q, Forray C, Ransom R, Chang R S L, Vyas K P, Zhang K, Gluchowski C. Bioorg. Med. Chem. Lett., 2000, 10: 175.

[39] Barrow J C, Glass K L, Selnick H G, Freidinger R M, Chang R S L, O' Malley S S, Woyden C. Bioorg. Med. Chem. Lett., 2000, 10: 1917.

[40] Millan M J, Dekeyne A, Gobert A, Cara B D, Audinot V, Cussac D, Ortuno J C, Fauchère J L, Boutin J A, Brocco M J. Eur. Neuropsychopharmacol., 2003, 13: S268.

[41] Basso A M, Bratcher N A, Gallagher K B, Cowart M D, Zhao C, Sun M, Esbenshade T A, Brune M E, Fox G B, Schmidt M, Collins C A, Souers A J, Iyengar R, Vasudevan A, Kym P R, Hancock A A, Rueter L E. Eur. J. Pharmacol., 2006, 540: 115.

[42] Millan M J, Gobert A, Panayi F, Rivet J M, Dekeyne A, Brocco M, Ortuno J C, Cara B D. Int. J. Neuropyschopharmacol., 2008, 11: 1105.

[43] Mayer T U, Kapoor T M, Haggarty S J, King R W, Schreiber S L, Mitchison T J. Science, 1999, 286: 971.

[44] Jordan A, Hadfield J A, Lawrence N J, McGown A T. Med. Res. Rev., 1998, 18: 259.

[45] Wood K W, Cornwell W D, Jackson J R. Curr. Opin. Pharmacol., 2001, 1: 370.

[46] Maliga Z, Kapoor T M, Mitchison T J. Chem. Biol., 2002, 9: 989.

[47] Russowsky D, Canto R F S, Sanches S A A, D' Oca M G M, de FátimaÂPilli R A; Kôhn L K, Antônio M A, de Carvalho J E. Bioorg. Chem., 2006, 34: 173.

[48] Klein E, DeBonis S, Thiede B, Skoufias D A, Kozielski F K, Lebeau L. Bioorg. Med. Chem., 2007, 15: 6474.

[49] Goodman K B, Cui H, Dowdell S E, Gaitanopoulos D E, Ivy R L, Sehon C A, Stavenger R A, Wang G Z, Viet A Q, Xu W, Ye G, Semus S F, Evans C, Fries H E, Jolivette L J, Kirkpatrick R B, Dul E, Khandekar S S, Yi T, Jung D K,

Wright L L, Smith G K, Behm D J, Bentley R, Doe C P, Hu E, Lee D. J. Med. Chem., 2007, 50: 6.

[50] Sehon C A, Wang G Z, Viet A Q, Goodman K B, Dowdwll S E, Elkins P A, Semus S F, Evans C, Jolivette L J, Kirkpatrick R B, Dul E, Khandekar S S, Yi T, Wright L L, Smith G K, Hehm D J, Bentley R, Doe C P, Hu E, Lee D. J. Med. Chem., 2008, 51: 6631.

[51] Brodsky J L. Am. J. Physiol. Lung Cell. Mol. Physiol., 2001, 281: 39.

[52] Rodina A, Vilenchik M, Moulick K, Aguirre J, Kim J, Chiang A, Litz J, Clement C C, Kang Y, She Y, Wu N, Felts S, Wipf P, Massague J, Jiang X, Brodsky J L, Krystal G W, Chiosis G. Nat. Chem. Biol., 2007, 3: 498.

[53] Fewell S W, Smith C M, Lyon M A, Dumitrescu T P, Wipf P, Day B W, Brodsky J L. J. Biol. Chem., 2004, 279: 51131.

[54] Wright C M, Chovatiya R J, Jameson N E, Turner D M, Zhu G, Werner S, Huryn D M, Pipas J M, Day B W, Wipf P, Brodsky J L. Bioorg. Med. Chem., 2008, 16: 3291.

[55] Mokale S N, Shinde S S, Elgire R D, Sangshetti J N, Shinde D B. Bioorg. Med. Chem. Lett., 2010, 20: 4424.

[56] Gireesh T, Kamble R R, Kattimani P P, Dorababu A, Manikantha M, Hoskeri J H. *Archiv der Pharmazie* 2013, 346: 645.

[57] Trivedi A R, Bhuva V R, Dholariya B H, Dodiya D K, Kataria V B, Shah V H. Bioorg. Med. Chem. Lett., 2010, 20: 6100.

[58] Yadlapalli R K, Chourasia O P, Vemuri K, Sritharan M, Perali R S. Bioorg. Med. Chem. Lett., 2012, 22: 2708.

[59] China Raju B, Rao R N, Suman P, Yogeeswari P, Sriram D, Shaik T B, Kalivendi S V. Bioorg. Med. Chem. Lett., 2011, 21: 2855.

[60] Kim J, Park C, Ok T, So W, Jo M, Seo M, Kim Y, Sohn J H, Park Y, Ju M K, Kim J, Han S J, Kim T H, Cechetto J, Nam J, Sommer P, No Z. Bioorg. Med. Chem. Lett., 2012, 22: 2119.

[61] Kim J, Ok T, Park C, So W, Jo M, Kim Y, Seo M, Lee D, Jo S, Ko Y, Choi I, Park Y, Yoon J, Ju M K, Ahn J Y, Kim J, Han S J, Kim T H, Cechetto J, Nam J, Liuzzi M, Sommer P, No Z. Bioorg. Med. Chem. Lett., 2012, 22: 2522.

[62] Hurst E W, Hull R. J. Med. Pharm. Chem., 1961, 3: 215.

[63] Kumsars K, Velena A, Duburs G, Uldrikis J, Zidermane A. Biokhimiya, 1971, 36: 1201.

[64] Sharma P, Rane N, Gurram V K. Bioorg. Med. Chem. Lett., 2004, 14: 4185.

[65] Rajanarendar E, Reddy M N, Murthy K R, Reddy K G, Raju S, Srinivas M, Praveen B, Rao M S. Bioorg. Med. Chem. Lett., 2010, 20: 6052.

[66] Lal J, Gupta S K, Thavaselvam D, Agarwal D D. Bioorg. Med. Chem. Lett., 2012, 22: 2872.

[67] Stefani H A, Oliveira C B, Almeida R B, Pereira C M P, Braga R C, Cella R, Borges V C, Savegnago L, Nogueira C W. Eur. J. Med. Chem., 2006, 41: 513.

[68] Ismaili L, Nadaradjane A, Nicod L, Guyon C, Xicluna A, Robert J F, Refouvelet B. Eur. J. Med. Chem., 2008, 43: 1270.

[69] da Silva D L, Reis F S, Muniz D R, Ruiz A L T G, Carvalho J E. Sabino A A, Modolo L V, de Fátima Â. Bioorg. Med. Chem., 2012, 20: 2645.

[70] Wang R, Liu Z Q. Org. Chem. Front., 2014, 1: 792.

[71] (a) Bruno-Blanch L, Gálvez J, Garcia-Domenach R. Bioorg. Med. Chem. Lett., 2003, 13: 2749. (b) Estrada J E, Pena A. Bioorg. Med. Chem., 2000, 8: 2755. (c) Watanabe M, Koike H, Ishiba T, Okada T, Seo S, Hirai K. Bioorg. Med. Chem., 1997, 5: 437.